中国轻工业“十四五”规划教材

高等学校粮食工程专业教材

粮油副产物加工学

汪　勇　仇超颖　主编

GRAIN AND OIL BY-PRODUCTS PROCESSING TECHNOLOGY

中国轻工业出版社

图书在版编目（CIP）数据

粮油副产物加工学 / 汪勇，仇超颖主编. -- 北京：中国轻工业出版社，2025. 3. -- ISBN 978-7-5184-4686-5

Ⅰ. TS210.4；TS224

中国国家版本馆 CIP 数据核字第 2024RQ3520 号

责任编辑：马　妍　　责任终审：许春英
文字编辑：黄小艳　　责任校对：朱燕春　　封面设计：锋尚设计
策划编辑：马　妍　　版式设计：砚祥志远　　责任监印：张　可

出版发行：中国轻工业出版社（北京鲁谷东街 5 号，邮编：100040）
印　　刷：三河市万龙印装有限公司
经　　销：各地新华书店
版　　次：2025 年 3 月第 1 版第 1 次印刷
开　　本：787×1092　1/16　印张：13.25
字　　数：322 千字
书　　号：ISBN 978-7-5184-4686-5　定价：42.00 元
邮购电话：010-85119873
发行电话：010-85119832　010-85119912
网　　址：http://www.chlip.com.cn
Email：club@ chlip.com.cn

201120J1X101ZBW

本书编写人员

主　编　汪　勇　暨南大学

仇超颖　暨南大学

副主编　欧仕益　暨南大学

蔡子哲　暨南大学

参　编（以姓氏笔画为序）

孙尚德　河南工业大学

李爱军　暨南大学

张四红　武汉轻工大学

徐勇将　江南大学

前言 | Preface

我国是粮油生产和加工大国。粮油加工过程中产生了大量的副产物，如稻壳、麸皮、玉米芯、饼粕、油脚等。粮油加工企业的加工量大，产生大量副产物，尚未有效深加工和再利用，给企业带来较大负担，甚至污染环境；而副产物产量集中又为开展大规模增值利用提供了得天独厚的条件，通过利用粮油副产物加工技术，提高副产物深加工产品的种类和数量，对于提高粮油资源综合利用率，实现加工过程减损增效具有重要的意义。

粮油加工副产物富含膳食纤维、酚酸、二十八烷醇、植物甾醇、磷脂、维生素等；膳食纤维中的木聚糖还可通过生物技术转化为功能性低聚糖。科学技术是第一生产力，我们一直致力于利用现代高新技术对粮油加工副产物进行综合利用，开发系列制备技术和产品，满足人民群众对绿色加工及健康食品的需求，推动粮油行业绿色发展。经过 10 多年的工作积累，我们将相关教学和研究成果进行总结，出版《粮油副产物加工学》一书。

本教材共 14 章，分别介绍了酚酸、膳食纤维、低聚木糖、阿魏酸衍生物、木糖醇、谷维素、维生素 E、植物甾醇、磷脂、二十八烷醇、木酚素、亚麻籽环肽、油料蛋白等的来源、性质、结构、功能和制备技术。编写过程引用参考了国内外本领域研究成果，使书中内容充实和完善。本书可作为高等院校食品科学与工程、粮食工程等专业的本科生教材及研究生的教学参考书，也可作为从事粮油加工副产物研究和开发的科研人员、企业技术人员的参考书。

本教材由暨南大学“油料生物炼制与营养”团队的教师和研究生联合江南大学、河南工业大学和武汉轻工大学的专家教授共同编写完成，编写分工如下：第一章由徐勇将编写；第二章至第四章、第六章至第十一章由汪勇、仇超颖、欧仕益、李爱军编写；第五章由孙尚德编写；第十二章和第十三章由蔡子哲编写；第十四章由张四红编写。汪勇负责本书的组织策划和审稿，仇超颖负责统稿和校正。团队的余雅思、谢怡萍参与了本教材文献收集和校对整理工作。在此对为教材编写过程中提供帮助的老师、同学表示衷心的感谢！

由于编者水平有限，书中难免有不妥或遗漏之处，敬请读者反馈意见和建议，以便改正。

编　者

2024 年 8 月

目录 Contents

第一章 绪论

CHAPTER 1

本章学习目标

1. 了解粮油副产物的来源和种类。
2. 了解粮油加工副产物中的主要功能成分及利用价值。
3. 了解我国粮油副产物的综合利用现状及发展趋势。

粮油原料中的主要营养物质包括碳水化合物、蛋白质、脂质等，主要存在于原料籽粒的胚乳、子叶等主要营养器官，是粮油加工与利用的主要产品。粮油加工过程中会产生大量的副产物，如稻壳、麸皮、油脚等。由于粮油加工企业的加工量大，不仅造成大量副产物的堆积，给企业带来较大的负担的同时也造成环境污染。粮油加工副产物还是巨大的功能食品配料来源，因此，需要对粮油加工过程中副产物进行综合利用，提高粮油加工副产物的附加值。

第一节 粮油副产物来源

粮食、油脂是人类赖以生存的主要农产品，也是主要的食物来源，它们含有人体生长发育所需要的碳水化合物、蛋白质、脂肪及其他营养成分。粮油作物 70%~80%的成分经过加工，成为粮油产品或食品工业的原料，但是还有 20%~30%的成分没有被直接利用，如皮壳、纤维等。若以其中的某一营养物质为主要提取和加工对象，其他物质就可能成为副产物。副产物也具有巨大的利用价值。

目前，粮油加工的副产物主要包括：稻谷、小麦原料籽粒经碾磨加工形成的稻壳、米糠、麸皮；粮食淀粉加工中分离出来的皮渣纤维；油料提取油脂后形成的饼粕；油脂精炼形成的油脚、皂脚；粮油精加工形成的含有可溶性成分的废液等。随着粮油原料各级产品的不断深入加工，又不断有新的副产物被分离出来，如淀粉糖发酵后的醪糟、蔗糖结晶后的废糖蜜等。

一、粮食加工副产物

稻米加工产生的稻壳、米糠、碎米和小麦加工产生的麸皮、胚芽是目前粮食原料籽粒加工副产物的重要来源。

1. 稻米副产物资源

稻谷经加工会产生约20%稻壳、15%碎米和10%米糠副产物，这些副产物含有丰富的蛋白质、油脂、淀粉、膳食纤维等，随着食品科技的发展，对稻谷加工副产物进行综合利用，变废为宝，能够为粮食工业带来更大的经济效益。

稻壳是大米加工过程中的主要副产物，含有约40%粗纤维（主要是木质素和纤维素）和20%五碳糖聚合物（主要是半纤维素），以及20%灰分和少量粗蛋白、粗脂肪等物质。稻壳属于低热值、易燃、灰分高的植物燃料，且燃烧产物几乎不含硫和重金属，热值在12.5~14.6MJ/kg，约为煤的一半。因此，借助大型燃煤发电机组高效、低污染的技术优势，通过稻壳气化燃烧，提高发电效率，逐步减少石化能源的消耗量，缓解社会发展对能源需求的压力。

稻壳具有高灰分含量，可以经过化学改性，生产吸附能力更强的活性炭。通过特定的工艺流程，可以从燃烧后的稻壳中提取出高纯度的二氧化硅。此外，稻壳经过水解可以得到糠醛和木糖，进一步水解可制取酒精或乙酰丙酸，综合利用还可获得醋酸钠、硅酸钠、植物激素等。

米糠是稻谷加工的另一个主要的副产物，按照5%稻谷产量计算，我国每年米糠产量约为1000万t。目前60%米糠被用于提取米糠油、制作米糠饼，还有一部分用于制取植酸、植物钙、谷维素、谷甾醇等。

稻米的碎米可以作为制取米淀粉的原料，同时可生产米蛋白，下脚料为淀粉糟（饲料）。此外，以碎米为原料生产各类淀粉糖，主要包括葡萄糖浆、结晶葡萄糖、麦芽糊精、麦芽糖（浆）、果葡糖浆、结晶果糖、糖醇及各种功能性低聚糖等。不仅为食品和医药工业提供了丰富的生产原料，也为碎米的加工转化开辟了广阔途径。大米蛋白的开发和利用也扩大了碎米在谷物蛋白中的应用，对于提高粮食产品的附加值，促进粮食工业的发展具有深远的意义。

2. 小麦副产物资源

小麦在我国是仅次于水稻的第二大粮食作物，在全国粮食生产中占有重要地位。小麦的加工和利用对我国国民经济的发展以及社会稳定具有非常重要的作用，历来受到高度重视。

小麦经过加工在得到成品面粉的同时，还得到小麦麸皮、次粉以及小麦胚芽等副产物，所占的比例分别为75%、20%、5%和0.2%。小麦麸皮、次粉和小麦胚芽这些加工副产物中含有丰富的营养物质。

随着经济的发展和科技水平的提高，人们逐渐意识到小麦麸皮具有的开发和增值价值，已有越来越多的企业开始对其加工副产物——麸皮进行开发和综合利用。小麦麸皮中戊聚糖的含量为20%左右，膳食纤维含量为40%左右，另含有15%左右的蛋白质和大约15%的淀粉，因此，小麦麸皮是制备戊聚糖和膳食纤维很好的原料。

小麦加工中得到的次粉又称尾粉，是一种由外层胚乳、糊粉层和少量皮层及麦胚的混合物。次粉主要是小麦糊粉层的物料，由淀粉、蛋白质、戊聚糖组成，还含有丰富的矿物质、维生素和酶类，营养价值较高。目前小麦次粉的研究和利用主要集中在以下两大方面：

（1）研究次粉的营养价值以及对人体的健康保健功能，将其作为营养添加剂或功能性添加物，应用于食品和医药行业。

（2）分离小麦次粉中的淀粉、蛋白质和戊聚糖成分，以实现淀粉、蛋白质和戊聚糖在食品、医药、化工等行业中的应用。

小麦胚芽是小麦籽粒的一部分，蛋白质含量高，且富含各种必需氨基酸和多种不饱和脂肪酸等，被国内外营养学家们一致誉为“人类天然的营养宝库”。小麦胚芽中蛋白的含量高达 30%，其蛋白含量是面粉的 4 倍，鸡蛋的 2 倍。它含有人体必需的 8 种氨基酸，尤其是一般谷物中短缺的赖氨酸，每 100g 小麦胚芽约含赖氨酸 205mg，比鸡蛋的赖氨酸含量高出 1.5 倍。小麦胚芽油又是维生素 E 含量最高的一种植物油，其含量为 200~500mg/100g 油，高出其他植物油 1~9 倍。此外，小麦胚芽油中还含有一种对人体具有生理活性的物质——二十八烷醇，它能够增强运动的爆发力和耐力，改善心肌功能，提高全身肌肉松弛作用和灵敏性。小麦胚芽油的提取，是目前小麦胚芽利用最主要的途径之一。

二、淀粉加工副产物

淀粉是以玉米、高粱、小麦等谷物和马铃薯、甘薯、木薯等薯类农作物为原料，经浸泡、磨碎，将蛋白质、脂肪、纤维素等非淀粉物质分离除去而得。因此，淀粉加工副产物主要是来源于生产过程中形成的废水和废渣。

1. 玉米资源

玉米淀粉工业的不断发展壮大导致产生了大量的副产物，主要有玉米浆、玉米皮、玉米纤维等。副产物的产生导致资源严重浪费，环境受到一定的污染，人们不断探索玉米淀粉加工的副产物综合利用方法，试图增加副产物的附加值，充分利用资源，减轻环境污染，将玉米淀粉生产、副产物综合利用、环境保护三者结合起来。

由于玉米淀粉生产工艺导致产生的玉米浆含有过量的亚硫酸盐，不利于直接饲喂动物。许多工厂直接当成垃圾排放到环境中，不仅浪费资源并且严重危害环境，如何对玉米浆进行开发利用成为如今企业和社会面临的问题，玉米浆含有一定氮源、可发酵糖、生长素、核酸、无机盐等物质，可为微生物生长代谢提供营养。

玉米皮也是玉米淀粉加工过程中产生的一种副产物，玉米加工过程能得到 20%左右的玉米皮，玉米皮的主要成分是纤维，并含有少量残余淀粉和蛋白质，普遍将其与玉米蛋白粉混合饲喂动物，但是动物对玉米皮的消化吸收率低，也可添加玉米浆制备成蛋白质含量高的加浆纤维。

2. 马铃薯资源

马铃薯淀粉加工过程中会产生大量的副产物，如汁水和薯渣等，这些副产物中有机物含量较高，且化学需氧量（COD）、生物需氧量（BOD）均超标，无法直接排放，作为废弃物又会造成资源的浪费。为减少资源浪费和环境污染，近年来对马铃薯淀粉加工副产物处理及资源化利用的研究成为热点。

废水是马铃薯淀粉加工的主要副产物，它主要来源于马铃薯清洗自身的细胞液以及淀粉的提取清洗等过程。废水当中含有大量的淀粉、蛋白质和纤维素等有机物，是一种高浓度的有机废水，无毒无害，但废水中的 COD 值一般在 10000mg/mL 以上，如果将废水直接排放，不仅会造成资源浪费，还会对环境造成很大影响。可以通过合适的方法对副产物中的蛋白质等营养物质进行提取，有效利用。副产物中的营养物质是微生物生长发育很好的养料，利用微生物对废水、薯渣进行发酵，可大幅度降低废水中有机物含量，将副产物变废为宝，转化成可利用资源应用于农业灌溉或者其他领域。

薯渣是马铃薯淀粉加工的另一副产物。薯渣营养丰富，含有大量的蛋白质、果胶、纤维素等营养物质，对其加以发酵或理化方法处理能实现高值化利用。目前对于薯渣的处理主要以发酵为主，理化法提取有益物质为辅。利用不同微生物对薯渣进行发酵，不仅能将薯渣降解且能制备成各种资源如动物饲料、沼气、酒精等加以利用；其中的蛋白质、果胶、纤维素等有益物质也可通过理化法得以提取。霉菌、酵母菌、细菌等微生物具有较强的降解能力，能够将马铃薯渣中的淀粉和纤维素降解为简单的糖类，并且能够对有机物进行转化利用，从而使薯渣转变成可利用资源。

三、油料加工副产物

油料作物榨取植物油之后，剩余的部分被认为是副产物，主要包括油料提取油脂后形成的饼粕和油脂精炼形成的油脚、皂脚。

1. 大豆资源

目前大豆榨油副产物的综合利用主要有两种形式，一种是大豆提取油脂后豆粕的利用，另一种是大豆加工成食品后下脚料的充分利用。大豆豆粕中富含蛋白质，除用于制造传统豆制食品外，近年来通过强化大豆产品营养和改善食品质构的功能，或生产低变性豆粕，开发营养或功能特性各异的大豆蛋白产品，如大豆蛋白粉、组织蛋白、浓缩蛋白、分离蛋白、水解蛋白、蛋白功能特性助剂等，可广泛应用到不同食品体系，特别是作为主食化食品基料的推广应用。

大豆下脚料主要是指豆渣、浆渣、黄浆水、油脚等，未被有效地利用，既浪费资源又污染环境。近年来随着对大豆综合利用的重视，逐渐发现这些下脚料也有极高的利用价值，从中可得到异黄酮、维生素、甾醇、大豆磷脂等保健因子，是制作功能食品、保健品的良好原料来源。

2. 花生资源

目前，我国花生加工仍以榨油为主，在加工过程中会产生大量的花生粕、花生红衣、花生壳等副产物，这些副产物富含酚类、蛋白质、糖类等营养成分，对其进行综合利用及精深加工，可延长产业链，提高经济价值。

花生粕为花生加工的主要副产物，褐色，块状或粉末状，含丰富营养物质及活性成分，可吸收率超过 90%，具有良好的加工特性，可用于提取花生蛋白和花生肽。合理开发和利用花生粕蛋白资源，可丰富人们的饮食结构，满足人们的营养需求。

花生在加工过程中，常需要脱皮，会产生大量的花生红衣。花生红衣内含有丰富的活性物质，具有多种功能，目前已有提取花生红衣多酚作为抗氧化成分应用于植物油、饮料及肉制品中，研究表明花生红衣多酚可明显延长产品保质期。

花生壳也是花生加工的主要副产物之一，加工利用率很低，大部分被当作燃料或直接被废弃，造成资源的极大浪费。花生壳内膳食纤维、黄酮类等高品质成分丰富，可开发潜力巨大。

3. 油菜资源

油菜除用菜籽榨油外，还会产生菜饼、油脚、茎秆、荚壳等副产物。一般每100kg菜籽，可榨40kg的油，获得60kg的菜饼和300kg的茎秆和荚壳。

菜饼粕中的残余油分，可以用浸提法提取毛菜油。菜饼含有35%~45%蛋白质，其中可消化蛋白占28%，菜籽蛋白氨基酸配比合理，可与大豆蛋白媲美。菜饼粕还含多种维生素和钙、磷、镁、硒等矿物质，是优良的食用和饲用资源。菜籽蛋白用盐酸分解成氨基酸，经纯碱中和生成各种氨基酸钠盐，其中以谷氨酸钠盐最多。

菜籽油精炼所产生油脚、脱臭馏出物等副产物数量巨大，其中包含许多具有较大利用价值成分，如磷脂、维生素E、肌醇等。综合利用菜籽油精炼副产物，不仅可增加油厂经济收益，还可减少环境污染。

第二节　粮油副产物种类及综合利用价值

粮油加工的副产物中含有除淀粉、蛋白质、脂肪等成分之外的大部分营养成分，如多糖、低聚糖、维生素、色素、黄酮类、生物碱等有效成分，这些成分具有抗肿瘤、抗病毒、增强免疫力等多种生理功能。

（一）酚酸

酚酸是植物体内一类具有酚类基团且影响植物生长发育的有机酸。酚酸按其结构分为两种：羟基苯甲酸及其衍生物和羟基肉桂酸及其衍生物。羟基苯甲酸衍生物主要有没食子酸、香草酸、丁香酸及原儿茶酸；羟基肉桂酸衍生物主要有阿魏酸、对香豆酸等。

目前，粮油副产物的酚酸类化合物引起了人们的普遍兴趣。这些酚酸类化合物具有多种生理功能和药理活性，如有助于抗氧化、消除体内自由基、抗衰老、降血脂、降血压、预防心血管疾病、抗癌、抑菌、调节体内酶系统、延缓或阻止其他营养成分氧化等。豆类、花生等副产物中含有丰富的酚酸类物质，可以为生产富含酚酸类物质的功能食品提供原料。研究表明，花生红衣中的白藜芦醇含量与花生仁中相当，如果加以利用，不仅可以降低环境污染，还可以获得可观经济价值。

（二）膳食纤维

膳食纤维是粮油加工副产物中比例最大的成分，它能够抗人体小肠吸收消化，而在人体大肠能部分或者全部发酵可食用的植物成分、碳水化合物及其类似物质的总和，包括多糖、寡糖、木质素以及相关的植物物质。

膳食纤维根据其溶解性分为水溶性膳食纤维和不溶性膳食纤维。水溶性膳食纤维包括豆胶、果胶、树胶、藻胶和一些半纤维素。粮油原料中的大麦、豆类、燕麦和燕麦糠等食物都含有丰富的水溶性膳食纤维。水溶性膳食纤维可以减缓消化速度并快速排泄胆固醇，可将血液中的血糖和胆固醇控制在理想的水平，还可以帮助糖尿病患者降低胰岛素和甘油三酯的水平。

不溶性膳食纤维一般包括纤维素、木质素和一些半纤维素以及来自食物中的小麦糠、玉米麸等，存在于谷类、豆类的外皮和植物的茎、叶部等。不溶性膳食纤维可以降低罹患肠癌的风险，同时可吸收食物中有毒物质预防便秘，减少消化道中细菌排出的毒素。

膳食纤维是健康饮食不可或缺的部分，在保障消化系统健康方面扮演重要的角色，大多数植物都含有水溶性膳食纤维和不溶性膳食纤维，通过均衡饮食同时摄取水溶性膳食纤维与不溶性膳食纤维，有助于预防心血管疾病、癌症、糖尿病等疾病。膳食纤维还可以清洁消化壁、增强消化功能，同时可稀释食物中的致癌物质及有毒物质，加快其转移，保护脆弱的消化道，预防结肠癌。

目前粮油加工副产物，特别是米糠、豆粕等的膳食纤维主要作为饲料应用。近年来对大豆多糖的研究较多，豆类膳食纤维功能产品的开发正在兴起。粮油作物秸秆的利用是当今世界能源开发的重要课题。

（三）多糖和低聚糖

多糖是一种由单糖组成的天然高分子化合物，广泛存在于植物、动物和微生物中。多数植物多糖具有显著的生理活性，如抗肿瘤、抗病毒、增强免疫力等多种生理功能。粮油副产物中含有丰富的果胶、半纤维素等水溶性与不溶性多糖，可以用于制备多糖。

低聚糖是由 2~10 个单糖分子通过糖苷键连接形成的直链或支链低度聚合糖。低聚糖热量低、难消化，具有抗龋齿和促进肠道中有益菌群双歧杆菌增殖的生理功能。目前已经深受人们关注。迄今为止，已知的功能性低聚糖约有 1000 种，自然界中只有少数食物中含有天然的功能性低聚糖，如洋葱、大蒜、芒果等含有低聚果糖，大豆中含有大豆低聚糖。天然低聚糖已经部分或全部替代蔗糖而广泛用于饮料、糖果、糕点、调味品和乳制品等食品中。

低聚木糖除具有功能性低聚糖的一般特性外，其对热、酸都具有很高的稳定性，室温下储藏稳定性好，具有降低水分活度及防止冰结晶等特点，可用于多类食品体系。麸皮纤维由纤维素和半纤维素构成，其中阿拉伯木聚糖为半纤维素的主要组成成分，利用阿拉伯木聚糖制备低聚木糖是目前的研发热点。此外，利用玉米芯生产低聚木糖也取得了显著的进展。

低聚糖阿魏酸酯，也称阿魏酰低聚糖，是阿魏酸的羧基与低聚糖中不同位置的糖羟基酯化而形成的一种化合物。由于它同时具有低聚糖和多种功效特性的阿魏酸，在结肠中被微生物释放后兼备阿魏酸和低聚糖的功能，是一种新资源功能食品。

（四）维生素

维生素是维持人体正常物质代谢和某些特殊生理功能不可缺少的一类低分子有机化合物，通常是辅酶的主要或者唯一的组成成分，如果机体长期缺乏某种维生素就会导致维生素缺乏症。粮油副产物含有丰富的脂溶性维生素和水溶性维生素，利用粮油副产物提取天然维生素，可以满足人们对维生素的实际需求。

1. 维生素 E

维生素 E 具有抑制自由基、抗氧化、防癌、抗衰老、预防早老性老年痴呆症、提高机体免疫力等生理功能。天然的维生素 E 主要存在于植物种子中，但其含量甚微，一般在十万分之一以下。植物油中维生素 E 的含量较高，约千分之几。但是，直接从植物种子或植物油中提取维生素 E 经济上并不可行。目前提取天然维生素 E 最合适的原料是食用油精炼过程中产生的下脚料——脱臭馏出物，其维生素 E 的含量随着油脂精炼工艺的不同而不同，一般在 3%~8%。

此外，小麦胚芽含有极其丰富的资源，被营养学家誉为“人类天然的营养宝库”。它是自然界中含天然维生素 E 最丰富的资源，其天然维生素 E 的提取应用是开发培养的主要目的。所以，以麦胚为原料生产的富含维生素E的功能食品完全可能在维生素E制品的消费市场上占据相当大的份额，开发前景十分广阔。但是，对小麦胚芽的转化利用研究起步较晚，大部分胚芽被当作麸皮处理。迄今为止，小麦胚芽的综合利用水平较低，宝贵的小麦胚芽资源未能得到充分、合理、有效的利用。

2. B族维生素

B族维生素包括维生素B_1（硫铵素）、维生素B_2（核黄素）、烟酸、泛酸、维生素B_6（吡哆醇）、生物素、叶酸、维生素B_{12}（钴胺素）等。这些B族维生素是推动体内代谢，把糖、脂肪、蛋白质等转化成热量不可或缺的物质，如果缺少B族维生素，则细胞功能降低，引起代谢障碍，这是人体会出现呆滞和食欲不振的原因。

在粮油食品中，全粒谷物含维生素B_1较为丰富，杂粮含维生素B_1也较多，可以作为维生素B_1的主要来源。小麦胚芽等含有维生素B_2，豆类等含有维生素B_6、维生素B_{12}、烟酸、泛酸和叶酸。其中维生素B_1在人体内无法存储，所以需要每天摄取。

（五）甾醇

甾醇作为存在于细胞中的一类甾体组分和膳食脂质中的一类功能性组分，不仅可保持生物体内环境稳定、控制糖原和矿物质的代谢、调节应激反应以及直接用于消炎、降血脂、抗溃疡等，也是生产甾体药物的重要来源。

天然甾醇资源丰富，其主要存在于植物的根、茎、叶、果实和种子中。不同的植物种类甾醇含量不同。一般植物油及其加工副产物的植物甾醇含量最丰富，其次是谷物、谷物副产物和坚果，水果和蔬菜含量少。

工业上生产植物甾醇的方法很多，但其原理一般是基于原料组成的化学性质和物理性质的差异，如利用皂化、酯化、溶解度、蒸气压和凝固点的差异，以及不同温度和压力下物理化学性质的变化来分离甾醇物质。

（六）其他

除了上述功能性物质以外，还可以利用粮油副产物开发制备谷维素、磷脂、二十八烷醇、木酚素、植酸、肌醇、色素等。

谷维素是由环木菠萝醇类和甾醇类阿魏酸酯所组成的一类天然结合脂，主要存在于米糠油、稻谷胚芽油、玉米胚芽油、小麦胚芽油和菜籽油等植物油料中，其成分随稻谷种植的气候条件、品种和油脂提取的工艺不同略有差异。谷维素无臭无味，在常温下是白色或类白色粉末，难溶于水，可溶于甲醇、乙醇、丙酮、乙醚、冰醋酸等有机溶剂。

磷脂是一类含有磷酸根脂类的总称，有重要的营养和医药价值。磷脂是动植物的细胞膜、核膜、质体膜的基本组成成分。植物磷脂主要来源是大豆，而动物磷脂主要来源是蛋黄。目前商品“卵磷脂”一般是从大豆中提取的多种磷脂的混合物。

二十八烷醇是天然存在的一元高级醇，主要是以蜡酯的形式存在于许多植物的叶、茎、果实或表皮，其中蔗渣、麦麸和米糠等副产物中含有二十八烷醇。二十八烷醇具有增强体力、精力和耐力，提高应激能力、反应灵敏性、机体代谢率，改善心肌营养、机体氧利用率，降低血清胆固醇、甘油三酯含量和收缩期血压等功能。

第三节　粮油副产物综合利用技术

依靠传统的常规技术，难以有效地提取和分离粮油副产物中的活性成分，提取率不高也会增加利用成本。随着我国科技的发展，大量高新技术的涌现使得粮油副产物综合利用和高效利用已经成为可能。食品加工技术日趋向着营养健康、功能保健和智能加工的方向发展，深入研究运用这些现代化高新技术，有利于粮油副产物的深加工和资源的综合开发利用。

一、提取技术

从粮油副产物如麸皮、饼粕及植物根、茎、种子废弃物等原料中提取高附加值的物质或功能性成分方法很多，常规的提取方法有索氏提取、水浸提取、溶剂提取等。但是这些方法存在操作烦琐、提取效率低、需要时间长、溶剂回收率低等缺点。随着科技的发展，许多新的技术如超临界流体萃取技术、超微粉碎技术及酶解技术等已经得到广泛的应用。

1. 超临界流体萃取技术

超临界萃取技术（Supercritical Fluid Extraction，SFE）是近年发展起来的一种分离新技术，超临界流体萃取技术的工作原理是将超临界流体控制在超过临界温度和临界压力的条件下，从目标物中萃取成分，当恢复到常压和常温时，溶解在超临界流体中的成分即与超临界流体分开。目前广泛采用 CO_2 作为超临界萃取溶剂，同时，还可以根据目标产物的特性，加入其他有机溶剂，如乙醇、丙酮等改善其对物质的提取能力。

超临界萃取由于在低温和无氧情况下操作，可以分离、精制各种热敏和易氧化的组分，特别适应于一些功能性油脂的提取，保护天然活性物质的活性。

2. 超微粉碎技术

粉粒颗粒大小为 0.1~10μm 为超微粉。超微粉碎技术又称超细粉碎技术，指制备与食用超微粉体及其相关的技术，主要包括超微粉碎和精细分级等技术。目前超微粉碎设备主要有气流磨、机械冲击式超细磨机、搅拌球磨机、振动球磨机、旋转筒式磨机、塔式磨、旋风自磨机、离心磨、高压射流粉碎机等。其中气流磨、机械冲击式超细磨机、旋风自磨机等为干式超微粉碎设备；高压射流粉碎机、搅拌球磨机、振动球磨机、旋转筒式磨机、塔式磨既可以用于干式也可以用于湿式超微粉碎。精细分级可分为干式分级和湿式分级技术。目前，超微粉碎技术不但用于中药制剂以提高药物的生物利用度，也用于制备高活性的膳食纤维。

二、分离技术

1. 膜分离技术

膜分离技术是利用具有选择透过性的薄膜，以压力差、浓度差或者电位差为推动力，对双组分或多组分体系进行分离、分级、提纯或富集的新型分离技术。其中以压力差为推动力的膜分离过程分为微滤、超滤、纳滤与反渗透，四者组成了一个从固态微粒到离子的四级分离过程。例如，采用超滤和纳滤相结合可成功实现从玉米皮中分离制备阿魏酸。

2. 分子蒸馏技术

分子蒸馏是一种特殊的液液分离技术，它依据不同物质分子运动平均自由程的差别实现分离。当液体混合物沿加热板流动并被加热，轻、重分子会逸出液面而进入气相，由于轻、重分子的自由程不同，不同物质的分子从液面逸出后移动距离不同，若能恰当地设置一块冷凝板，则轻分子达到冷凝板被冷凝排出，而重分子达不到冷凝板沿混合液排出，从而达到物质分离目的。

分子蒸馏技术具有以下特点：①操作温度低（远低于沸点）、受热时间短、分离效果好，特别适宜沸点高、热敏和易氧化物质的分离；②其分离过程为物理分离过程，可很好地保护被分离的物质不被污染，且无污染排放；③分离程度高于传统蒸馏及普通的薄膜蒸发器。

3. 离子交换技术

离子交换技术是指利用离子交换树脂实现物质分离纯化的一种技术。离子交换树脂是一类带有功能基的网络结构的高分子化合物。按照骨架结构的不同，可分为凝胶型树脂和大孔型树脂；按照功能基的不同，可以分为阳离子交换树脂和阴离子交换树脂。离子交换树脂广泛应用于食品的脱盐、脱色，从而实现活性物质的分离纯化。如果待分离的成分具有离子特性，也可采用离子交换技术进行直接分离。如制备酚酸时，碱解液中酚酸含量很低，可采用阴离子大孔树脂将酚酸吸附富集，而后采用醇酸洗脱液洗脱、浓缩实现酚酸直接结晶。

三、浓缩技术

1. 膜浓缩技术

膜浓缩技术和膜分离技术类似，是以选择性透过膜为分离介质，当膜两侧存在压力差、浓度差、电位差、温度差时，原料侧组分选择性地透过膜，以达到分离、提纯的目的。膜浓缩具有以下的优点：①膜浓缩过滤效果好，收率高，产品稳定性好；②可以缩短生产周期，降低生产成本；③浓缩过程无需添加化学药品和溶媒溶剂，不带入二次污染物质；④膜浓缩操作简单，占地面积小；⑤膜浓缩可拓展性好，容易实现工业化扩充需求；⑥膜浓缩设备可自动运行，稳定性好，维护方便；⑦降低能耗，仅为热浓缩的 30%；⑧脱出酶解液中的无机盐，降低苦腥味和农残；⑨可以在常温下进行浓缩，确保生物活性不受影响。

2. 冷冻浓缩技术

冷冻浓缩是近年来发展迅速的一种浓缩方式，是在常压下利用稀溶液与冰在冰点以下固液相平衡关系来实现的。冷冻浓缩是在溶液冰点以下的低温进行操作，没有经过加热处理，避免了物料中成分的热分解，以及芳香物质的挥发，食品原有品质和风味得到充分保存。此外，整个加工操作均在低温下实现，低温也抑制微生物的增殖，降低微生物带来的污染风险。含有多种溶质的溶液冷冻浓缩时，去除的仅是水分，不会引起其他组成成分的变化。冷冻浓缩技术特别适用于浓缩热敏性液态食品、生物制药、要求保留天然色香味的高档饮品及中药汤剂等，这种低能耗、可生产高品质产品的加工技术具有巨大的发展潜力。随着社会对高档产品需求量的增加，冷冻浓缩技术将进一步显示出其优越性及必要性。

四、其他技术

1. 微胶囊技术

微胶囊技术是将微量物质包裹在聚合物薄膜中的技术，是一种储存固体、液体、气体的微型包装技术。它将某一目的物（芯材）用各种天然的或合成的高分子化合物薄膜（壁材）完全包覆起来，依靠囊壁的屏蔽作用起到保护芯材的作用。微胶囊的直径一般为1~500μm，壁的厚度为0.5~150μm。微胶囊技术可以有效地减少外界因素对活性物质的影响，减少芯材向环境的扩散和蒸发，掩蔽芯材的异味，并对芯材起缓释的作用。目前，微胶囊技术已经广泛应用于食品添加剂、乳品、糖果和饮料等产品。

2. 酶工程技术

酶工程技术主要是利用酶制剂处理副产品的技术。如采用木聚糖酶、阿魏酸酶处理麸皮制备低聚糖、阿魏酸等功能性食品配料；采用脂肪酶改性磷脂；采用纤维素酶水解纤维素制备生物酒精等。目前，部分国家和一些国际知名酶制剂公司加大了在该领域的投入和研发，利用纤维素酶、木聚糖酶处理纤维质促进纤维质的综合利用是国内外的发展趋势。

第四节　我国粮油副产物综合利用现状及发展趋势

（一）我国粮油副产物综合利用现状

中国是一个粮油生产大国和消费大国，年均粮食产量超过5亿t，其中小麦产量约1.2亿t，玉米1.6亿t、水稻1.9亿t，油料作物0.3亿t。在粮食加工过程中形成了以麸皮、米糠、饼粕以及胚芽为代表的粮油加工副产品，2021年粮食加工副产物如表1-1所示，油料加工副产物如表1-2所示。

表1-1　2021年中国粮食加工副产物　单位：万t

名称	产量	进口量	出口量	主要产品	产量	副产物	产量
小麦	13695	977	28.6	小麦粉	8891.7	麸皮	2700
玉米	27255	2835	1.2	玉米	20953	玉米芯	5500
稻谷	21284	496	208.9	大米	8319.7	稻壳	3200

数据来源：《2021中国粮食和物资储备年鉴》

表1-2　2021年中国油料加工副产物　单位：万t

名称	产量	进口量	油脂产量	饼粕
大豆	1640	9651.8	1800	7778
花生	1820	28.1	307.8	430.9
油菜籽	1471.4	263.8	581.5	912

数据来源：《2021中国粮食和物资储备年鉴》

（二）我国粮油副产物综合利用问题

粮油加工副产物中含有丰富的生物活性物质及营养物质，其营养价值和经济价值较高，但由于粮油加工主体对粮油副产物认识不足，再加上粮油副产物利用技术处于起步阶段，存在以下问题。

1. 综合利用率低，资源浪费严重

我国农产品加工综合利用率为40%，产业发达国家可达到90%。粮油加工副产物中含有丰富的碳水化合物、蛋白质、脂肪和其他生物活性物质，但目前我国对粮油加工副产物的利用率较低，导致大量宝贵资源被浪费掉，甚至还会造成环境污染。对于稻谷加工副产物米糠，日本米糠综合利用率可达100%，印度达到30%，而我国米糠综合利用率尚不足20%，资源浪费严重。

2. 综合利用关键技术装备水平落后

以企业为主体的技术创新体系尚未完全建立，核心技术和装备的研发落后于世界先进水平。粮油深加工业的装备产品稳定性差、能耗高；新技术推广较慢、关键设备技术仍需依赖国外进口；技术装备性能低、自动化程度低、制造水平低，缺乏一体化、自动化装备，是限制我国粮油加工副产物综合利用的主要问题。

3. 缺乏标准化建设与管理

目前，针对粮油加工副产物的相关标准较少，缺乏标准化建设；标准内容简单、技术指标较少；标准覆盖面小，适用范围较窄；标准更新跟不上市场发展需求，不能适应副产物加工产品由数量型向质量型的转变；标准与国际标准差异较大。市场上流通的粮油加工副产物相关产品由于缺乏标准化管理，在生产时对工艺和配料没有统一的标准，导致产品品质参差不齐。如今，绝大部分综合利用产品没有制定国家标准和行业标准，更缺少基础标准、方法标准和管理标准对产品标准的有效支持。

（三）我国粮油副产物综合利用的发展趋势

随着粮油加工企业的大型化和集约化，粮油加工副产物资源的集中度越来越高，有利于副产物资源的规模化利用。重视粮油加工副产物的二次利用，提高资源利用率，实现资源全利用，已成为粮油精深加工与利用产业的重要课题。发展粮油产业集聚区，扩展产业空间，促进产业对接、融合，延伸产业链条已成为粮油产业新的发展趋势。聚焦国内外粮油加工业发展需求、现代生活的方便功能食品及营养健康食品需求，开发更多的特色营养健康产品，增加企业整体竞争力，创造更多的利润空间。例如，对于油料加工主要加工副产物饼粕的利用，除了用作饲料外，鼓励有能力的企业开发蛋白食品、特种饲料及饼粕制品，以实现饼粕最大程度的增值，提高其综合利用率。

因此，需要重视粮油副产物研发创新力度，开发基于这些副产物的新产品，充分利用粮油加工副产物中的丰富的膳食纤维、蛋白质、多种维生素及功能性成分，开发全麦粉、全稻原米等产品以改善中国超过1亿人因饮食结构不合理造成的各种疾病问题。粮油副产物加工应突破“卡脖子”技术，实现关键核心技术自立自强，提高掌握原创性技术能力，使粮油加工副产物的综合利用朝着更节能、更环保的目标迈进。

（四）本课程目标和特点

粮油加工副产物富含食品功能因子，利用现代高新技术对粮油加工副产物进行综合利用，开发系列制备技术和产品，能够满足人民群众对绿色加工及健康食品的需求。本书主要以粮油加工副产物，如膳食纤维、酚酸、二十八烷醇、植物甾醇、磷脂、木酚素、亚麻籽环肽等为主线，对于功能因子的来源、种类、特点、生理功能与制备方法开展介绍，通过课程学习，学生将掌握粮油副产物的种类、综合利用方法以及增值加工技术，了解现代高新技术及副产物产品开发特点，熟悉粮油领域的发展动态，培养探索创新的精神。

思考题

1. 粮油加工过程中产生哪些副产物？

2. 粮油加工副产物中包括哪些功能成分？

3. 依据创新、协调、绿色、开放和共享的新发展理念，如何采用绿色加工技术实现粮油副产物深加工利用？

第二章 酚酸

CHAPTER 2

本章学习目标

1. 了解不同农作物中的酚酸种类和特点。
2. 了解植物细胞壁中主要酚酸的种类。
3. 掌握阿魏酸和对香豆酸的生理功能与制备方法。
4. 掌握绿原酸的生理功能、应用及制备方法。

第一节 概述

酚酸是植物体内一类具有酚类基团且影响植物生长发育的有机酸。其分布广泛，在水果、蔬菜以及谷物中均有发现，为植物自身生长过程产生的次级代谢产物。植物体内酚酸的种类和含量与其不同生长阶段和生长环境密切相关。

酚酸按其结构可分为两大类：羟基苯甲酸及其衍生物（图 2-1 和表 2-1）和羟基肉桂酸及其衍生物（图 2-2 和表 2-2）。羟基苯甲酸衍生物主要有香草酸、丁香酸、没食子酸及原儿茶酸等；羟基肉桂酸衍生物主要有咖啡酸、对香豆酸及阿魏酸等。在植物细胞壁中以羟基肉桂酸衍生物居多。

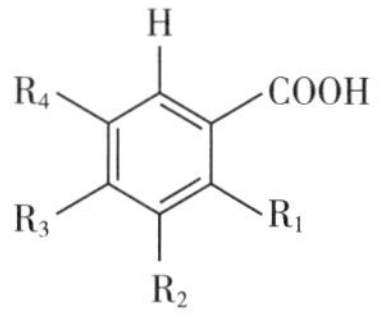

图 2-1 羟基苯甲酸及其衍生物

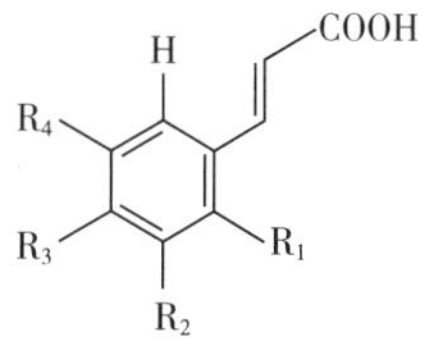

图 2-2 羟基肉桂酸及其衍生物

表 2-1 羟基苯甲酸及其衍生物

名称	R_1	R_2	R_3	R_4
苯甲酸	H	H	H	H
对羟基苯甲酸	H	H	OH	H
香草酸	H	OCH_3	OH	H
没食子酸	H	OH	OH	OH
原儿茶酸	H	OH	OH	H
丁香酸	H	OCH_3	OH	OCH_3
龙胆酸	OH	H	H	OH
藜芦酸	H	OCH_3	OCH_3	H
水杨酸	OH	H	H	H

表 2-2 羟基肉桂酸及其衍生物

名称	R_1	R_2	R_3	R_4
肉桂酸	H	H	H	H
邻香豆酸	OH	H	H	H
间香豆酸	H	OH	H	H
对香豆酸	H	H	OH	H
阿魏酸	H	OCH_3	OH	H
芥子酸	H	OCH_3	OH	OCH_3
咖啡酸	H	OH	OH	H

第二节 农作物中的酚酸

谷物如小麦、燕麦、玉米和大米等或高淀粉含量的果蔬如马铃薯、甘薯和芋艿等是人类的主要能量和营养来源，其中，大米、小麦和玉米占世界食物来源的 50%，大米是亚太地区 17 个国家、南北美洲 9 个国家以及非洲 8 个国家的主食。随着世界人口数量的增加，农业发展越来越迅速，2017 年，世界范围内玉米、小麦和大米的产量已分别达到了 10.3 亿 t、7.5 亿 t、5.0 亿 t。这些农产品除了提供人们所需的碳水化合物、蛋白质和脂肪外，还提供了维生素、矿物质以及酚酸化合物。随着农产品的消耗，将会产生越来越多的副产物如麸皮等，这将成为酚酸的重要来源。

酚酸广泛存在于植物的根、茎、叶等部位，在植物组织中大部分以结合态形式存在。不同作物中酚酸构成如表 2-3 所示。

表 2-3 不同作物中酚酸的构成

农作物	酚酸含量/%		农作物	酚酸含量/%	
	游离态	结合态		游离态	结合态
玉米	15	85	燕麦	25	75
小麦	25	75	大米	38	62

（一）大米中的酚酸

大米主要由胚乳、胚芽和麸皮构成，胚乳约占总质量的 80%，胚芽和麸皮因品种和产地而异，通常约占 10%。大米中含有大量的苯甲酸类衍生物和肉桂酸类衍生物，主要是阿魏酸及其二聚体（表 2-4），还含有单宁类物质。植物中酚酸化合物多存在于麸皮层，因而粗大米的抗氧化活性要高于精制大米。此外，有色大米抗氧化和清除自由基活性要高于白色大米，黑米因其高含量的酚酸而被认为是最有营养的大米。碾磨、烹饪以及浸泡等加工过程会造成酚酸的损失，且加工越精细，损失越严重。

表 2-4 大米中的酚酸化合物

<table>
<tr><th></th><th>酚酸化合物含量/（mg/g）</th><th>已鉴定酚酸种类</th></tr>
<tr><td>米糠</td><td>总酚酸：5.0</td><td rowspan="3">原儿茶酸
对羟基苯甲酸
对香豆酸
丁香酸
香草酸
咖啡酸
没食子酸
阿魏酸</td></tr>
<tr><td>黄米糠</td><td>总酚酸：3.1~3.8</td></tr>
<tr><td>紫米糠</td><td>总酚酸：8.6~45.4</td></tr>
<tr><td>棕米、红米</td><td>游离态酚酸：0.0226~0.2275
结合态酚酸：0.0177~0.259</td><td rowspan="2">原儿茶酸
丁香酸
没食子酸
阿魏酸
对香豆酸
愈创木酚
对甲酚
邻甲酚
3,5-二甲苯酚
对羟基苯甲酸
香草酸
咖啡酸
芥子酸</td></tr>
<tr><td>黑米</td><td>总酚酸：3.4537</td></tr>
</table>

续表

	酚酸化合物含量/（mg/g）	已鉴定酚酸种类
白大米	游离态酚酸：0.0170~0.0189 结合态酚酸：0.0033~0.0272	原儿茶酸 丁香酸 没食子酸 阿魏酸 对香豆酸 愈创木酚 对甲酚 邻甲酚 3,5-二甲苯酚

（二）小麦中的酚酸

小麦是世界主要谷物之一，用于制作面条、面包、饼干等。小麦胚乳、麸皮及胚芽分别占总质量的 81%~84%、14%~16%、2%~3%。麸皮中的酚酸对人类营养和健康有重要影响。酚酸在小麦中以游离态、结合态或化合态的方式存在（表 2-5），但游离态含量很少，多与细胞壁多糖紧密相连。小麦种类不同，所含的酚酸种类也不一样，但发现的酚酸多为阿魏酸、对香豆酸和香草酸，只有少量的丁香酸和原儿茶酸。

表 2-5 小麦中的酚酸化合物

	酚酸化合物含量/（mg/g）	已鉴定酚酸种类
全麦粉	游离态酚酸：0.1966~0.2602 结合态酚酸：0.5146~0.6804	阿魏酸 对香豆酸 香草酸 丁香酸 原儿茶酸
糯麦粉	游离态酚酸：1.01 结合态酚酸：2.40	
白面粉	游离态酚酸：0.28 结合态酚酸：0.34	
红麦麸	游离态酚酸：0.570~0.633 结合态酚酸：3.201~3.396	对羟基苯甲酸 香草酸 咖啡酸 丁香酸 对香豆酸 阿魏酸 水杨酸
白麦麸	游离态酚酸：0.458~0.562 化合态酚酸：2.799~3.326	对羟基苯甲酸 香草酸 丁香酸 对香豆酸 阿魏酸 反式肉桂酸

（三）玉米中的酚酸

玉米是世界主要的粮食作物之一，其含有大量酚酸（表2-6），其中黄玉米中分离出的酚酸有对羟基苯甲酸、香草酸、丁香酸、阿魏酸、对香豆酸等。

表2-6 玉米中的酚酸化合物

	酚酸化合物含量/（mg/g）	已鉴定酚酸种类
未成熟黄玉米粒	游离态酚酸：0.177~0.330 水溶性酚酸糖苷：0.229~0.575 水溶性酚酸酯：0.280~0.631 不溶性细胞壁结合酚酸：2.761~3.179	对香豆酸 阿魏酸 香草酸
成熟黄玉米粒	游离态酚酸：0.016 水溶性酚酸糖苷：0.1635 水溶性酚酸酯：0.280~0.631 不溶性细胞壁结合酚酸：0.2547	
黄玉米面	游离态酚酸：0.25 结合态酚酸：1.09	原儿茶酸及其衍生物 没食子酸 阿魏酸及其衍生物 对香豆酸及其衍生物 儿茶酸
白玉米面	游离态酚酸：0.29 结合态酚酸：1.39	
蓝玉米面	游离态酚酸：0.28 结合态酚酸：1.14	
红玉米面	游离态酚酸：0.28 结合态酚酸：1.12	
玉米麸	阿魏酸：28~31 阿魏酸二聚体：6.8~32 对香豆酸：3~4	阿魏酸 对香豆酸
玉米纤维	阿魏酸：1.02~18.5 对香豆酸：3~4	阿魏酸 对香豆酸 阿魏酸脱氢二聚体

阿魏酸及阿魏酸二聚体在玉米麸皮中含量最高，而在玉米胚乳和胚芽中含量较低。玉米麸皮主要由多糖和纤维素构成，其中多糖占细胞壁构成的50%以上，主要由木糖和阿拉伯糖组成。肉桂酸在脱淀粉玉米麸皮中的含量达4%~5%，主要为阿魏酸和对香豆酸，其通过酯键与多聚物相连。玉米在不同生长阶段酚酸含量不同。

（四）马铃薯中的酚酸

马铃薯是欧美国家食用最多的蔬菜，在其他国家其消费量也在快速增长。作为主食，与其他蔬菜和消费量低的食物相比，马铃薯具有独特的作用。

马铃薯块茎中酚类化合物丰富，其含量占干重的0.1%~0.3%，主要存在于皮层之间。马铃薯中的酚酸有咖啡酸、原儿茶酸、绿原酸、桂皮酸等，其中主要酚酸为原儿茶酸、咖啡酸和绿原酸。不同品种马铃薯块茎中酚酸的成分及含量存在差异（表2-7），此外，不同的生长环境如温度、光照、降雨量等也会影响马铃薯中总酚酸和单体酚酸含量。

表2-7 不同品种马铃薯块茎中的酚酸含量 单位：μg/g

品种		绿原酸	原儿茶酸	咖啡酸	酚酸总量
白肉品种	系薯1号	81.96	5.91	0.00	87.87
	春薯4号	140.32	22.08	2.17	164.57
	中薯6号	155.94	4.79	0.98	161.71
	高原4号	93.83	6.61	0.08	100.52
	红旁梯亚克	165.07	5.23	2.97	173.27
	卡皮罗	289.20	40.76	2.37	332.33
	大西洋	50.31	3.76	0.00	54.07
	卡尔白	84.54	7.88	0.00	92.42
	夏波蒂	60.87	4.06	0.00	64.93
	平均含量	124.67	11.23	0.95	136.85
黄肉品种	底西芮	161.47	13.83	0.25	175.55
	红男爵	122.09	13.42	0.23	135.74
	库多尔	211.06	15.39	1.65	228.10
	台湾红皮	203.16	22.95	0.64	226.75
	费尔西纳	119.53	5.89	1.53	126.95
	费乌瑞它	94.15	6.80	0.92	101.87
	青薯168	118.18	27.27	1.56	147.01
	9521-42	415.40	15.81	5.45	436.66
	平均含量	180.63	15.17	1.53	197.33
白肉带紫	CHS401	1270.38	35.31	7.08	1312.77
紫肉品种	约翰河蓝	1434.71	123.72	8.28	1566.71
	麦金塔黑	1568.12	135.94	4.80	1708.86
	莎朗黑	1550.48	147.48	10.77	1708.73
	平均含量	1517.77	135.71	7.95	1661.43

（五）其他作物中的酚酸

除上述4种主要作物外，在许多其他作物如甘薯、黑麦、燕麦等中也发现了相当含量的酚酸（表2-8），酚酸对这些作物制品的营养、抗氧化等特性有重要影响。

表 2-8 其他作物中的酚酸 单位：mg/g

种类	总酚酸	种类	总酚酸
大麦粉	0.68	全燕麦粒	0.4594 ~1.0158
大麦秆	1.730	薯蓣	0.15~0.20
黑麦粉	0.036~0.046	甘薯	1.927~11.59
黑麦秆	1.272		

第三节 植物细胞壁中酚酸的构成

植物细胞壁中的酚酸以对香豆酸、阿魏酸和芥子酸为主，其可通过酯键、醚键或缩醛键与葡萄糖、萜、木质素、蛋白质、纤维素等相连，使植物细胞壁处于交联状态，维持植物细胞壁的完整并保护细胞组织免于被入侵的微生物分解。通常，在谷物茎秆中，酚酸与木质素多以酯键连接，而在谷物壳及麸皮中，则通过醚键相连接。

酚酸的羧基与多糖类大多以酯键连接，酚羟基与木质素则通过醚键连接，形成了木质素-酚酸-多糖聚合物（图 2-3 和图 2-4）。由于这种交联形成了致密结构，难以被温和的酸、碱或单一酶有效降解，限制了此类农副产物在生产中的应用。

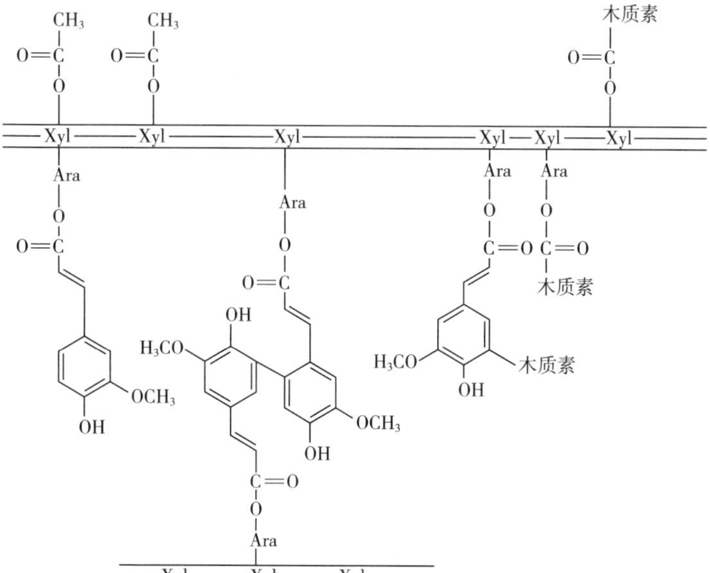

图 2-3 细胞壁多糖结构

Xyl—木糖 Ara—阿拉伯糖

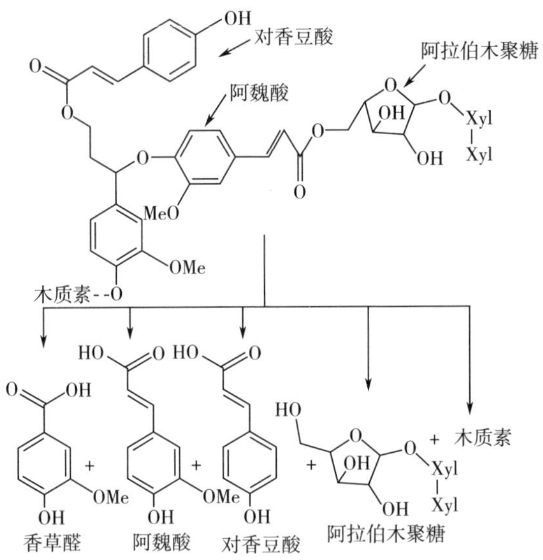

图 2-4　木质素-酚酸-多糖聚合物

Xyl—木糖　Me—甲基（—CH_3）

第四节　酚酸生理功能

一、阿魏酸和对香豆酸的生理功能

1. 抗氧化和清除自由基

阿魏酸是一种天然且安全的自由基淬灭剂和抗氧化剂，其对羟基自由基、超氧自由基、过氧化亚硝基等都有强烈的清除作用。其清除自由基的能力与其结构具有密切关系：苯环上的给电子基团可以终止自由基链式反应；羧基通过结合酚酸和脂类双分子层，减少脂类过氧化作用；羧基与不饱和的碳碳双键相连的结构易与自由基结合，减少自由基对细胞膜的作用。

对香豆酸可消除羟基自由基和抑制低密度脂蛋白的氧化，是一种有效的自由基清除剂和脂类氧化抑制剂。对香豆酸还可以形成共振稳定的酚自由基，对紫外辐射诱导引起的氧化性损伤有很好的防护效果。

2. 抗血栓和降血脂

动脉粥样硬化是导致心血管疾病如冠心病等的根本原因。其诱因是自由基氧化脂质，且脂质氧化产物丙二醛与低密度脂蛋白结合生成具有细胞毒性作用的丙二醛-低密度脂蛋白，主要通过以下三个途径导致动脉粥样硬化：①丙二醛-低密度脂蛋白被单核细胞吞噬后，使细胞内胆固醇代谢异常，胆固醇积累，形成泡沫细胞。②丙二醛-低密度脂蛋白使内皮细胞质发生空泡变性，浆膜皱缩，导致细胞损坏和死亡。血管内皮细胞受损时，正常血管的抗血栓作用受到破坏，血小板在损伤处黏附、聚集并释放出胞质中的活性物质，使血栓形成、内膜增厚、脂质浸润，促进动脉粥样硬化的形成。③抑制前列环素产生，引起血栓素的升高。

血栓素通过抑制腺苷酸环化酶，使血小板和血管壁平滑肌内环磷酸腺苷减少，或作为 Ca^{2+} 载体直接促成 Ca^{2+} 内流和血管系统 Ca^{2+} 的释放，促进血小板聚集和局部血管收缩，加重内皮细胞损伤，而前列环素能起到扩张血管、限制血小板聚集和保护受损内皮细胞的作用。

阿魏酸具有一定的降血栓作用，其调节机制是通过抑制血栓素、5-羟色胺的释放，抑制血小板聚集，使前列环素/血栓素比率升高。其通过以下途径抑制血栓素的释放：①选择性地抑制血栓素合成酶；②与血栓素发生拮抗作用；③抑制磷脂酶阻止花生四烯酸游离，阻断血栓素 A2（TXA2）等的生成。

阿魏酸能降低心肌缺血和耗氧量、抑制羟戊酸-5-焦磷酸脱氢酶活性、抑制肝脏合成胆固醇、降低血脂浓度及血清中胆固醇含量和抑制脂质氧化等，防治动脉粥样硬化，在临床上已用于治疗冠心病、心绞痛。对香豆酸比 α-生育酚具有更好地抑制 2,2′-偶氮二异丁基脒二盐酸盐（AAPH）和 Cu^{2+} 引起的低密度脂蛋白氧化反应的能力。

3. 抗菌

阿魏酸对呼吸道合胞体、感冒病毒和艾滋病病毒都有显著的抑制作用。其对艾滋病病毒的抑制机制是抑制黄嘌呤酶活性，从而抑制艾滋病病毒。

阿魏酸抑菌较为广谱，其可以抑制肺炎杆菌、柠檬酸杆菌、绿脓杆菌、宋内志贺菌、大肠杆菌等致病性细菌和 11 种造成食品腐败的微生物的繁殖。对香豆酸能够有效地抑制金黄色葡萄球菌和枯草芽孢杆菌的繁殖。

4. 抗突变和防癌

阿魏酸及其衍生物的抗癌活性与其能激活解毒酶如谷胱甘肽硫转移酶、醌还原酶的活性有关，可抑制结肠癌、直肠癌和舌癌。对香豆酸的抗癌活性与其可降低癌细胞耐受性和抑制 T 细胞表达的关键酶——吲哚胺-2,3-双加氧酶的活性有关。

二、绿原酸的生理功能

绿原酸是一种生物活性较为广泛的酚酸，具有抗病毒、抗菌、提高白细胞含量、缩短血凝和出血时间等功能。目前，对绿原酸的生物活性的研究已逐渐深入食品、日用化工、保健和医药等多个领域。

1. 心血管保护作用

绿原酸是一种较强的自由基清除剂和抗氧化剂，其清除自由基能力高于生育酚、抗坏血酸和咖啡酸，对羟基自由基、DPPH 自由基和超氧阴离子自由基有强清除效果，且可抑制低密度脂蛋白的氧化。因此，绿原酸通过清除自由基及抑制脂质过氧化，可保护血管内皮细胞，进而在防治动脉粥样硬化、血栓栓塞性疾病和高血压病等方面发挥作用。绿原酸对体内自由基的有效清除，对于维持机体细胞正常的结构和功能，防止和延缓肿瘤、细胞突变和衰老等现象的发生也具有重要作用。

2. 抗诱变及抗癌作用

目前，绿原酸的抗癌作用仅停留于动物实验阶段，结果表明，绿原酸对大肠癌、肝癌、胃癌、喉癌具有显著的抑制作用。其有较强的抑制突变能力，可以抑制亚硝化反应引发的突变和黄曲霉毒素 B_1 引发的突变，并能有效地抑制 γ 射线引起的骨髓红细胞突变。绿原酸还可通过降低致癌物的利用率及其在肝脏中的运输来达到防癌、抗癌的效果。其抗诱变及抗癌作用机制可能与下列因素有关：①促氧化作用。绿原酸在碱性环境中是促氧化剂，通过过氧化氢氧化使肿瘤细胞产生较大的 DNA 碎片，并引起核凝集。②增强芳香烃羟化酶的活性。绿原酸通过增强芳香烃羟化酶的活性，提高组织细胞抗多环芳烃化合物的诱变作用。③抑制 8-羟基脱氧鸟苷（8-OH-dG）的形成。8-OH-dG 是哺乳动物细胞中能诱导点突变、癌变和细胞氧化应激的重要物质，而绿原酸能抑制体外诱导的 8-OH-dG 的增高。④抑制致癌物——DNA 加合物及氧自由基的形成也是其发挥抗癌作用的重要机制之一。

3. 抗菌及抗病毒作用

绿原酸能抑制金黄色葡萄球菌、大肠杆菌、军团杆菌、藤黄微球菌、枯草芽孢杆菌及宋内志贺菌的生长，其抗菌机制与非竞争性抑制细菌体内的芳基胺乙酰转移酶（NAT）有关，其还可以抑制腺病毒 3 型、腺病毒 7 型、合胞病毒等。

4. 降脂作用

静脉给予绿原酸能显著降低大鼠血浆中胆固醇和甘油三酯的含量，肝脏中的甘油三酯水平也有明显降低。在 SD 大鼠食物中同时加入绿原酸和咖啡酸，发现大鼠肺、肝等组织中的胆固醇含量均有所下降。

5. 免疫调节作用

绿原酸不仅可显著增强流感病毒抗原引起的 T 细胞增殖，而且能诱导人的淋巴细胞及外周血白细胞生成 IFN-γ 及 IFN-α。绿原酸还能提高大鼠体内的 IgE、IgG1 及 IL-4 水平和激活神经钙蛋白（Calcineurin），从而增强巨噬细胞功能。

6. 抗氧化作用

国内外的研究表明，绿原酸是一种有效的酚型抗氧化剂，其抗氧化能力强于咖啡酸、对羟基苯甲酸、阿魏酸、丁香酸以及常见的抗氧化剂如丁基羟基茴香醚（BHA）和生育酚，但和丁基羟基甲苯（BHT）的抗氧化能力相当。

7. 其他

绿原酸还具有降血糖、降脂、抗白血病、抗补体、利胆、抑制胃溃疡等作用，其降糖机制可能与抑制葡萄糖-6-磷酸位移酶和葡萄糖吸收有关。绿原酸还可抑制葡萄球菌外毒素引起的细胞因子和趋化因子的生成，抑制增生性瘢痕来源成纤维细胞（Hypertrophicscar-Derived Fibroblasts，HTFs）引起的成纤维细胞胶原网架的收缩以及应激反应所致的促肾上腺皮质激素（ACTH）升高。

此外，绿原酸可影响血浆中矿物质元素的浓度。静脉注射绿原酸后，大鼠血浆中磷的含量明显降低，而铜、镁、钠和钾的含量显著升高。这说明在临床应用时，应注意防止电解质紊乱。

第五节　酚酸应用

一、阿魏酸和对香豆酸的应用

1. 生产香草醛

香草醛作为增香剂、抗氧化剂和功能性添加剂广泛应用在食品行业中。其作为功能性添加剂具有保肝护脾的作用，常添加到各类啤酒、葡萄酒中。在医药行业中，可用于合成左旋多巴，治疗帕金森病。

有“香料皇后”美誉的香草醛（香兰素），由于具有无法被人工复合的香气使其在食品香料领域有巨大需求量。天然香草醛价格较高。现阶段生产香草醛的方法主要有化学合成、植物提取和生物转化。通过化学法生产的香草醛香型单一，合成过程中污染严重。从植物中提取的香草醛虽是天然，但植物组织生长时间长和加工效率低。国外多采用生物转化法以阿魏酸为原料生产香草醛，主要有下列三种方式：①采用微生物如细菌和真菌产生的脱羧酶将阿魏酸脱羧产生香草醛；②将阿魏酸还原成二氢阿魏酸，再合成香草醛；③将阿魏酸转化成松柏醇再转化成香草醛。对香豆酸可以通过氧化、环合等反应合成香豆素或香草醛，可进一步合成为香精香料添加剂。

以阿魏酸为底物通过生物转化可生产香草醛（图 2-5），专一性高、节约能源、产物易分离提取。目前已发现能以阿魏酸为底物产香草醛的菌株有：恶臭假单胞菌（*Pseudomonas putida*）、黑曲霉菌（*Aspergillus niger*）、荧光假单胞菌（*Pseudomonas fluorescens*）、拟无枝酸菌（*Amycolatopsis*）、食酸丛毛单胞菌（*Delftia acidovorans*）、肠杆菌（*Enterobacter*）、红球菌（*Rhodococcus opacus*）、少动鞘氨醇单胞菌（*Sphingomonas paucimobilis*）、链霉菌（*Streptomyces*）、朱红密孔菌（*Pycnoporus cinnabarinus*）等，其中拟无枝酸菌和链霉菌中的某些菌株可将阿魏酸转化得到较高产量的香草醛（超过 10g/L），具有较好的工业应用潜力。

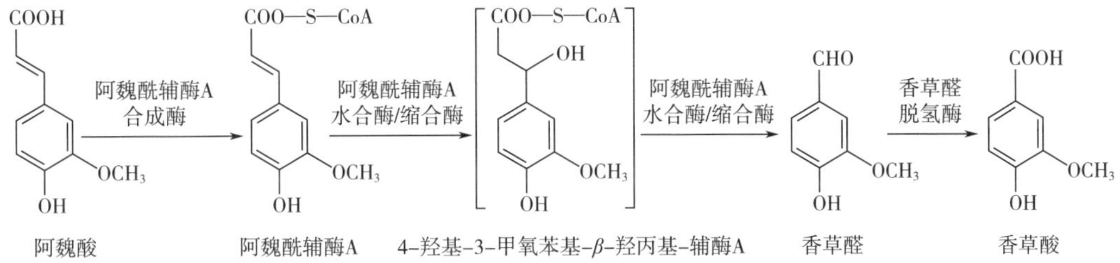

图 2-5 阿魏酸生物合成香草醛的途径

2. 用作抗氧化剂和防腐保鲜剂

阿魏酸具有抗氧化和抗菌活性，且毒性低、pH 稳定，一些国家已批准阿魏酸作为食品添加剂用于面条、肉制品中，作为食品保鲜剂用于油脂和乳化液的保藏。美国和一些欧洲国家允许含阿魏酸量较高的中药、咖啡等作为抗氧化剂。1975 年，阿魏酸已被用作保存柑橘和亚麻籽油、大豆油及猪油的抗氧化剂，一些氨基酸和二肽可作为其增效剂。

阿魏酸及其衍生物与其他酚类物质相比，有两个优点：①抗氧化活性强。阿魏酸在卵磷脂-脂质体系统中的抗氧化活性和对氢过氧化物产生的抑制能力在锦葵色素、表儿茶素、咖啡酸、没食子酸、槲皮素、儿茶素、没食子酸丙酯、芦丁等中最强。②pH 稳定。其 pH 稳定性显著强于咖啡酸、绿原酸和没食子酸，这一特性对于碱性条件下蛋白质的提取和组织化、水果脱皮等食品加工很重要。

除表现较强的抗氧化活性外，阿魏酸的抗菌活性也很强。其对酵母菌有较强的抑制作用，但抗菌活性低于山梨酸钾。

3. 作为食品交联剂

由于在植物细胞壁中，阿魏酸使多糖分子交联，目前人们利用此特性来提高多糖黏度并制备食品胶。

若多糖和蛋白质上结合有阿魏酸，则可通过加入过氧化氢、过硫酸铵、漆酶或过氧化物酶处理使蛋白质和多糖交联而形成凝胶。在生产上，可利用阿魏酸的交联作用提高一些多糖特别是低分子多糖的应用价值。

由于阿魏酸及其氧化产物能与蛋白质中的赖氨酸、酪氨酸和半胱氨酸反应，使蛋白质交联，在制备可食性蛋白膜时，阿魏酸能降低膜对氧气和水蒸气的透性，增加膜的机械强度，并可通过减少蛋白质中游离巯基的含量，避免蛋白质中巯基引起交联而增加乳品在加热过程中的热稳定性。这些特性为阿魏酸在食品中的应用提供了更宽广的领域。

4. 其他应用

除上述应用外，阿魏酸在运动食品、化妆品和医药等行业也得到广泛应用。

运动员在剧烈的运动过程中会造成机体的氧化损伤，许多运动食品都需添加抗氧化剂。阿魏酸是一种潜在的抗氧化剂，且能刺激激素的分泌，所以目前国外很多运动食品中都添加了阿魏酸或含有阿魏酸的中药。

阿魏酸是中药川芎中的主要活性成分，几乎无毒，可用于制造心血康片、利脉胶囊等，临床主要用于脑血管病、脉管炎、冠心病、白细胞和血小板减少等疾病的防治。对香豆酸在医药中可作为祛痰药杜鹃素的中间体。

阿魏酸和对香豆酸对黑色素的形成有很强的抑制作用，一些非基因因素如激素改变、慢性炎症、紫外线照射等会刺激酪氨酸酶表达，造成皮肤黑色素积累。阿魏酸能抑制酪氨酸酶活性，可用于皮肤的美白护理或作祛斑治疗。

二、绿原酸的应用

绿原酸的生物活性和作用已越来越受到人们的重视，其应用也将越来越广泛，尤其是在食品和日用化工等领域有着非常广阔的应用前景。

1. 天然的膳食抗氧化剂和防腐剂

天然的食品抗氧化剂越来越受到消费者的欢迎，从葵花籽粕中提取和分离的绿原酸是一种新型高效的酚型抗氧化剂，它可在某些食品中取代或部分取代目前常用的人工合成的抗氧化剂。绿原酸可用于鱼片的保鲜，其效果优于 α-生育酚和茶叶提取物。绿原酸还被用于果汁的保鲜，可有效提高色泽稳定性、防止饮料腐败变质。目前，日本将葵花籽粕中提取的绿原酸成功地开发成水溶性的天然抗氧化剂。

2. 日用化工的应用

绿原酸可以保护胶原蛋白不受活性氧等自由基的伤害，并能有效防止紫外线对人体皮肤产生的伤害作用。现已有多项添加绿原酸后用于抗脲酶化妆品、皮肤防晒剂和防止紫外线与染发剂对头发损伤的洗发水的欧洲专利。日本同样利用绿原酸及其衍生物的抗氧化特性研制出了抗衰老的护肤用品。

第六节 酚酸制备

一、阿魏酸和对香豆酸的制备

阿魏酸最早在植物的种子和叶子中发现，是桂皮酸的衍生物之一，具有顺式和反式两种结构（图 2-6），在植物细胞壁中与多糖和蛋白质结合成为细胞壁的骨架。阿魏酸是阿魏、酸枣仁等中药材的有效成分之一，其在食品原料如麦麸、玉米皮等中含量也较高（表 2-9）。

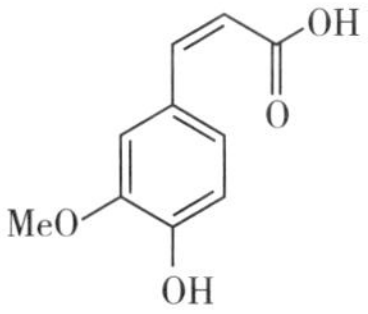

（1）顺式阿魏酸

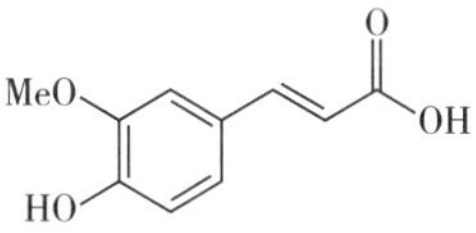

（2）反式阿魏酸

图 2-6 阿魏酸的结构

Me—甲基（$—CH_3$）

表 2-9 几种农作物中阿魏酸的含量 单位：%

名称	阿魏酸的含量	名称	阿魏酸的含量
玉米皮	3	蔗渣	1
玉米芯	1.4	麦麸	0.4~0.7

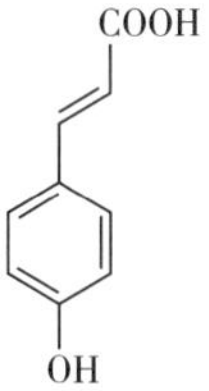

图 2-7 对香豆酸

对香豆酸是植物中最常见的羟基肉桂酸之一（图 2-7），为白花蛇舌草、海金沙草、杜仲叶的有效成分之一，其最大紫外吸收波长为 312nm。对香豆酸多通过酯键与植物中的多糖、脂肪醇、酚类以及生物碱等共价交联，其在谷物中含量较高（表 2-10），仅在部分蔬菜水果中发现有少量游离态对香豆酸。

表 2-10　植物中对香豆酸的含量

科	种、系	对香豆酸的含量/（mg/kg）
禾本科	甘蔗	17600
	小麦秸秆	4200
	小麦面	痕量
	大麦芽或秸秆	2800
	黑麦秸秆	2900
	水稻秸秆	2600
	水稻粉	1.3
	燕麦秸秆	3100
	燕麦粉	2.0
	玉米秸秆	14100~17000
	玉米叶	4000
	玉米粉	18.9
蔷薇科	草莓	9~37
	西洋梨	38.7
	碧桃	112.1
	苹果	369.2
豆科	花生（粉）	1193~1347
	四季豆（粉）	13~124
	绿豆	18
	豌豆	12
	小扁豆	11
	野豌豆	16
	木豆	痕量
	白羽扇豆	9
	棉豆	49
	鸡豆	痕量
	孤豆	74
	橹豆	94
棕榈科	可可	54
锦葵科	陆地棉（籽）	39
胡麻科	芝麻（籽）	57

续表

科	种、系	对香豆酸的含量/（mg/kg）
亚麻科	亚麻（籽）	49
	甘蓝（干叶）	2
十字花科	甘兰菊（籽）	22
	芸薹（籽）	痕量
菊科	向日葵（籽）	56
	红蓝菊	209
藜科	菠菜（干叶）	2.1
芸香科	柑橘皮（干物质）	69.2
	桶柑	162
	柚	10.1
茄科	马铃薯（鲜条）	0.32~1.1

植物细胞壁含有大量的阿魏酸和对香豆酸。目前，可通过以下 3 个途径从植物中获得阿魏酸和对香豆酸：①从酚酸与一些小分子的结合物中获得；②通过组织培养获得；③从植物细胞壁中提取。米糠醇提物中含有多种甾醇和萜类的阿魏酸酯，其中最典型的物质是 γ-谷维素，它占米糠油的 1.5%~2.8%。目前生产高纯度反式阿魏酸的工业化方法是在 90~100℃ 将谷维素用氢氧化钠或氢氧化钾水解 8h，然后用硫酸将 pH 调至酸性以沉淀阿魏酸。

1. 阿魏酸和对香豆酸提取工艺

（1）裂解法　裂解法主要包括高温蒸煮、酸裂解法和碱裂解法。

采用高温蒸煮可以断裂麸皮中的部分化学键，使大部分阿魏酸低聚糖及阿魏酸游离出来。但是，其获得的主要是阿魏酸低聚糖，阿魏酸含量较低。

酸裂解法能水解麦麸，得到酚酸化合物，但高温酸性条件下的阿魏酸、对香豆酸、咖啡酸以及肉桂酸衍生物会发生分解，因此酸裂解法会降低阿魏酸提取率。

碱裂解法是利用强碱溶液让阿魏酸与木质素连接的酯键裂解从而达到分离阿魏酸的目的，此法受温度影响大于碱浓度对其影响。但碱法提取阿魏酸后，留下大量废渣废液，如果不加以利用，将造成环境污染。由于该法提取时间较长，过去仅用于分析细胞壁的阿魏酸含量。最近发现，通过提高提取温度，并加入适合的保护剂，能降低碱浓度和减少碱解时间，为碱解法的实际应用提供了可能。

（2）酶解法　阿魏酸酯酶是可断裂阿魏酸与糖之间连接的酯键的一种酶，来源于真菌和细菌。采用单一酶法提取麦麸中的阿魏酸产率低，且在发酵过程中，微生物会分解再利用产物，因此用单一酶直接发酵麦麸生产阿魏酸的可行性较低。采用混合酶（多为阿魏酸酯酶和木聚糖酶）制备阿魏酸，利用多种酶的协同作用，提高阿魏酸产率，可避免直接发酵过程中微生物将产物再利用，但由于不同酶反应最适条件不相同，受外界环境影响较大，成本也较高。

目前，由于诸多因素，利用微生物发酵细胞壁物质如蔗渣、麦麸等制备阿魏酸仍未工业化，但对于阿魏酸酯酶的研究已有较大进展：如筛选出了一批可高产阿魏酸酯酶的微生物，研究了阿魏酸酯酶的酶学特性，探讨了阿魏酸酯酶和多糖降解酶的协同作用，探讨了微生物产酶的影响因素和酶的工业化分离方法。

（3）酶碱协同提取法　酶碱协同提取法提取阿魏酸，利用了碱法和酶法在工艺中的优势，大幅度提高了阿魏酸产率。此法提取的阿魏酸具有较好的抗油脂氧化能力和抑菌功能，但此法成本较高，操作复杂。

（4）其他方法　超声辅助提取法是利用超声空化等性质，通过增大物质分子运动频率和速度，增加溶剂穿透力和扩散作用，从而加速溶剂浸润渗透阶段，促使解吸溶解阶段，增加扩散置换阶段，提高成分溶出速度和溶出次数，缩短提取时间的浸提方法。与传统提取法相比，其提取时间短，提取率高，并且采用低温提取有利于保护有效成分，不改变提取成分的化学结构。但超声辅助提取法噪声大，提取溶剂消耗量大，成本高。

超临界 CO_2 流体萃取法被广泛应用于酚酸化合物的提取分离。其与微波提取法、索氏提取法以及超声辅助提取法相比，可以弥补提取时间长、溶剂消耗量大及成本高等缺点，既节约了成本，又减少了提取时间，大大提高了提取效率。但超临界 CO_2 流体萃取法制得的阿魏酸中含有较多杂质（如挥发油），需进一步纯化。

2. 阿魏酸和对香豆酸粗提物纯化工艺

阿魏酸和对香豆酸粗提物成分复杂，含杂质较多，因此确定合理高效的分离纯化方法和途径尤为重要。目前，阿魏酸和对香豆酸的纯化工艺主要是借鉴其在中药材中的纯化。

（1）大孔树脂吸附法　大孔树脂吸附法主要利用大孔树脂的吸附性和分子筛相结合的原理，分为吸附和解吸两个过程。此法与常用的萃取法相比，具有低成本、低毒性、操作安全等特点，但大孔树脂要进行预处理以及回收实验，导致其操作复杂烦琐，耗时较长，成本较高。

（2）离子交换法　离子交换法是基于解离的不溶性固体物质与溶液接触时，与溶液中的离子发生离子交换反应，以离子交换树脂为固定相，以水或含水溶剂为流动相，使样品中与离子交换基团相同电荷的离子被交换，吸附到柱子上，用适当流动相洗脱下来，而中性成分和具有与离子交换基团相反电荷的离子不被交换，随流动相一起流出，达到分离目的。此法适用于酶解法样品的纯化，具有产品纯度高、低能耗、低成本、操作简单等优点，但其工艺流程较长，酸碱用量大，废水的排放污染环境。

（3）活性炭吸附法　活性炭对植物中的某些酚酸类、糖类及氨基酸等成分具有良好的分离效果，其吸附作用在水溶液中最强，在有机相中较弱。粉末活性炭对阿魏酸的吸附能力高于颗粒活性炭，但其洗脱相当困难，需用高浓度的 NaOH 溶液才能将吸附的阿魏酸完全洗脱。

（4）其他方法　膜分离技术是利用具有选择透过性的薄膜，以压力差、电位差或浓度差为推动力，对多组分体系进行分离、分级、提纯或富集的新型分离技术，其中，超滤法和反渗透法适用于浓缩阿魏酸。此法与离子交换法相比，耗时较短，酸、碱用量少，膜相也能回收再利用。

结晶和重结晶法是利用混合物中各组分的溶解度性质，选择适当的溶剂，加热将固体溶解而制成饱和溶液，冷却析出晶体，使杂质全部或大部分留在溶液中（或被过滤除去），达到纯化的目的。此法操作简单、成本低，但受环境影响大。

二、绿原酸的制备

绿原酸又名1,3,4,5-四羟基环己烷羧酸-（3,4-二羟基肉桂酸酯）（图2-8），分子式为$C_{16}H_{18}O_9$，相对分子质量是354.31，主要分布于忍冬科、杜仲科、菊科及蔷薇科等植物。

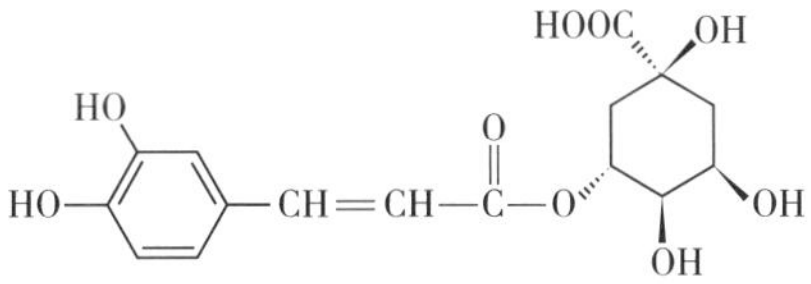

图2-8 绿原酸

1. 绿原酸提取工艺

有机溶剂提取法和回流提取法是绿原酸常用的提取方式，随着现代科技的发展，现代分离技术如微波辅助提取法和吸附分离法等也逐步应用于绿原酸的提取。

（1）有机溶剂提取法　有机溶剂提取法是工业化提取绿原酸的主要方法，多采用水和乙醇作为提取剂，根据提取和沉淀顺序的不同，可分为醇提水沉法和水提醇沉法。其中，水提醇沉法工艺产率高，操作简单，成本低，但杂质多；醇提水沉法产率较低，杂质少，但乙醇消耗多，必须回收乙醇以降低成本。相较于其他方法，有机溶剂提取法产率低，杂质多，损失大，时间长。

（2）回流提取法　回流提取法是在有机溶剂提取法的基础上，采用回流加热装置使溶剂回流，提高了产率，缩短了时间，同时避免了提取过程中溶剂的挥发损失。但是，回流提取法溶剂消耗大，药液受热时间长，易使有效成分失活，且溶剂对环境存在污染。

（3）酶解提取法　酶解提取法是利用酶制剂可以不同程度地降解植物细胞壁，使胞内有效成分最大限度地溶出，同时酶解可以较温和地将植物组织分解，保证了提取物的性质和结构的稳定。酶解提取法具有产率高、操作简单、污染少等优点，在绿原酸的提取分离中得到广泛的应用。

（4）其他方法　微波辅助提取法是利用高温高压促使高分子分解、加速化学键断裂和产生自由基等。此法在诸多方法中产率最高，提取时间最短。

超声波提取法是利用空化作用实现提取液局部高温、高压，加之超声波的机械扰动作用，加快了固液两相之间的传质过程，从而提高提取率，缩短提取时间。此法的产率较高，提取时间短，条件温和，是一种较好的方法。

匀浆提取法的原理是利用匀浆机在高压条件下的机械搅拌和液力剪切作用，将物料撕裂和粉碎，使植物的有效成分充分溶解在提取溶剂中，其产率高，提取快，适宜热敏物质的提取，可作为提取绿原酸的一种新方法。

2. 绿原酸纯化工艺

（1）有机溶剂萃取分离纯化法　有机溶剂萃取分离纯化法是利用绿原酸和其他物质在溶剂中的不同溶解度，通过多次萃取达到富集纯化绿原酸的目的，此法通常需与其他分离方法配合应用，才能将绿原酸完全分离。该法操作方便、成本低、无污染，适合产业化，但其产率低。

（2）吸附分离法 吸附分离法是利用混合物中各组分与吸附剂之间结合力强弱的差别，使混合物中易吸附与难吸附组分实现分离。

大孔树脂吸附法利用大孔树脂对混合物中待分离物质具有吸附作用和筛选作用，从而实现化合物的分离纯化，有速度快、使用周期长等优点，主要用于水溶性化合物的分离纯化。绿原酸作为水溶性有机酸，大孔树脂吸附法在绿原酸的提取分离纯化中具有重要应用。

离子交换法是以离子交换树脂作为固定相，利用其在水溶液中与溶液中绿原酸离子进行可逆性交换性质，达到分离的目的。通过调节 pH 使其以离子形态存在，再利用强酸性阳离子树脂或强碱性阴离子交换树脂对其进行吸附分离。此法具有吸附容量大、工艺操作简单、产品质量稳定、树脂可反复使用、生产成本低等优点，适于工业化生产，但生产周期长，树脂清洗困难。

凝胶色谱法是利用凝胶微孔分离分子大小不同的物质的一种技术。该法纯度高、操作简单，但成本高。

（3）膜分离法 目前，微滤和超滤技术应用于绿原酸纯化。其中，超滤可有效除去中草药提取液中多糖、蛋白质大分子杂质，具有产率高、能耗低、无污染等优点，但该法操作烦琐，工业化生产成本高。

（4）其他方法 金属离子沉淀法主要与水提工艺相结合，利用某些金属离子能与绿原酸等活性成分生成沉淀，其沉淀再用酸或盐洗涤而达到分离。

β-环糊精包合法利用具有特殊性能的筒状化合物 β-环糊精与绿原酸形成包合从而达到分离。此法产率高、纯度较高、操作简便，并且 β-环糊精可回收再利用，还能保护绿原酸的稳定性。

思考题

1. 植物细胞壁中的主要酚酸种类有哪些？
2. 简述阿魏酸的主要生理功能。
3. 阿魏酸和对香豆酸的应用有哪些方面？
4. 简述阿魏酸的几种制备方法。

第三章 膳食纤维

CHAPTER 3

本章学习目标

1. 掌握植物细胞壁膳食纤维的主要成分及其结构特点。
2. 了解如何科学地摄入膳食纤维，减少慢性病的发生。
3. 重点掌握膳食纤维的理化特性和生理功能。
4. 了解膳食纤维的制备方法和检测工艺。

第一节　概述

膳食纤维是指能抗人体小肠消化吸收，在人体大肠部分或全部发酵的可食用的植物性成分、碳水化合物及其类似物质的总和，包括多糖、寡糖、木质素以及相关的植物物质，美国营养学会将其归为与蛋白质、脂肪、碳水化合物、维生素、矿物质和水分六大营养素并列的“第七大营养素”。

人类对膳食纤维的认识经历了一个漫长的过程。之前由于它对人体消化酶的惰性，不能被人体消化吸收而提供营养，一直被认为是食品中的无用成分，没有受到人类的重视。但是随着社会的发展和人们生活水平的提高，饮食结构发生了很大的变化，高蛋白、高脂肪的动物性食物比例大大提高，植物性食物也向着精制化方向发展，致使膳食纤维的摄入量大大减少，人体的膳食营养失衡，高血压、肥胖症、糖尿病、心血管疾病等发病率不断上升。随着人口老龄化加剧，因其牙齿、肠胃等机体功能的退化，社会对膳食纤维功能食品提出了更特殊的要求。为此，1993 年，我国发布了《九十年代中国食物结构改革与发展纲要》，指出膳食不平衡或营养过剩而造成的“文明病”已成为危害我国人民健康的主要疾病，适时进行对功能性膳食纤维的研究与开发，具有十分深远的社会意义和科学意义。进入新时代，人民群众对食品的需求已经从基本的“保障供给”“保障安全”向“保障营养健康”转变，吃得营养、吃得健康已成为衡量人民群众美好生活的重要指标。因此，开展对膳食纤维的研究开发具有十分深远的社会意义和科学价值。

第二节 膳食纤维分类

膳食纤维是一类涵盖多种物质的复杂的混合物，因来源不同，其组成和结构有很大的差异，分类方法也有多种。

（一）根据膳食纤维在水中的溶解性分类

根据膳食纤维在水中的溶解性可分为可溶性膳食纤维（Soluble Dietary Fiber，SDF）和不溶性膳食纤维（Insoluble Dietary Fiber，IDF）。

可溶性膳食纤维是指不能被人体内源性消化酶消化，但可溶于温水或热水，且其水溶液又能被四倍体积的乙醇沉淀（也就是能在80%乙醇溶液中沉淀下来）的那部分膳食纤维。主要是指植物细胞内的贮存物质、分泌物、胶质和部分微生物多糖，如果胶、半乳甘露聚糖、葡聚糖、阿拉伯胶、瓜尔豆胶、卡拉胶、愈疮胶、黄原胶、琼脂、结冷胶、海藻酸和真菌多糖等。有些可溶性膳食纤维与水结合会形成凝胶状物质，具有良好的持水能力。

不溶性膳食纤维是指不被人体内源性消化酶消化且不溶于热水的那部分膳食纤维，它主要为细胞壁的组成成分，包括纤维素、部分半纤维素、木质素、植物蜡、原果胶和动物性的壳聚糖及甲壳质等。谷物麸皮和很多蔬菜都是良好的不溶性膳食纤维的来源。

SDF和IDF在体内的生理功能也不完全相同。SDF对人体中胆固醇、血糖、血压、体脂肪等的调节有很强的影响，主要发挥代谢功能。而IDF主要是增加粪便体积，促进肠道产生机械蠕动的效果，促进排便，避免粪便长期积存在体内并在微生物作用下进行不良发酵产生有毒有害物质被人体吸收。

（二）根据膳食纤维的来源分类

按其来源分可分为植物性膳食纤维、动物性膳食纤维、合成类膳食纤维和微生物膳食纤维。其中，植物性膳食纤维是目前人类膳食纤维的主要来源，也是研究和利用最为广泛的一类。粮食类食物中的纤维主要以纤维素、半纤维素为主；水果蔬菜中的膳食纤维主要以果胶为主；动物性膳食纤维主要是壳聚糖和甲壳质类；合成类膳食纤维主要以多聚葡萄糖为代表，它属于合成或半合成的可溶性膳食纤维，具有良好的品质改良作用，如颗粒悬浮、控制黏度、膨胀性和热稳定性等。另外，还有少数的膳食纤维来自微生物类，如黄原胶、茁霉胶、葡聚糖等。膳食纤维的来源不同，其物理和化学性质差异很大，但基本组成成分较相似，相互间性质的不同主要是由于相对分子质量、糖苷键、聚合度、支链结构等方面的差异造成的。

（三）根据膳食纤维在肠道中的发酵能力分类

易被结肠中微生物发酵利用的膳食纤维主要是可溶性膳食纤维，如果胶、瓜尔豆胶、阿拉伯胶、菊粉、葡聚糖、抗性淀粉、寡糖等。不易发酵的膳食纤维主要是不溶性膳食纤维、木质素。不同膳食纤维的发酵能力如表3-1所示。

表 3-1　不同膳食纤维的发酵能力

特性	纤维组分	主要食物来源
发酵程度低	纤维素/半纤维素	蔬菜、谷物及其麸皮
	木质素	木质植物
	角质/木栓质/其他植物蜡质	植物纤维
	壳多糖/壳聚糖/胶原蛋白	真菌和无脊椎动物
	抗性淀粉	植物（玉米、马铃薯、谷物、豆类和香蕉）及人工改性
	凝胶多糖	微生物发酵
发酵程度高	β-葡聚糖	谷物（燕麦、大麦、黑麦）
	树胶	豆科植物（瓜尔豆、槐树豆），水草抽提物（卡拉胶、海藻胶），植物抽提物（阿拉伯胶、黄芪胶）
	果胶	水果、蔬菜、豆类、甜菜、马铃薯
	菊粉	菊苣、洋姜、小麦、洋葱
	低聚糖/类似物	各种植物及合成产品（聚葡萄糖、低聚果糖、低聚半乳糖）
	动物来源胶	软骨素

第三节　膳食纤维组成与结构

植物细胞壁膳食纤维的化学组成可分为 3 部分：①纤维状碳水化合物（纤维素）；②基料碳水化合物（半纤维素、果胶类物质和糖蛋白）；③填充类化合物（木质素）。

（一）纤维素

纤维素是最为广泛的有机化合物和碳水化合物，是高等植物细胞壁的主要构成成分。纤维素是由 β-D-吡喃葡萄糖基单位通过 β-1,4-糖苷键结合而形成的高分子直链不溶性均一多糖，其聚合度一般是数千（图 3-1）。由于纤维素具有直链和立体结构性质，其分子在广泛区域内缔合，而每一条靠得很近的线型链依赖于氢键结合成束，形成高度结晶结构。纤维素不溶于水，但通过取代作用将纤维素中的羟基取代，如被甲基和羧甲基取代，形成纤维素衍生物就转变为可溶于水的纤维素胶。

（二）半纤维素

半纤维素是一种细胞壁杂多糖，多有分支结构，其聚合度（DP）为 50~100。大多由 2~4 种不同的单糖组成，如葡萄糖（或葡萄糖醛酸）、阿拉伯糖、木糖、半乳糖、甘露糖等。半纤维素的水溶性与其单糖的组成种类和构成结构相关，一般来讲，主链上取代基越少，分

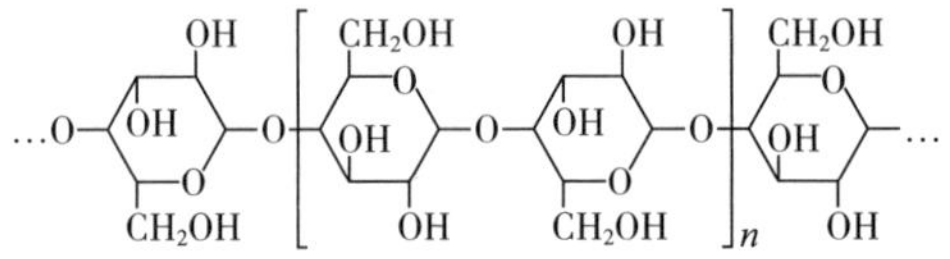

图 3-1　纤维素化学结构

子越呈线型结构，则分子排列越紧密，水溶性越差；主链上取代基越多，分子排列越不规则，分子排列越疏松，水溶性越好。

阿拉伯木聚糖、半乳糖甘露聚糖、木糖葡聚糖和葡聚糖是最为重要的半纤维素，也是豆类和谷物膳食纤维的重要组成部分。阿拉伯木聚糖在小麦和大豆纤维中含量最多，其结构为β-吡喃木糖通过1,4-糖苷键连接形成主链，木糖残基的C-2和C-3位置上连接有取代基，其中最为主要的是单一的α-呋喃阿拉伯糖，此外α-吡喃葡萄糖醛酸残基及其4-O-酯也是常见的取代基，其特征结构如图3-2所示。

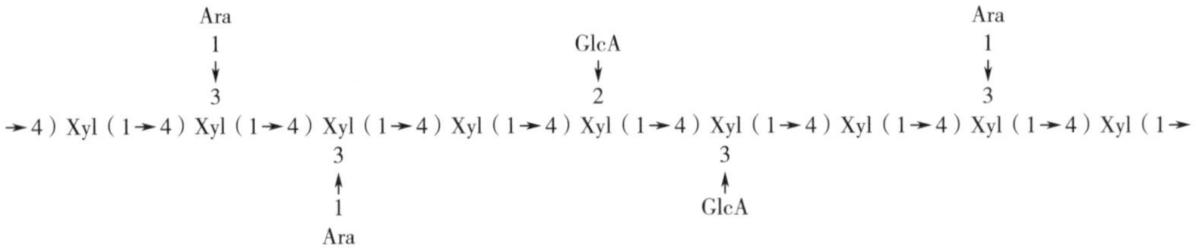

图 3-2　阿拉伯木聚糖的结构特征

Ara—阿拉伯糖　Xyl—木糖　GlcA—葡萄糖醛酸

木糖葡聚糖是大豆纤维中最重要的不溶性半纤维素。木糖葡聚糖主链是由β-吡喃葡萄糖通过1,4-糖苷键连接起来的，主链通过C-6分支点连有由吡喃木糖、木糖、阿拉伯糖组成或甘露糖组成的低聚糖链，其结构模型如图3-3所示。

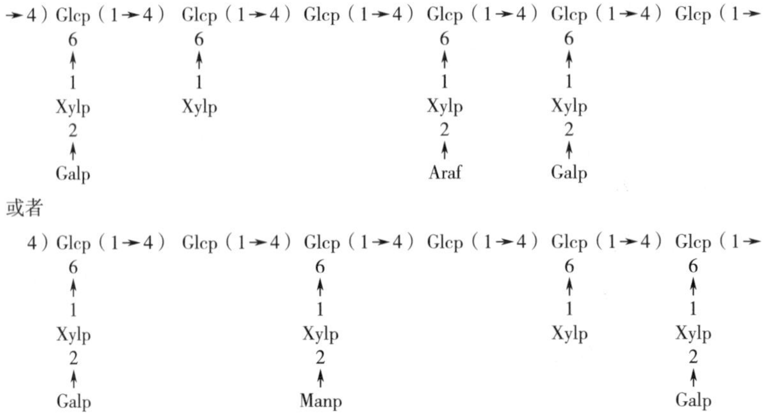

图 3-3　木糖葡聚糖的化学结构

Glc—葡萄糖　Gal—半乳糖　Man—甘露糖　Ara—阿拉伯糖

p—吡喃糖　f—呋喃糖

半乳糖甘露聚糖是大豆纤维中最重要的可溶性半纤维素，是瓜尔豆胶、大豆皮和豆荚胶质的主要化学成分。它的主链是由β-吡喃甘露糖通过β-1,4糖苷键连接而成，主链上的甘露糖残基通过C-6位置与取代基吡喃半乳糖基相连接，其结构如图3-4所示。

```
→4) β—D—Manp (1→4) β—D—Manp (1→4) β—D—Manp (1→4) β—D—Manp (1→4)
                          6
                          ↑
                          1
                        D—Galp
```

图 3-4　半乳糖甘露聚糖的化学结构

Man—甘露糖　Gal—半乳糖

β-1,4-葡聚糖和β-1,3-葡聚糖是大麦和燕麦纤维中最重要的半纤维素。它是由β-葡萄糖通过β-1,4-糖苷键或β-1,3-糖苷键连接而成的线型结构。葡聚糖有可溶性和不溶性两种，这主要是取决于β-1,4-糖苷键和β-1,3-糖苷键的数目，如β-1,3-糖苷键含量大于β-1,4-糖苷键含量时，半纤维素的水溶性可能减小。

（三）果胶及果胶类物质

果胶是由α-D-半乳糖醛酸经α-1,4-糖苷键连接成主链，DP一般为150~500，相对分子质量3万~10万，主链中相隔一段距离连有α-L-鼠李糖残基侧链，因此果胶的分子结构有均匀区和毛发区两种（图3-5）。天然存在的果胶有两类，一类是果胶主链的半乳糖醛酸羧基有一半以上被甲酯化，其余的羧基以游离羧酸基或盐的形式存在，称为高甲氧基果胶（HM）；另一种是被甲基化的羧基小于一半，被称为低甲氧基果胶（LM）。由于天然存在的果胶是含有不同聚合度、不同数目的侧链残基和不同甲酯化程度的果胶的混合物，果胶代表的是一类化合物，因此被称为果胶类物质。果胶及果胶类物质均可溶于水，呈现胶体的特性，其性质与其来源和化学结构相关。果胶及果胶类物质在谷物纤维中含量少，在豆类和果蔬纤维中含量较高，其凝胶特性对维持膳食纤维结构和生理功能有重要作用。

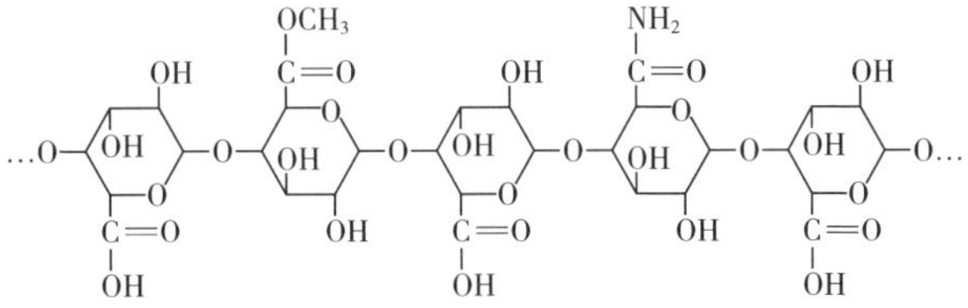

图 3-5　果胶的化学结构

（四）糖蛋白

纯净的膳食纤维中糖蛋白的含量很少，可以用溶剂将其分离出来，糖蛋白的总蛋白质含量约为14%。从小麦和大豆纤维中都可分离出富含羟脯氨酸的糖蛋白，但两者的结构不一样。小麦和大豆纤维中的糖蛋白的碳水化合物部分均是阿拉伯半乳聚糖，其肽链与多糖链之间是通过羟脯氨酸与半乳糖残基连接而成的。

（五）木质素

木质素不是多糖物质，而是苯基类丙烷的聚合物，由松柏醇、芥子醇和对羟基肉桂醇三种单体聚合而成的高聚物，具有复杂的三维结构，其单体分子结构如图 3-6 所示。木质素的亲水性差，是使植物木质化的物质，在木本植物中起支撑作用。木质素几乎很难被分解，大都与碳水化合物紧密结合，很难将其分离出来，因此，木质素与碳水化合物一起构成膳食纤维的组成成分。

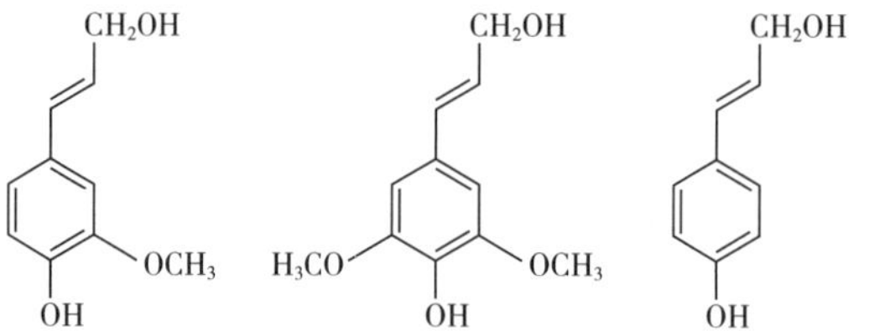

（1）松柏醇　（2）芥子醇　（3）对羟基肉桂醇

图 3-6　木质素单体

第四节　膳食纤维资源

膳食纤维的资源非常丰富，主要存在于农产品和食品加工过程的下脚料和废弃物中，如小麦麸皮、豆渣、果渣、果皮、甘蔗渣、荞麦皮及食用菌下脚料等。国内外对膳食纤维的研究囊括了植物膳食纤维（如玉米麸皮纤维、小麦麸皮纤维、大豆纤维、甜菜纤维、魔芋纤维和木屑等）和微生物多糖及其他天然纤维和合成、半合成纤维，共 6 大类 30 多个品种，对它们的结构、理化特性和生理功能及应用都进行了详细的研究，其中实际应用于生产的已有 10 余种。国内外已研究开发的 6 大类膳食纤维，包括谷物膳食纤维、豆类膳食纤维、果蔬膳食纤维、微生物多糖膳食纤维、合成及半合成膳食纤维和其他天然类膳食纤维。

（一）谷物膳食纤维

谷物膳食纤维以小麦纤维、燕麦纤维、大麦纤维、黑麦纤维、玉米纤维和米糠纤维等为主要代表，其中小麦和黑麦长期以来作为食品的纤维源。

小麦麸皮含有 45%的膳食纤维，以不溶性膳食纤维居多，不溶性膳食纤维与可溶性膳食纤维的比例约为 9∶1，被称为“标准膳食纤维”。麦麸通常作为一种天然的膳食纤维添加到馒头、面包中，不但赋予食品特殊的香味，还能改善产品的品质和营养结构。

燕麦膳食纤维是一种高级膳食纤维。据美国的研究表明，燕麦中的水溶性膳食纤维对降低血液中胆固醇的含量和预防冠心病效果显著，可作为一种功能性膳食纤维重点开发。美国食品药品监督管理局（FDA）允许在以燕麦为主体的食物的包装上标识出“能减少冠心病”的健康说明，可见燕麦纤维被充分认可。燕麦中起主要生理作用的是可溶性纤维，即燕麦胶，其主要成分是 β-葡聚糖，是一种新型的亲水胶体。

米糠通常被用作动物饲料，总膳食纤维含量为 25%～40%，其中以不溶性膳食纤维居多。米糠添加到焙烤食品如面包、饼干中，其添加量可高达 20%。米糠的吸湿作用改善了焙烤食品的水含量，其保气性可提高气体跟物料的结合状态，利于酵母发酵。米糠中还含有丰富的维生素 B_2、维生素 E 和铁等，也是一种理想的食用膳食纤维。

玉米干法磨粉后会产生约 25%的玉米麸皮，它含有 88%的总膳食纤维，其中 67%为半纤维素，18%为纤维素，木质素含量很少，约 1%。和小麦麸皮相比，玉米麸皮较高的纤维含量使其能以较低量添加到食品中便能体现出良好的效果，且玉米麸皮添加物对食品品质影响较小。玉米麸的持水能力高，可延长低热量食品的货架期。

（二）豆类膳食纤维

豆类膳食纤维主要包括大豆膳食纤维、蚕豆膳食纤维和豌豆膳食纤维，其中又以大豆膳食纤维为主要代表。

大豆膳食纤维主要为木糖葡聚糖，构成不溶性膳食纤维；还有重要的半乳糖甘露聚糖、瓜尔豆胶、果胶，构成可溶性膳食纤维。各种大豆制品的加工都会产生大量的副产物豆渣，如加工大豆分离蛋白可产生 30%左右豆渣，加工豆腐产生 50%豆渣。由于它们的口感、风味品质差，很少直接食用，多被用作饲料或废弃。大豆还有约 8%豆皮。豆皮和豆渣不仅含有丰富的蛋白质和矿物质等营养成分，还含有大量的粗纤维，是生产膳食纤维的良好来源。

大豆纤维具有良好的持水力和膨胀性，能够改善面团特性，利于焙烤；对阳离子有结合和交换能力，具有良好的乳化性和增稠性等特性，在现代食品加工中有极其重要的利用价值。而且，豆类膳食纤维在降低胆固醇含量、预防便秘和结肠癌、防治糖尿病等方面有显著效果。

第五节　膳食纤维理化特性

（一）溶解性

构成膳食纤维的碳水化合物的结构组成方式决定其溶解性。膳食纤维分子结构越规则有序，支链越少，键合力越强，分子越稳定，其溶解性就越差，像纤维素等具有线型有序结构，为不溶性膳食纤维。而分子结构越杂乱无序，支链越多，键合力越弱，其溶解性就越好，像瓜尔豆胶等，由于其主链与侧链的不规则性，整个分子结构呈现无序状态，其水溶性较好。果胶等含带电基团的纤维在盐溶液里易于溶解，因为电斥力的作用抑制了有序结构的形成。另外，一些膳食纤维在冷水中不能溶解，但是经高温、高压或剪切力作用后，其键合能力遭到破坏，形成了无序结构，溶解性极大增强。因此，可以通过物理或化学手段，将不溶性膳食纤维变为可溶性膳食纤维，这也是生产高品质膳食纤维的重要手段。

（二）黏度

黏度是膳食纤维溶于溶液的一种物理特性表现，黏度大小与化学结构和相对分子质量密切相关。果胶、瓜尔豆胶、卡拉胶、琼脂、海藻酸钠等具有良好的黏性和凝胶性，能形成高黏度的溶液。另外，溶剂、浓度及温度等也是影响黏度的重要因素。高黏度的膳食纤维溶液在一定的条件下还会进一步形成凝胶，如高甲氧基果胶（HM）在糖浓度大于 55Brix，pH 小于 3.5 时形成凝胶，低甲氧基果胶（LM）在 Ca^{2+} 存在的情况下可形成凝胶。膳食纤维的黏性和胶凝性也是膳食纤维在胃肠道中发挥生理作用的重要原因，如在肠胃中，膳食纤维使其内容物黏度增加，形成胶基层，增加非搅动层厚度，降低胃排空率，延缓和降低葡萄糖、胆汁酸和胆固醇等物质的吸收。

（三）高持水力

膳食纤维的化学结构中含有很多亲水基团，具有良好的持水能力。其持水能力为膳食纤维自身质量的数倍甚至数十倍。膳食纤维的持水力因其品种、化学组成、结构、物理性质和制备方式不同而不同。膳食纤维的粒度大小也会影响其持水力。一般来讲，含有较多纤维素成分的谷物膳食纤维的持水力较低，含有较多果胶、黏质和半纤维素的果蔬和海藻膳食纤维具有较高的持水力。膳食纤维的粒度若被粉碎过小，其持水力会下降，研磨、干燥、挤压等加工手段也可能引起纤维基质物理特性的变化而影响其持水性。高压、高剪切、蒸煮、酶解等方法，可使某些不溶性纤维大分子断裂，形成较小的水溶性组分，暴露出更多的亲水基团而使其持水力升高。膳食纤维持水这一物理性质，使其具有吸水功能与预防肠道疾病的作用，持水性可以增加人体排便的体积与速度，减轻直肠内压力，同时也可减轻泌尿系统的压力。

（四）低能量

膳食纤维在人体消化道不会被消化分解，只能在直肠微生物的作用下部分分解，所产生的能量较少。在我国《预包装食品营养标签通则》中，在能量折算系数上将膳食纤维的平均能量按照 8kJ/g 计算，小于普通碳水化合物能量的一半，而且大部分能量被肠道微生物和结肠上皮细胞所利用，不会增加人体能量的摄入。有的可溶性膳食纤维能量更低，如聚葡萄糖能量为 4.18kJ/g（1kcal/g），菊粉为 1~1.3kcal/g。一些高品质膳食纤维还是天然的油脂替代品，在不添加或少加脂肪的条件下，依然能良好保持原有的质构和口感，可利用这一特性减少食品中油脂的添加。

（五）对有机物具有螯合作用

膳食纤维表面带有很多活性基团，可以吸附螯合胆固醇、胆汁酸以及肠道内的有毒物质等化合物，抑制人体对它们的吸收，并促进它们迅速排出体外。当然，这一性质也会在一定程度上影响消化道对人体需要的营养有机物的吸收。研究表明，膳食纤维能降低胆酸及其盐类的合成与吸收，从而阻碍中性脂肪和胆固醇的再吸收，限制胆酸的肝肠循环，进而促进脂质物质的排泄，可直接抑制和预防胆结石、高血脂、肥胖症、冠状动脉硬化等疾病。

（六）对阳离子的结合和交换作用

膳食纤维的一部分糖单位具有糖醛酸羧基、羟基和氨基等活性基团。通过氢键作用，结合大量的水，呈现弱酸性阳离子交换的作用和溶解亲水性物质的作用，可与 Ca^{2+}、Fe^{2+}、Zn^{2+}、Cu^{2+}、Pb^{2+}等金属离子结合，更能与有机阳离子进行交换。此类交换为可逆性的，它不是单纯的结合而减少机体对离子的吸收，而是改变离子的瞬间浓度，并延长它们的转换时间，从而对消化道的 pH、渗透压及氧化还原电位产生影响，形成更益于消化吸收的缓冲环境。有研究表明，膳食纤维优先吸收极化度大的阳离子，如 Pb^{2+}等有害离子，吸附在膳食纤维上的有害离子可随粪便排出，从而起到解毒的作用。医学研究表明，血液中的 Na^+/K^+的比值大小直接影响血压的高低。膳食纤维能与肠道中的 Na^+进行交换，可使 Na^+随粪便排出，降低血液中的 Na^+/K^+比值，直接产生降压作用。但是，膳食纤维对阳离子的结合和交换作用也必然会影响到机体对某些有益矿物元素的吸收。因此，在应用膳食纤维时，应该考虑适当添加某些矿物元素，以免造成矿物元素不平衡的问题。

（七）发酵作用

膳食纤维中的非淀粉多糖经过食道时，由于它不被人体消化酶消化吸收而直接进入大肠，膳食纤维在肠内经过发酵会繁殖几百种微生物，总量约 10^8 个，其中大部分是有益微生物，在提高机体免疫和抗病方面有着显著功效，如双歧杆菌不仅能抑制腐生细菌生长、维持维生素的供应，而且对肝脏有保护作用。这些细菌以部分膳食纤维为营养物进行代谢，被吸收的膳食纤维不仅为菌群提供了繁殖所需的能量，而且产生大量的短链脂肪酸（SCFA），如乙酸、乳酸、丙酸、丁酸等，对形成良好的肠道环境和发挥生理功能起着重要作用。另外，膳食纤维在肠道还会诱导产生大量的好气菌群，代替肠道内存在的厌气菌群，从而减少厌气菌群的致癌性和致癌概率，对预防结肠癌疾病具有重要作用。

（八）容积作用

膳食纤维具有较高的持水性，相对密度小，吸水后发生膨胀，体积增大，因此食用膳食纤维会对胃肠道产生容积作用，引起饱腹感，使人不易产生饥饿感。膳食纤维的存在，取代了一部分营养成分高的食物，使食物的总摄入量减少。

第六节 膳食纤维生理功能

膳食纤维的生理功能最早由美国的格雷厄姆于 1839 年提出，1889 年英国的阿林森认为，如果食物中完全不含膳食纤维，不但会引起便秘，还会引起痔疮、静脉血管曲张和迷走神经痛等疾病。1936 年研究者发现小麦麸皮对治疗便秘和痔疮有良好效果。可是早期的这些研究并未受到人们的重视。直到 20 世纪 60 年代，在大量的研究事实和流行病调查基础上，膳食纤维的重要生理功能才为人们所理解并逐渐被公认。现在，它已被列入蛋白质、碳水化合物、脂肪、维生素、矿物质和水之后的“第七大营养素”，对人体具有重要的生理功能作用。

（一）膳食纤维与肥胖

膳食纤维本身是几乎不提供能量的。它在人体口腔、胃和小肠内不被消化，却在结肠内会被微生物部分发酵降解，产生短链脂肪酸（乙酸、丙酸、丁酸等）。其中，乙酸和丙酸可被结肠上皮细胞或末梢组织所代谢，提供能量，而丁酸则是结肠细胞的主要能源物质，因此，从这个意义来讲，膳食纤维的净能量不严格等于 0，但几乎为 0。

膳食纤维的摄入与体重和身体的脂肪含量成反比。膳食纤维中木质素含量越高，吸脂性越好。也有人认为木质素没有生理功能，用适当的方法去除木质素可以提高膳食纤维的生理功能。有研究显示，向饲料中加入 α−环糊精后，Wistar 鼠体重明显减轻，粪便中的脂肪含量增加，甘薯膳食纤维可以明显减轻 Wistar 鼠的体重。

首先，除了遗传和疾病等因素外，肥胖症一般是由于日常生活中摄入的能量物质过多，这些能量物质在满足正常的生理需求后，剩余的能量物质就会转化为脂肪储存在皮下及其他组织器官中，表现为肥胖。而膳食纤维在大肠内以发酵的方式代谢，几乎不会提供能量。其次，摄入的膳食纤维在肠胃中形成高黏度的溶胶和凝胶，容易产生饱腹感，从而减少进食，在能量摄入层面起到调节作用。再次，膳食纤维在肠道中吸水膨胀呈现一定的黏性，降低了消化酶的浓度，同时膳食纤维还会与蛋白质、脂肪等物质形成复合物，通过这两个效应降低人体对淀粉、蛋白质和脂肪的消化吸收。综合以上三种途径，膳食纤维能对非病理性和非遗传性肥胖起到预防和调节作用。

值得注意的是，不同膳食纤维预防肥胖的效果不同，有的膳食纤维可能促进与肥胖相关的微生物生长，达不到预防肥胖的作用。

（二）膳食纤维与肠道健康

膳食纤维可改变肠道系统中微生物的群系组成。人体结肠中有 1000 多种微生物，对人体健康起着非常重要的作用，被称为人类的“第二套基因组”。研究表明，膳食纤维在结肠中的发酵不仅能够导致微生物数量和种类的变化，更重要的是，可以导致基因毒素、致癌物和肿瘤启动子的代谢活性变化。在结肠中可发酵的纤维作为益生元，可增加益生菌如乳酸菌和双歧杆菌的数量，抑制腐生细菌生长。而膳食纤维发酵产生大量的短链脂肪酸，如乙酸、丙酸、乳酸等，可以抑制肠道有害菌群的生长繁殖，丁酸能抑制肿瘤细胞的生长增殖，诱导肿瘤细胞向正常细胞转化，并控制致癌基因的表达。

膳食纤维可促进排便。膳食纤维在肠道内吸水膨胀，增加粪便体积，刺激肠道产生机械蠕动效果，同时使粪便湿润、松软、表面光滑，促进排便，并与肠道内的有毒有害物质吸附、包裹、结合排出体外，从而大大降低结肠致癌物的浓度。此外，膳食纤维缩短了食物及其残渣通过胃肠道的运转时间，加快肠腔内毒物的通过，从而减少致癌物与组织的接触概率，减少吸收。另外，微生物发酵产生的低级脂肪酸能够降低肠道 pH，刺激肠道黏膜，加快粪便的排泄，促进肠道功能正常化。

另外，膳食纤维还能缓解便秘，预防痔疮。高持水能力使粪便湿润、润滑，体积的膨胀可促进肠道蠕动，这两种效应起到了润肠通便的作用。不同种类膳食纤维对增加粪便的作用不同。其中粗麦麸效果最为明显，其次是蔬菜、水果类，而细麦麸粉、果胶和树胶等作用不大。

（三）膳食纤维与糖尿病

膳食纤维在调节血糖水平、防治 2 型糖尿病方面有很好的效果。膳食纤维的缺乏是引起人类糖尿病的原因之一，西方人糖尿病发病率较高的重要原因就在于此。有实验表明，2 型糖尿病患者进食富含膳食纤维的早餐后，血糖水平明显低于进食一般早餐后的血糖水平。国际糖尿病组织极力推荐糖尿病的膳食纤维饮食疗法。膳食纤维的摄入有助于延缓和降低餐后的血糖和血清胰岛素水平的升高，改善葡萄糖耐量曲线，维持餐后血糖水平的平衡和稳定。这一点对于糖尿病人是非常有利的，因为改善机体血糖的情况，避免血糖水平的剧烈波动，使之稳定在正常水平或接近正常水平范围是十分重要的。

膳食纤维稳定餐后血糖水平的作用机理，主要在于延缓和降低机体对葡萄糖的吸收速率和数量。研究显示，黏性纤维的摄入，可使小肠内容物的黏度增加，在肠内形成胶基层，并使肠黏膜非搅动层厚度增加，使葡萄糖由肠腔进入肠上皮细胞的吸收表面的速率下降，葡萄糖的吸收速率也随之下降。同时，增加胃肠道内容物的黏度，降低了胃排空速率，也影响了葡萄糖的吸收。添加膳食纤维所引起的胃排空速率降低与餐后血糖水平降低显著相关。

由于膳食纤维的持水性和膨胀性，在肠内起到稀释的效果，干扰了可利用碳水化合物与消化酶之间的有效接触，降低了可利用碳水化合物的消化率。并且，膳食纤维促进肠道蠕动，使食物在消化道内的消化和吸收时间变短，也影响了小肠对葡萄糖的吸收。这些因素共同作用的结果就是机体对葡萄糖的吸收被延缓和降低，从而起到了平衡和稳定血糖的作用。

还有一种观点认为，膳食纤维可通过减少肠激素（如抑胃肽、胰高血糖素）的分泌来抑制血糖的升高。但由于膳食纤维不被人体消化吸收，膳食纤维对激素的调节只能是间接作用结果，而延缓和阻碍葡萄糖的吸收才是其直接作用结果。也有一种可能是，膳食纤维在肠内被细菌发酵所产生的短链脂肪酸具有激素调节作用，但这一说法仍缺乏可靠的依据。

（四）膳食纤维与血脂和心血管疾病

膳食纤维可对高脂食品摄入后血清胆固醇的升高起到拮抗作用，其根本原因在于膳食纤维可有效降低血脂水平，且已被大量的人体和动物实验所证实。高胆固醇血症是高血压、心脏病和动脉粥样硬化等心血管疾病发生的重要原因之一。人体中的胆固醇来源有两种，一是食物中外源性摄取的，二是体内自身合成的。胆固醇的代谢主要是通过分解转化为胆酸。胆酸和胆固醇主要随粪便排出体外，膳食纤维与胆固醇和胆酸的排出量具有密切关系。

膳食纤维调节血脂的作用机理主要有以下几点：

（1）吸附肝脏中代谢进入肠道中的胆汁酸，加快胆汁酸随粪便排出体外，减少胆汁酸的重吸收，阻断胆固醇的肠肝循环，从而使肝脏中的胆汁酸浓度降低，在肝脏中胆固醇分解为胆酸的速度加快，最终使胆固醇的总水平降低。

（2）直接吸附摄入的膳食中的游离胆固醇，使其快速排出体外，从而降低膳食胆固醇的吸收率。

（3）在小肠中增加内容物的黏度，在小肠内壁形成一定厚度的胶基层，阻碍胆固醇与肠黏膜的接触率，从而减少机体对胆固醇的吸收。

另外还有一种可能的机理是，肠内细菌发酵降解膳食纤维，所产生的短链脂肪酸对肝脏胆固醇的生物合成有抑制作用。其中丙酸（盐）被认为有利于抑制胆固醇的生物合成和促进低密度脂蛋白胆固醇（LDL-C）的清除。丙酸可抑制 3-羟基-3-甲基戊二酰辅酶 A（HMG-CoA）还原酶的活性，降低胆固醇的生物合成，最终使血浆胆固醇水平下降。但有些实验结果却不一致，这一假说仍缺乏足够的事实依据的支持。

总之，膳食纤维通过降低胆酸及其盐类的合成与吸收，加速胆固醇的分解代谢，阻碍中性脂肪和胆固醇的肠道再吸收，限制胆酸的肠肝循环，进而加快了脂肪的排泄。因此，可直接抑制和预防冠状动脉硬化、高胆固醇血症，对心脑血管疾病起到预防和控制作用。

（五）膳食纤维与高血压

膳食纤维，尤其是酸性多糖类，具有较强的阳离子交换功能，可与肠道中的 Ca^{2+}、Zn^{2+}、Cu^{2+}等阳离子进行交换，在离子交换时改变阳离子的瞬间浓度，起到稀释作用，对改善消化道 pH、渗透压及氧环境有良好作用。果胶对阳离子的吸附能力最好，半纤维素次之，木质素最差。更重要的是它们能与肠道中的 Na^+进行交换，促进 Na^+通过尿液和粪便排出，从而降低血液中的 Na^+/K^+比，起到降血压的作用。

（六）膳食纤维与乳腺癌

研究人员调查发现，摄食高膳食纤维的女性与摄食低膳食纤维的女性相比，其乳腺癌的发病率要低很多。目前对此的解释是，膳食纤维会减少血液中诱导乳腺癌发病的雌激素的比例。对于雌激素依赖型乳腺癌，雌激素是唯一确定的病因。雌激素的代谢途径主要有两条，一是随尿液排出（主要是雌三醇），二是随粪便排出。雌激素在肝脏中会合成无生物活性的葡萄糖苷酸结合型雌激素，随胆汁排入肠道。在肠道中，结合型雌激素会经微生物酶的催化作用，形成游离的雌激素，其中大部分被重新吸收进入血液，扩散到组织中，增加了乳腺癌的发病率。膳食纤维预防乳腺癌的可能机理是：

（1）膳食纤维直接吸附肠道中的结合型雌激素，使其直接排出体外。

（2）膳食纤维能够吸附在肠道微生物催化作用下形成的游离雌激素，减少重吸收雌激素的量。

（3）膳食纤维通过促进排便而降低肠道微生物酶的浓度，减少对结合型雌激素的分解。

通过以上 3 种途径，减少了雌激素扩散到组织作用于靶器官的概率，降低了乳腺癌发生的危险性。

（七）膳食纤维与矿物质吸收和骨健康

部分膳食纤维具有阳离子交换能力，而且来自植物中的植酸也能减少一些矿物质的吸收和降低矿物质的沉积能力。但是一些高度发酵的纤维能提高某些矿物质的代谢吸收，如 Ca^{2+}、Mg^{2+}、Fe^{2+}等，甚至低浓度的植酸也有促进吸收的作用，这些纤维包括果胶、各种树胶、抗性淀粉、低聚糖、菊粉等。矿物质的吸收是在小肠中通过扩散作用完成的，但研究也指出高度发酵的纤维，如低聚果糖，也能在盲肠中刺激矿物质的吸收，通过盲肠中微生物的发酵和随后产生的短链脂肪酸，这些纤维组分刺激了盲肠—结肠中上皮细胞的增殖，降低了细胞内的 pH。短链脂肪酸和低的 pH 溶解了细胞内的不溶性矿质盐，通过细胞旁路提高扩散吸收。尤其是磷酸钙在大肠中的积累和短链脂肪酸对矿物质的增溶，对提高矿物质在盲肠中的吸收起到了不可缺少的作用。而且，最近的研究表明，低聚果糖能刺激在大肠细胞间钙吸收的通路。通过对高钙结合蛋白-D9k 浓度的研究，说明钙结合蛋白在肠道钙传递上起着十分重要的作用。

（八）膳食纤维与机体免疫力

膳食纤维具有抗氧化能力，可增强机体的免疫力，延缓人体衰老。此外，从香菇、金针菇、灵芝、蘑菇和茯苓等食用真菌中提取的膳食纤维中的多糖组分可显著提高机体巨噬细胞数和巨噬细胞吞噬指数，并可刺激抗体的产生，达到提高人体免疫能力的生理功能。在膳食中加入膳食纤维，可以很好地改善术后患者的营养，提高机体免疫力。

膳食纤维对机体免疫力的提高主要通过以下几个途径：抑制肠道细菌的生长，刺激肠黏液分泌从而防止细菌的附着，减少细菌对肠道的有害作用，增强机体免疫功能；经细菌多糖酶分解生成短链脂肪酸，刺激黏膜细胞增殖、黏液产生和黏膜血供，为肠道菌群提供良好的生存环境和必要的代谢底物，如膳食纤维是脂类合成和细胞膜合成所需的乙酰辅酶 A 的主要来源和维持细胞膜完整性所必需的物质。

（九）膳食纤维的抗氧化和清除自由基作用

现代医学证明，脂质氧化产生的自由基在肿瘤形成的起始阶段和促成阶段都起着重要作用。机体在代谢过程中产生的自由基有超氧阴离子自由基、羟基自由基和氢过氧自由基等，其中羟基自由基是最危险的自由基，而膳食纤维中的黄酮类、多糖类物质具有清除超氧阴离子自由基和羟基自由基的能力已经被证实，并在抑制阿尔茨海默病方面有较好疗效。

（十）膳食纤维与氮代谢

膳食纤维能影响氮代谢的平衡。从发酵纤维产生的短链脂肪酸通过质子化使具有潜在毒

性的 NH_3 生成 NH_4^+，NH_4^+ 不能扩散到静脉系统中，结果导致较高浓度的氮保留在盲肠中，提高了粪便中氮的排泄，降低了血液中氨的浓度，减少了尿毒物。动物和人体研究都表明，在食用大量膳食纤维饮食过程中，促进了粪便中氮的排泄。氮平衡不是折中状态，这是因为它随粪便排出而降低，也可能是由于尿氮转移到肠道中，而降低了血浆中的尿毒物。有证据表明，在膳食蛋白质适当的情况下这种变化不会改变蛋白质的生物利用性。

（十一）膳食纤维的其他生理作用

增加膳食中的纤维含量，可增加使用口腔肌肉、牙齿咀嚼的机会，长期坚持可使口腔保持健康，防止牙齿脱落、龋齿的形成等情况。

膳食纤维可预防肠憩室。膳食纤维可增加粪便体积，导致结肠内径变大，而不易形成憩室。结肠内径较大，其分段情况比较狭窄的结肠更少，更不易发生憩室症。膳食纤维增加粪便含水量和体积，有利于减小压力而预防憩室。若膳食纤维摄入太少，则粪便干而硬，通过结肠时给结肠造成很大的压力，导致结肠环形肌肉乏力而产生一个个小的憩室。对于因膳食纤维缺乏造成的憩室病，补充膳食纤维即可缓解其症状。研究表明，小麦纤维对于治疗憩室病十分有效。

近年来，随着研究工作的深入和临床医学的调查发现，膳食纤维的缺乏与阑尾炎、间歇性疝气及膀胱结石等疾病的发病率和发病程度有很大关系。

第七节 膳食纤维应用

一、焙烤食品

焙烤食品是指以谷物为基本原料，采用焙烤的工艺生产的一类食品。在传统的焙烤食品中，其原料通常是全脂牛奶、鸡蛋、黄油和糖等，属于高脂肪、高胆固醇、高能量的食品，不适于需要限制能量摄入的人群食用，因此，产生了对高纤维、低能量焙烤食品的需求。

高纤维、低能量主要是减少了食品中的脂肪、胆固醇、钠和甜味剂的含量，增加了膳食纤维的含量，但是同时它也会对面团的吸水性、酵母的发酵、原料的混合和面团的调制等工艺产生负面影响，因此相对于传统的焙烤食品生产，高纤维焙烤食品的生产工艺需要作适当的调整。

1. 高纤维面包

面包是一种大众化食品，传统的面包富含淀粉、油脂、蔗糖等高能量的配料，使得一些消费者如肥胖症患者、怕肥胖的女性等对之望而却步。高纤维面包正好迎合了这类消费者的需求。高纤维面包通过添加一定量的膳食纤维代替部分的淀粉和油脂以减少其所含的能量，并使产品具有膳食纤维的生理功效。由于面包的特殊结构由面筋蛋白的网状组织形成，在高纤维面包中，需要保证一定量的面筋蛋白。膳食纤维添加过多，则难以形成面包的特有结构，且口感和色泽等感官品质会受到明显的影响，添加过少，不能达到降低产品能量的目的。由于膳食纤维的加入减少了面筋蛋白的量，一般还需要加入一定量的活性面筋粉来维持产品的体积。蔗糖的用量，原则上是越少越好，但是由于蔗糖是酵母的碳源，用量太少则酵母的活性受到抑制，酵母发酵减弱，面团中不能产生足够的气体，最终影响到产品的结构和风味。

2. 高纤维饼干

多数传统饼干的配料中蔗糖和油脂的用量很大，因此能量较高。高纤维、低能量饼干是利用一定量的低能量配料来代替部分的油脂和蔗糖。但是油脂和蔗糖对饼干的组织结构、口感和风味的形成有重要作用，所以仅仅减少油脂和蔗糖的用量是不够的，还需要使用低能量的替代物，在减少能量的同时尽可能地模拟出油脂和蔗糖的功能，提高产品的可接受度。蔗糖的替代主要是采用强力甜味剂和填充剂相结合来实现。脂肪的替代则主要是通过碳水化合物模拟脂肪来实现。

二、普通谷物食品

早餐食品一般以谷物为原料，同时配合使用5%～30%的膳食纤维，可制成高纤维早餐食品。由于早餐是一天中最重要的一顿，而且是每天都要面对的，涉及面广，值得大力开发。

1. 高纤维片状早餐谷物食品

片状早餐谷物食品受到全世界人们的欢迎，这类产品可以通过选择带皮的谷物进行压片，也可以在压片后配合使用5%～30%的膳食纤维、低能量的甜味剂以及脂肪替代品等共同组成一套完美的低能量早餐谷物片。以玉米片为例，选择带皮的玉米碎粒，放入低能量的甜味剂调味液中加热蒸煮1～2h，蒸煮后颗粒含水约50%，再经慢速转轮分散后进入干燥室使水分降至20%左右。此时物料外干内湿，需要经过24h的缓苏过程，然后送入一对转辊中进行压片。轧出的玉米片在300℃下焙烤1min使其水分降至3%以下。

2. 高纤维人造大米

普通大米中碳水化合物含量高，且其谷物蛋白质普遍缺乏某些必需氨基酸（如赖氨酸、色氨酸和苏氨酸），生理价值相对较低，加工时又脱去了富含维生素、矿物质和蛋白质的皮层和糊粉层，造成营养价值的进一步下降。高纤维人造大米是以谷粉（大米粉、小麦粉、玉米粉）、油料种子粉（大豆粉和花生粉）以及蛋白粉等为主要原料，配合5%～10%的膳食纤维重新组合成的类似大米的产品。这种产品的生产可以很好地解决普通大米中存在的营养问题，适量降低能量，提高膳食纤维的含量，同时增加大米本身有欠缺的其他营养物质。此外，谷物加工过程中产生的大量的碎米，也可以在高纤维人造大米的生产中得到很好的利用，为提高碎米的附加值提供了一种全新的途径。

三、高纤维饮料

饮料作为一种独具特色的食品，在国外特别是欧美国家有很长的发展历史，成为消费者日常生活中不可缺少的一部分。随着社会的进步，对饮料也提出了更高的要求，除了对饮料的口感和外观的要求外，人们对于健康饮品也开始有了更多的关注。

1. 小麦麸皮饮料

小麦、燕麦的麸皮口感粗糙，不经特殊处理直接分散于水中很快就会沉降下去，且很难再分散成均匀的悬浮液。现在可以通过新的加工技术解决这一问题，生产出的产品在贮存过程中可能会产生某种沉淀现象，但是只要轻轻地摇一摇瓶子就会很容易地重新悬浮起来，并在消费者饮用所需的时间内保持良好的悬浮状态，风味与口感很好。

2. 含果皮的果蔬饮料

苹果、杏、桃、葡萄等水果，其果皮部分的膳食纤维、维生素和色素含量均高于果肉部分，因此用整个水果或只用果皮为原料制得的果汁饮料，其膳食纤维的含量要比不用果皮的产品高出许多。首先将带皮的水果或果皮切碎，并根据需要加适量的水，用 24.5MPa 以上的压力进行微粉碎与均质化，就可得到悬浮状态稳定的果汁。这种产品饮用时口感好、无渣，果皮中所含的果胶及水溶性黏多糖使得产品的黏度增加，饮用时口感浓厚。

四、高纤维休闲食品

1. 高纤维膨化食品

高纤维膨化食品是用亲水多糖包裹的微晶纤维素作为膨化剂代替部分面粉，并采用分别喷涂油和调味粉的调味方法，以焙烤取代油炸，尽量降低碳水化合物及脂肪的含量，因而与普通产品相比其能量大大降低。由于膳食纤维会抑制食品的膨胀特性，并导致产品产生粗糙结构，可使用包覆亲水多糖的微晶纤维素。微晶纤维素是通过将纤维素经特定酸性水解作用，使之释放出纤维素的微晶而形成的。将亲水多糖加到微晶纤维素中可使带有亲水层的纤维素相对地增加疏水的表面。

2. 高纤维口香糖

高纤维口香糖是利用膳食纤维吸收唾液膨胀从而增加口香糖与牙齿的接触面，达到提高洁齿效果的目的。膳食纤维的配合量为口香糖质量的 20%～30%，配合量过少起不到洁齿的效果，但超过 30%会使纤维溶出而口感粗糙。为了不影响产品的感官质量，可添加适量的强力甜味剂、软化剂、保湿剂等。

第八节 膳食纤维提取制备与检测

一、膳食纤维的提取制备

膳食纤维依据原料及产品特征要求的不同，其加工方法有很大的不同，必需的几道加工工序包括原料粉碎、浸泡冲洗、漂白脱色、脱水干燥和成品粉碎、过筛等。目前，膳食纤维的制备主要有以下 6 种方法。

1. 粗分离法

粗分离法主要是指一些物理的分离方法，以液体悬浮法和气流分级法为代表，可改变原料中各成分的相对含量，如可减少植酸、淀粉的含量，增加膳食纤维的含量。但这类方法得到的产品纯度不够高，更多的是用于原料的预处理。

2. 化学分离法

化学分离法是指将粗产品或原料干燥、磨碎后采用化学试剂提取而制备各种膳食纤维的方法，主要有直接水提法、酸法、碱法和絮凝剂法等。

直接水提法使用较普遍，大致的工艺流程为：原料预处理（烘干、除杂、清洗等），然后经酸碱处理后，调节滤液 pH，漂白，经过离心分离后将上清液 pH 回调至中性，用乙醇沉淀，所得沉淀物即为可溶性膳食纤维，滤渣为不溶性膳食纤维。其优点有：工艺简单、成本低、无二次污染，乙醇可回收再利用；在制得可溶性膳食纤维的同时也可制得不溶性膳食纤维，使原料得到更充分的利用，进一步通过改变提取温度、pH、提取时间和加水量优化提取过程，可提高可溶性膳食纤维的产率。

碱法应用较普遍，其大致方法与上文介绍的直接水提法一致，其特色之一是在提取过程中改变碱液浓度，将液体调至不同的 pH，并辅以其他化学试剂，还可将可溶性或不溶性膳食纤维进一步分离。日本公司以豆渣为原料，用含 30%～70%碱性水溶液的亲水性有机溶剂抽提，再用酸中和、压榨、脱水、干燥得到固体多糖，产品为无臭、无味的白色粉末。从豆渣中提取出的大豆多糖含 60%的膳食纤维。

酸法使用较少，因为使用酸法制备膳食纤维的过程中，损失较大，得率不高，而且酸液腐蚀性较强，对金属设备损坏严重。

3. 酶法

酶法是用多种酶逐一除去原料中除膳食纤维外的其他组分，主要是蛋白质、脂肪、还原糖、淀粉等物质，最后获得膳食纤维的方法。所用的酶包括淀粉酶、蛋白酶、半纤维素酶、阿拉伯聚糖酶等。

酶法制取可溶性膳食纤维的实验室方法如下：原料预处理（烘干、除杂、清洗等），蒸煮 1h 左右，根据所用酶的最适条件加入缓冲液调节 pH，冷却，加入纤维素酶液酶解 1.5h，加热到 85℃，10min 灭酶降温，再调节 pH，然后加入木瓜蛋白酶溶液（浓度为 10g/L）酶解 30min，迅速冷却过滤，滤液以 4 倍体积无水乙醇沉淀，过滤分离，将沉淀物干燥（有的需要漂白，再干燥），粉碎即得产品。用木霉酶处理小麦和大麦，提取的总 DF 的量基本没有变化，而可溶性膳食纤维的量提高了 3 倍。研究者通过将 α-淀粉酶、糖化酶、蛋白酶复配，提高麦麸膳食纤维提取得率，并结合酶法、碱法、挤压膨化技术结合超微粉碎技术，提高可溶性膳食纤维的比例和感官指标，达到保健功能与口感俱佳的目的。

酶法提取条件温和，不需要高温、高压，可有效节约能源，而且设备成本低，操作方便，可以省去部分工艺和设备，有利于环境保护，适合原料中淀粉和蛋白质含量高的制备工艺。

4. 化学和酶结合提取法

采用化学分离法制备的膳食纤维还含有少量的蛋白质和淀粉，要制备极纯净的膳食纤维必须结合酶处理。所用酶包括 α-淀粉酶、蛋白酶和脱皮酶等。所得膳食纤维如果再引入其他酶如半纤维素酶、阿拉伯聚糖酶处理可制备一些活性成分。化学和酶结合提取法制得的膳食纤维纯度较高，主要用于药品级纯度的膳食纤维制备。若是用于食品级膳食纤维的制备，产品内含有少量的蛋白质和淀粉等成分是可以接受的。

5. 膜分离法

膜分离法是利用天然或人工制备的具有选择透过性的膜，以外界能量或化学位差为推动力对双组分或多组分的溶质和溶剂进行分离、分级、提纯和浓缩的方法。在膜分离过程中，溶液不产生相变，可在常温无需加热的条件下对相对分子质量大小不同的物质进行分离，尤其对一些热敏性物质或挥发性物质的保护效果较好。微滤、超滤、纳滤和反渗透等膜分离技术由于其具有节能、高效、简单、造价低、易于操作及避免化学方法有机溶剂残留等优点，可代替传统的分离技术（如精馏、蒸发、萃取、结晶等过程），为开发功能性食品提供了非常有效的加工方法。

超滤是利用孔径 1~20nm 的超滤膜，以压差为推动力，过滤含有大分子物质或微细粒子的溶液，使大分子物质或微细粒子从溶液中分离出来的过程。超滤膜对大分子的截留机理主要是筛分作用，符合毛细管流动模型。决定截留效果的因素主要是膜的表面活性层上的微孔大小和形状。除了筛分作用，膜表面微孔内的吸附和粒子在膜孔中的滞留也使大分子被截留。

通过改变膜的截留相对分子质量，可以分离低聚糖和一些小分子的酸、酶来提高膳食纤维的纯度，或制备相对分子质量不同的膳食纤维。同时，由于超滤能使膳食纤维得到浓缩，可大大降低后续制备过程中沉淀膳食纤维的溶剂用量，节省场地和成本。

6. 发酵法

发酵法的原理是选用适当的菌种，对原料采用发酵的技术提取膳食纤维，然后水洗至中性，干燥得到膳食纤维。如用保加利亚乳杆菌和嗜热链球菌处理果皮原料生产膳食纤维。发酵法制得的豆渣膳食纤维通常为浅黄色的粉末产品，具有特殊香味、无豆渣原有的豆腥味和苦涩味、持水力高和吸水性强等特点，且加工过程中不易失去水分，可溶性膳食纤维占总膳食纤维的比例高，生理活性明显增强，是一种优质的膳食纤维。

膳食纤维的来源、加工方法、色泽等不但影响其感官性能和加工性能，同时也影响其功能性和生理活性。如现有研究表明用酸碱法制取膳食纤维时，反复的水浸泡冲洗和频繁的热处理会明显减少纤维终产品的持水力和膨胀性，这样会恶化其应用特性。而采用微生物发酵制取膳食纤维是一种比较新颖的途径。其生产过程简单，成本低廉，且易实现工业化生产，为生产高活性膳食纤维寻找到一条新途径。

以上方法各有其优缺点，要根据实验条件、产品要求和经济实用价值等综合考虑采用何种方法。目前，国内外提取膳食纤维方法以化学法为主，此工艺简单、投入成本低，已应用到工业化生产中，但由于在加工过程中对膳食纤维产品的理化性质和生理功能有明显影响，更为不利的是用化学法提取膳食纤维不可避免会排放大量的污水，对环境造成严重的污染，且处理费用昂贵。鉴于此，研究膳食纤维起步较早的欧美和日本等，正在积极探索采用较为温和的工艺方法和环保的高新技术提取分离膳食纤维。虽然酶法、膜分离法和发酵法提取膳食纤维的技术尚不成熟，而且相对于常规的化学法成本较高，但因其反应条件较为温和，同时对环境的污染相对较小，将是今后提取膳食纤维的研究方向。

二、膳食纤维的检测方法

膳食纤维分析方法与传统的粗纤维分析方法完全不一样。传统意义上的粗纤维是植物经特定浓度的酸、碱、醇、醚等溶剂作用后的剩余残渣，强烈的溶剂处理会导致 100%的可溶性纤维素、50%~60%的半纤维素被溶出而损失掉，因此，对同一种原料，其粗纤维含义与总膳食纤维的含义往往是有很大的差异的，两者之间也没有一定的换算系数，所以必须建立全新的膳食纤维分析方法。

由于膳食纤维是一大类物质的总称，没有特定的化学反应可供定量分析，其分析是依据质量差进行的。其原理是用适当的溶剂或酶溶解待测样品中的非膳食纤维成分，除掉非膳食纤维成分所得的残渣称为细胞壁物质（CWM），它由膳食纤维和灰分组成。扣除灰分即得膳食纤维的含量。因此，膳食纤维分析的关键在于对细胞壁物质进行完整而又没有损失的提取。已报道的膳食纤维分析方法很多，概括起来主要就是洗涤剂法和酶法两大类。洗涤剂法操作简单方便，但只能分析出不溶性膳食纤维含量，酶法能够同时分析出可溶性膳食纤维和不溶性膳食纤维含量，但分析过程比较复杂且成本较高。

1. 洗涤剂法

洗涤剂法分析膳食纤维的原理是将样品中的可消化成分通过与硫酸、十二烷基铵溴化物之类的酸性洗涤剂或十二烷基硫酸钠、乙二胺四乙酸之类的中性洗涤剂相互作用分离，处理后的残渣与灰分的差值即“洗涤剂纤维”。这两种方法的大致流程为：原料预处理（除杂、干燥、粉碎），然后用中性洗涤剂处理，过滤分离，残渣用热水和丙酮冲洗去掉残渣中的水溶性成分和脂质，再将其干燥称重即得中性洗涤剂纤维（Neutral Detergent Fiber，NDF）。将得到的 NDF 干燥粉碎，进而用酸性洗涤剂处理，过滤分离，残渣用热水和丙酮分别冲洗，然后再干燥称重，即得酸性洗涤剂纤维（Acid Detergent Fiber，ADF）。

洗涤剂法得到的只是不溶于洗涤剂溶液的膳食纤维部分，NDF 主要包括纤维素、半纤维素、木质素和硅酸盐成分，ADF 主要包括纤维素、木质素和硅酸盐三种成分。根据 NDF 与 ADF 的差值可粗略计算半纤维素含量，但数值不精确。

2. 酶法

利用酶的处理使得可被人体消化道消化吸收的成分通过酶解去除，根据重量分析测得的未被水解的残留部分即膳食纤维。所用到的酶通常有胃蛋白酶和胰酶制剂两种。

利用酶法分析时，对样品的前处理很重要，样品首先要粉碎至能通过 1mm 筛孔的筛子，样品颗粒太粗不利于酶的作用，使得淀粉等成分不能完全去除。经酶法分析得到的纤维残渣经常会残留一些蛋白质，这是由于蛋白质未被完全降解，此外添加的酶也是蛋白质，未能完全分离掉也会增加蛋白质的质量。酶法分析的发展关键在于开发尽可能完全除去蛋白质、脂肪、淀粉等物质的试剂、酶和方法，同时尽可能准确地模拟人体消化系统的条件，以提高其准确性和精度。主要改进手段有：改变缓冲液的浓度及组成；采用不同的酶体系，如高脂肪样品采用胆汁去脂肪；改进分离手段，如采用透析、超声波、高速离心分离等。

酶法分析最大的优点在于能同时分析出样品中可溶性与不可溶性膳食纤维的含量，且分析设备简单。但此过程比较复杂，操作不方便且成本高。

膳食纤维组分复杂，至今尚无公认的标准检测方法，而现有的检测方法各有其利弊，检测的结果也大不相同，甚至某些结果并无可比性，这就造成了食物成分表中至今尚无准确的、可比较的膳食纤维成分的数据。而膳食纤维的分析测定方法又与其定义密切相关，目前其定义与测定方法之间仍然存在一定的差距，学术界一直都在探讨膳食纤维的定义问题，却始终难以得出令人满意的答案。另外，随着对膳食纤维研究与认识的不断拓展，新膳食纤维组成成分不断被发现，且这些成分并不能用当前公认的测定方法去测定，故除了继续对现有的测定手段进行改进之外，应将建立与当前膳食纤维定义相符合的测定方法作为以后该研究领域的重要课题。总体上讲，应根据具体实验条件和不同样品的特性及测试目的选择合适的测定方法。

第九节 膳食纤维推荐摄入量

一方面膳食纤维有益于人体健康，另一方面摄入过多的膳食纤维，将影响人体对维生素和微量元素的吸收，因此各国营养学家对其日摄入量都有所规定。各国营养学家对膳食纤维的日摄入量有不同的建议：美国食品药品监督管理局建议每人（成人）每天应摄取20~30g膳食纤维；而英国营养学家建议每人每天的摄入量为25~30g；国家卫生健康委员会发布的《中国居民膳食营养素参考摄入量（2023）》建议每人每天膳食纤维的适宜摄入量为25~30g。这些推荐量的下限是有利于保持膳食纤维对人体肠道功能起到其应有作用的量，而上限是不会因膳食纤维摄入过多而对人体产生有害作用。

对2~18岁的儿童、青少年来讲，由于生长发育的需要，对膳食纤维的需求量相对少些，其适宜摄入量推荐为年龄加5g，营养学家认为推荐量有利于儿童、青少年保持大便通畅，有助于预防肥胖、心脏病、高血压、高血脂等。

表3-2列出部分常见食物中膳食纤维的含量，有助于人们根据摄食情况掌握膳食纤维的摄入量，并根据实际情况调整好膳食营养结构，以达到维持身体健康的目的。

表3-2 部分常见食物中膳食纤维的含量 单位:%

食物	含量	食物	含量	食物	含量
大米	0.7	玉米面	5.6	鲜荔枝	0.5
小米	1.6	麸皮	31.3	苹果	1.2
黑米	3.9	青稞	13.4	葡萄	0.4
黄米	4.4	绿豆	6.4	桃	1.3
高粱米	4.3	带皮蚕豆	10.9	魔芋精粉	74.4
鲜玉米	2.9	大豆	15.5	大白菜	0.6
标准粉	2.1	青豆	12.6	菜花	1.2
富强粉	0.6	黄豆粉	7.0	菠菜	1.7
苦荞麦粉	5.8	杂芸豆	10.5	小白菜	1.1
燕麦片	5.3	赤小豆	7.7	西蓝花	1.6
绿豆芽	0.8	芹菜	1.4	雪里蕻	1.7
黄豆芽	1.5	油菜薹	2.0	金针菜	7.7
鸭梨	1.1	黑木耳	29.9	蕨菜（脱水）	25.5
银耳	30.4	青尖辣椒	2.1	苦瓜	1.4

《中国居民膳食纤维摄入白皮书》显示，我国成人平均每人每日摄入的膳食纤维为13.3g，其中最低11.5g，中等为13.2g，最高14.5g；上海地区平均为9.1g，天津为12.7g，广东为8.6g。可见，我国居民的膳食纤维摄入量还不到推荐摄入量（25g/天）的一半。居民膳食纤维摄入量较低的主要原因是食物组成中动物类食物和精制食物比例过大，应该调整膳食结构，增加膳食纤维的摄入量，防止相关疾病的发生和发展。

总之，随着人们生活水平的不断提高，食物日趋精细，饮食中缺乏膳食纤维的情况也日趋严重，膳食纤维的研究与应用必然会成为开发研究的热门课题之一，同时也具有重要的现实意义和广阔的市场前景。因此，有理由相信，膳食纤维将成为21世纪最具开发潜力的营养素之一。

思考题

1. 什么是膳食纤维？可分成哪几类？
2. 简述纤维素、半纤维素、果胶、木质素各自组成和结构特点。
3. 膳食纤维具有哪些理化性质和生理功能？
4. 简述膳食纤维制备工艺，并举例说明膳食纤维在健康食品中的应用。

第四章 低聚木糖

CHAPTER 4

本章学习目标

1. 了解低聚木糖在食品中的应用。
2. 掌握低聚木糖的理化特性和生理功能。
3. 了解玉米芯制备低聚木糖的工艺流程。

第一节 概述

低聚糖，又称寡糖，是由 2~10 个单糖通过糖苷键连接形成直链或支链的低度聚合糖，有的低聚糖由同一单糖组成，称为均低聚糖，如低聚麦芽糖；有的低聚糖则由不同的单糖组成，称为杂低聚糖，如低聚乳果糖。低聚糖通常分为功能性低聚糖和普通低聚糖两大类。功能性低聚糖是指难以在人体被胃和小肠水解及吸收，从而进入大肠为肠道益生菌利用，并表现出减肥、降血糖、降血脂、防龋齿、增加免疫功能、促进双歧杆菌增殖等多种生理功能的低聚糖。

目前作为功能性食品配料的商品化低聚糖主要有低聚木糖、大豆低聚糖（主要由水苏糖和棉籽糖组成）、异麦芽酮糖、乳酮糖、低聚果糖、低聚半乳糖、低聚异麦芽糖、低聚异麦芽酮糖、低聚龙胆糖和低聚壳聚糖等。其中低聚木糖因其独特的理化特性和生理功能，且可依靠来源广泛的木聚糖为原料制备而受到人们重视。

（一）低聚木糖的结构

低聚木糖（Xylooligosaccharide，XOs）也称木寡糖，是由 2~7 个木糖分子以 β-1,4-糖苷键结合而成的一类低聚糖，通过内切木聚糖酶酶解木聚糖的 β-1,4-糖苷键而得到的以木二糖、木三糖为主要成分的低聚木糖混合物（图 4-1）。

（二）低聚木糖的理化性质

低聚木糖除了具有功能性低聚糖的一般特性外，其理化性质十分稳定，对热、酸都比较稳定，室温下储藏稳定性较好，添加到食品中可以降低水分活度及防止冻结，且有效剂量

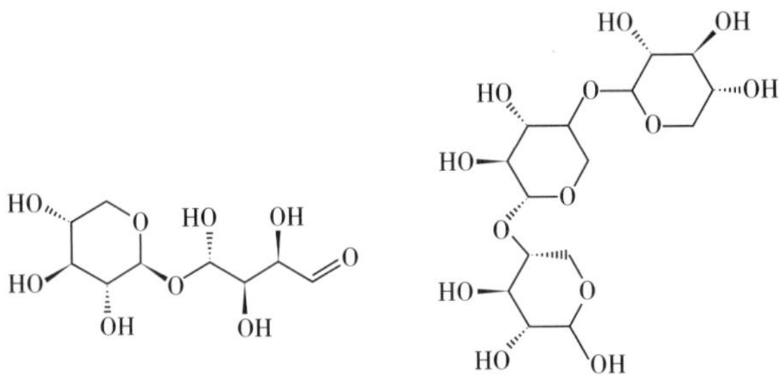

木二糖　　木三糖

图 4-1　木二糖和木三糖的结构式

少，可以用于多类食品体系。表 4-1 展示了低聚木糖的独特理化性质。

表 4-1　　低聚木糖的独特理化性质

性质	特性描述
耐酸、耐热性	在 pH2.0~7.0 时相当稳定，在 121.0℃下加热 1h 仍然很稳定
特异性强、有效剂量少	有效剂量仅 0.7g，远低于其他低聚糖
无配伍禁忌	稳定性好，对食物中的各成分无影响，还能促进钙吸收
无须高度纯化	伴随成分木糖为消化性糖，无须高度纯化就能满足特殊人群的需求

第二节　低聚木糖生理功能

1. 双歧杆菌增殖作用和减少有毒发酵产物及有害细菌的产生

低聚木糖属于功能性聚合糖，人的胃肠道中并没有可水解此类物质的酶，因此摄入后直接进入大肠，促进双歧杆菌增殖，同时产生大量有机酸，降低肠道内的 pH，抑制肠道内的有害菌生长，调节肠道功能，改善菌群失衡。

2. 抑制病原菌和腹泻

由于低聚木糖对一些病原菌如大肠杆菌、肺炎克雷伯氏菌、嗜水气单胞菌等都有较强的吸附力，并且低聚木糖不会被消化吸收，附着在低聚木糖上的病原菌可随低聚木糖一同通过肠道排出体外，从而防止病原菌在肠道中聚集引起腹泻。

3. 防止便秘

双歧杆菌发酵低聚木糖时会产生大量的短链脂肪酸，刺激肠道蠕动，提高粪便含水量，促进排便，从而防止便秘发生。

4. 保护肝脏

低聚木糖的摄入能够抑制有害细菌的生长繁殖，减少有毒代谢产物的形成，减轻肝脏分解毒素的负担，保护肝脏的正常功能。

5. 降低血清胆固醇

摄入低聚木糖可以降低总血清胆固醇水平，还可提高血清中高密度脂蛋白胆固醇占总胆固醇的比例，主要原因是低聚木糖调节了肠道内的微生物菌群比例，有利于抑制胆固醇被肠道吸收或使吸收胆固醇的细菌的数量增加。

6. 降低血压

摄入低聚木糖能够降低血压、降低血脂，预防心脑血管疾病，试验表明，人体心脏舒张压与其粪便中双歧杆菌数占总菌数的比例有明显的负相关关系。

7. 增强机体免疫力、抗癌

低聚木糖是强力的双歧杆菌增殖因子，科学家经过 100 多年的研究发现，双歧杆菌本身具有优异的抗肿瘤功能。双歧杆菌具有免疫激活作用，可增强淋巴细胞和巨噬细胞的吞噬活性，促进免疫细胞分裂、抗体的产生，增强机体免疫力。另外，双歧杆菌的增殖可抑制有害菌的生长，降低其产生的内源性致肿瘤物质的水平；双歧杆菌的表面分子活性物质可通过调控肿瘤细胞凋亡相关基因的表达，诱导肿瘤细胞自然凋亡；双歧杆菌使肠道环境酸化，刺激肠道蠕动，加速致肿瘤物质排泄，缩短致肿瘤物质与肠黏膜接触的时间，降低肿瘤的发生率。

8. 具有良好的食品配伍性

当低聚木糖与钙同时摄入时，不但不会影响钙的吸收，反而会提高机体对钙的吸收率，这种良好的配伍性使其成为新一代乳制品的理想添加剂。

9. 低甜度甜味剂

低聚木糖的甜度只有蔗糖的 40%，其耐热和耐酸性环境，而且有防结晶的特性，可作为食品改良剂与砂糖、饴糖等混合，或直接作为甜味剂使用，广泛用于饮料、糖果、乳制品、冷饮、调味品和保健食品等产品中。

10. 促使机体生成维生素

低聚木糖促进双歧杆菌增殖，同时双歧杆菌又能合成维生素 B_1、维生素 B_2、维生素 B_6、维生素 B_{12}、烟酸和叶酸等维生素。

11. 不会引起牙齿龋变、阻止牙垢的生成

低聚木糖不能被变异链球菌等龋齿病原菌分解，因此不会引起牙齿龋变，同时能抑制蔗糖被病原菌利用生成牙垢。

第三节　低聚木糖应用

由于低聚木糖具有的生理功效和较好的加工特性，在食品、饲料、农业、医药等行业应用非常广泛。

一、低聚木糖在食品中的应用

1. 在保健食品中的应用

随着我国居民生活水平的提高，不合理的饮食习惯引起的疾病随之而来，居民健康状况

也越来越被重视。目前我国有50多种功能食品中添加了低聚木糖。低聚木糖具有的一些生理功能，使其适合添加在婴幼儿、孕妇、老年人等特殊人群的配方食品中，也可以应用在高血压、高血脂及糖尿病患者的保健食品中，提高其保健效果。

（1）在“三高”患者保健食品中的应用　“三高”通常指高血压、高血糖、高血脂。对“三高”患者的膳食调理是一种基本的治疗措施。低聚木糖不被人体消化吸收，其代谢不会引起胰岛素的变化；有助于维持血脂（胆固醇/甘油三酯）健康水平；有助于维持血压健康水平，满足“三高”患者食用糖的要求。

（2）在防癌保健食品中的应用　人体肠道内的腐生菌或致病菌会产生许多致癌物质，双歧杆菌的增殖会抑制这些有害细菌的生长，并加速肠道蠕动，促进细菌有害代谢物质排出体外，从而防止癌症的发生。

（3）在减肥保健食品中的应用　当低聚木糖作为甜味剂添加到食品中时，由于不能被人体消化吸收而不产生热量，能减少人体能量摄入，因而常常被添加到减肥保健食品中，达到减肥的目的。

（4）在补钙保健食品中的应用　低聚木糖可以促进人体对钙的吸收，添加到补钙保健食品中能够改善青少年和老年人缺钙的情况。

2. 在饮料中的应用

低聚木糖具有良好的稳定性，在较低pH、较高温度下加工或贮藏也基本不分解，可以添加到各种食品中。在感官上，低聚木糖与砂糖口感相似，能赋予饮料醇厚的风味；其拥有独特的生理功效，用它能取代饮料中的部分蔗糖，可以增加产品的保健功能，且不用担心工艺条件对功能性成分的限制。低聚木糖仙人掌饮料、香菇醋饮料、樱桃醋饮料、山楂醋饮料等是目前国内添加了低聚木糖的饮料。

3. 在乳制品中的应用

低聚木糖在所有低聚糖中对双歧杆菌的增殖效果最显著，同时，乳制品加工过程中在酸性或高温灭菌条件下也不易变性破坏，因此，添加至乳制品中能提高乳制品的保健效果。

（1）配方奶　奶粉中添加适量低聚木糖能使奶粉具有增殖肠道有益细菌、促进微量元素吸收、补充维生素的效果，提高配方奶的食用价值。

（2）酸奶　酸奶中添加适量的低聚木糖能使双歧杆菌增殖，促进乳糖的分解，有利于人体充分利用酸奶的营养成分，提高酸奶的食用价值。

（3）乳饮料　乳饮料是在鲜牛奶中加入一定量的水、果汁等辅料经杀菌而制成的含乳饮品。在乳饮料中添加低聚木糖不仅不会改变乳饮料的特性，而且能使乳饮料的热量降低，使乳饮料具有增加肠道益生菌、改善肠道健康的保健功能。

（4）奶酪　奶酪是牛奶发酵后的产物，奶酪与鲜牛奶相比，除了其独特的口感风味外，还具有防止肠胃不适、低胆固醇和促进乳糖消化吸收的优点。由于低聚木糖的加工特性，添加适量至奶酪中，可以增加发酵液渗透性、提高奶酪脱水速度、降低剪切力、改善奶酪的质地品质和增强制品风味，使产品风味更加浓郁柔和，余味长久。

4. 在焙烤食品中的应用

低聚木糖常被用于烘焙食品中，如曲奇饼干等，主要是因为其具有较好的热稳定性，不会在烘烤的高温条件下出现分解，而且可以改善面团流变特性，保持产品的水分，延长保质期，产品的质量口感也得到提升。另外，低聚木糖可以取代部分蔗糖，降低产品的产热量，满足肥胖患者的需求。

5. 在其他食品中的应用

低聚木糖在糖果、果脯、巧克力、冷饮、谷物产品、酿酒等食品工业中都有应用。随着人们对生活质量的要求提高，低聚木糖在未来会拥有更广阔的市场。

二、低聚木糖在非食品工业中的应用

1. 在饲料工业中的应用

低聚木糖在我国最早的市场尝试是应用在饲料工业中，低聚木糖在饲料加工企业中的应用带来了明显的经济、社会效益。

2. 在农业中的应用

对于农作物，低聚木糖是一种很好的生物农药和营养物质。用作生物农药时，既能促使植物产生酚类、植保素等抗病性物质，提高抗病酶活性，又不会像人工合成农药一样危害人或其他动物健康，污染环境。用它来栽培农作物时，可以调节土壤中微生物的种类和数量，促进植物对所需要的各种营养元素的吸收，从而提高农产品的产量和质量。

3. 在医药中的应用

低聚木糖作为双歧杆菌增殖因子和可溶性膳食纤维，能够调节肠道内的微生物平衡，促进益生菌产生抗菌类物质，抑制致病菌的繁殖，激活免疫系统，提高机体免疫力，调节人体“三高”，刺激肠胃蠕动，防治腹泻便秘，对人体起到保护肠道正常功能、抗肿瘤等作用。

第四节 低聚木糖制备

工业化低聚木糖的生产主要以富含木聚糖的玉米芯、甘蔗渣、棉籽壳、燕麦、桦木等木质纤维素类物质为原料。木聚糖是以β-(1,4) -D-吡喃木糖为主链，以4-O-甲基-吡喃型葡萄糖醛酸为支链构成的多糖，木聚糖一般在阔叶材与禾本科草类植物中含量较高。禾本科植物中的半纤维素多糖支链上常连接有L-呋喃阿拉伯糖基，支链多少因植物类别而异。细胞壁的网络结构主要由戊聚糖、酚酸类以及其他多糖如β-葡聚糖、纤维素、果胶及木质素等物质聚合而成，它们共同构成植物细胞壁框架，维持细胞结构的完整性。目前制备低聚木糖的主要方法是降解木聚糖。

不同种类的木聚糖结构差异较大，变化范围从仅由β-1,4-糖苷键连接而成的线性多聚木糖分子到由2~4种不同的糖单体组成的高度分支的杂多糖。通常所说的木聚糖属于后者，而前者一般很难分离得到。研究发现木聚糖一般含有85%~89%的D-木糖残基及少量的阿拉伯糖和葡萄糖醛酸残基。β-吡喃木糖以β-1,4-糖苷键连接构成木聚糖的主链，支链组成有L-呋喃阿拉伯糖、D-葡萄糖醛酸、4-O-甲基-D-葡萄糖醛酸等。不同来源的木聚糖，其结构成分、主链长度和分支程度都不同。以下是几种木聚糖的结构组成的比较：①硬木木聚糖的主链有150~200个β-吡喃木糖残基，基本上以10个木糖残基和C-2位上相连的4-O-甲基-D-葡萄糖醛酸为1个重复单位，而且木糖残基的C-2和C-3位被高度乙酰化，大约每2个木糖残基上就连有1个乙酰基团（乙酰化程度约为50%）；②软木木聚糖的主链由70~130

个木糖残基组成，与硬木木聚糖相比软木木聚糖没有被乙酰化，而且含有更多的葡萄糖醛酸，木糖残基的 C-3 位和 α-L-呋喃阿拉伯糖以 α-1,3-糖苷键相连；③谷物木聚糖则含有大量的 α-L-呋喃阿拉伯糖，与木糖残基以 α-1,2-糖苷键或 α-1,3-糖苷键相连，还含有以 β-1,5-糖苷键和木糖残基相连的半乳糖；④玉米芯来源的木聚糖除木糖残基外还含有以 L-呋喃阿拉伯糖、D-葡萄糖醛酸、4-O-甲基-D-葡萄糖醛酸和一定量的乙酰基团。在所有木聚糖的支链中，乙酰基团的数量对木聚糖在水中的溶解度有较大影响。

一、低聚木糖的生产方法

根据不同的处理原料或中间产物的方法，可以把生产低聚木糖的方法分为以下 3 种。

（1）酶或微生物法　利用酶或微生物直接处理富含木聚糖的木质纤维素原料制备低聚木糖。此法主要是以棉籽壳、甘蔗渣、玉米芯、稻草、燕麦壳和花生壳等天然纤维素为原料，利用木聚糖酶分解木聚糖，使之生成低聚木糖，再经脱色、脱盐、浓缩精制等处理，得到糖浆状的产品。但是由于底物不溶于水，反应只能在固液相界面上进行，酶解效率低。

（2）化学-酶联合法　采用化学-酶联合法，根据可溶性木聚糖比不溶性木聚糖更加容易酶解的原理，先采用蒸煮或热水抽提、碱抽提、蒸汽喷爆等方法，从植物原料中抽提出木聚糖，精制得到可溶性木聚糖，然后经酶水解得到低聚木糖粗溶液，最后将粗溶液精制浓缩得到低聚木糖产品，此方法是目前国内外生产低聚木糖的主要方法，其流程如图 4-2 所示。

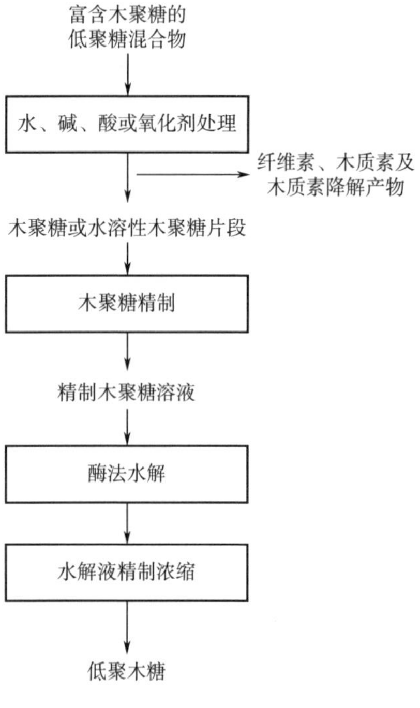

图 4-2　化学-酶联合法生产低聚木糖的工艺流程

（3）酸水解法　酸水解法，即用无机酸水解木聚糖得到低聚木糖。

分离精制是低聚木糖整个制备工艺中的关键步骤之一。因为水解液常常含有各种杂质，如木质素、酶蛋白和盐等，因此需要进行脱盐、除杂或脱色等来提高产品纯度。

真空浓缩是提纯处理低聚糖液的第一步。蒸发除了能提高低聚木糖的浓度外，还能除去乙酸和不良气味物质或其前体。

脱盐可以采用交换树脂，缺点是去除有色组分的能力有限，色谱分离法在脱盐的同时又可以很好地去除有色物质。如果要分离得到特定聚合度范围内的低聚木糖，则可以采用膜技术去除特定聚合度范围外的低聚木糖和非糖组分。常用的分离精制方法有凝胶色谱柱法、活性炭吸附法、离子交换树脂法和过氧化氢脱色法。

二、木聚糖的提取

木聚糖的提取是低聚木糖生产中最关键的步骤。原料中的木聚糖应被充分提取，并且保证木聚糖的降解程度适中，尽可能地减少产生木糖。

原料中的木聚糖并非以游离形式存在，而是与木质素、纤维素等结合在一起。这些与木聚糖结合的成分和糖本身的构型会阻碍木聚糖酶接近底物，进而影响木聚糖的水解。因此，低聚木糖制备前，必须先对原料进行预处理，去除妨碍酶与底物反应的“障碍”。但是，这种预处理需要严格控制其强度，以免处理强度过大会导致木聚糖过度水解，或纤维素被降解释放出葡萄糖，造成产品中含有大量的木糖甚至葡萄糖，影响产品的纯度。

提取木聚糖的方法主要有以下几种。

（1）高温蒸煮法　该法的原理是利用木聚糖含有的乙酸基侧链在高温蒸煮时脱去乙酰，生成的乙酸使体系的 pH 降低，使木聚糖分子水解，增加其溶解度。但高温蒸煮法得到的提取液中还原糖与总糖的比值较低，不利于低聚木糖的生产，且其他副反应随温度变化较为明显。

（2）碱法　碱法处理的原理是利用 NaOH 或 KOH 溶液溶解纤维质原料。所用碱的浓度视植物材料而异，范围为 2%~18%，一般为 10%。将原料溶于碱液中，滤去不溶物后用酸中和，再用一定量的 95%乙醇进行醇沉，离心并取沉淀冷冻干燥，即可得到木聚糖。碱法简便易行，提取物纯度较高，实验室研究木聚糖结构时，多用此法来提取木聚糖。

（3）酸法　由于酸法提取的提取液中木糖含量较高，难以达到低聚木糖的生产要求，而且在反应过程中，会发生许多副反应，并生成一些可能致癌的物质，影响产品安全性。目前单纯用此法提取木聚糖主要用于木糖生产中，而生产木聚糖一般是在酸预处理后再用湿法高温蒸煮提取，这样可以减少副反应的发生。

（4）酸预处理-湿法高温蒸煮　用硫酸直接提取时，在低酸度下大量木聚糖水解成单糖。直接高温蒸煮提取木聚糖时，为了达到较高的总糖溶出率，需提高蒸煮温度，提高蒸煮温度的同时，提取液中的糖醛含量也随之提高。而酸预处理后再经 150℃ 蒸煮得到的提取液低聚糖含量相当于未经酸预处理直接 170℃ 蒸煮后的提取液低聚糖含量，且糖醛含量仅为后者的一半。可见酸预处理-湿法高温蒸煮法比两种提取方法单独使用的效果更好，是生产木聚糖的常用方法。

（5）超声波提取法　超声波提取法是利用液体动力学的空化作用，即在超声波作用下，液体中形成空腔的现象。它是液体中气泡在声场作用下所产生的一系列动力学过程。它的特点在于利用超声具有空化、粉碎、搅拌等特殊作用，对植物细胞进行破坏，使得溶媒渗透到植物的细胞中，使得植物中的化学成分溶于溶媒中，通过分离、提取纯化，获得所需的化学成分。

超声波处理能破坏原材料的结构，提高酶分解的效率。与其他的提取法相比，此法提取木聚糖能够缩短提取的时间。但超声波设备价格比常规提取所用设备高很多，目前用于大规模生产还有难度。

（6）高压蒸汽爆破法　高压蒸汽爆破法是植物纤维预处理技术中成本较低、不污染环境且处理效果较好的技术，近年发展迅速。该方法主要用来分离木质植物纤维的 3 种物质，从水解产物中提取木聚糖，木聚糖的产量与蒸汽喷爆的温度、压力、固液比、初始含水量有较大关系。该方法的原理是用蒸汽将原料加热至 180~235℃，并保持高温高压一定时间，半纤维素的乙酰基侧链等脱落生成有机酸类，有机酸进一步参与催化未分解的半纤维素和木质素解聚，使半纤维素部分水解成可溶性多糖，蒸汽喷爆时，强大的气流冲击力也会使半纤维素进一步深度降解，形成大量木糖，同时，木质素也会发生 α-丙烯乙醚及部分 β-丙烯乙醚裂开，蒸汽减压喷放时产生的二次蒸汽使细胞壁结构破坏，木质素重聚集而与纤维素分离。另外，经过此预处理方法原料中的半纤维素变得易被酶作用。虽然与高温蒸煮相比，高压蒸汽爆破法有处理时间短、能耗低等优点，但部分原材料的木聚糖提取率低，因此，不同研究者对此法应用有不同观点。

（7）高能辐射法　高能辐射法是通过辐射作用使纤维原料结构变松散，半纤维素被有效降解，酶解性能大大提高。该法操作简单并且不破坏环境，但是其安全性仍有较大争论，所以较少被应用在生产上。

三、木聚糖的水解

木聚糖的水解是低聚木糖生产的第二个关键步骤，降解木聚糖的常用方法有以下几种。

（1）酸水解法　酸水解法的具体方法是用低浓度的酸，如低浓度的三氟乙酸、盐酸及硫酸等水解木聚糖。木聚糖和浓盐酸在-16℃下发生水解反应，20~30min 后加碳酸氢钠终止反应，再经过下游处理即可得到木二糖与木三糖。但是由于此酸具有腐蚀性，对设备要求较高，而且反应难以控制，得到较纯的产物困难，还可能产生有毒有害物质，不适合工业化生产。

（2）热水抽提法（包括蒸汽爆破处理）　玉米芯原料经蒸汽爆破处理时，非常易于降解，且糖化效率较高，同时无污染、能耗少、生产周期短，但此法得到的产品颜色较深。

（3）酶水解法　目前商品低聚木糖主要是利用木聚糖酶降解细胞壁物质产生。木聚糖酶主要靠微生物生产，细菌、链霉菌、曲霉菌、青霉和木霉等都可以用来生产木聚糖酶。酶解法具有原料来源广泛且容易得到、反应条件温和、产品性能好和生理活性高等优点，但存在酶活性较低的问题，水解的效率不高，而且用微生物产生的酶往往不纯，有时除木聚糖酶外还会产生 β-1,4-木糖苷酶，β-1,4-木糖苷酶将木二糖水解为木糖，影响最终产品的纯度。因此，筛选出既能生产高活性的木聚糖酶，同时产生 β-1,4-木糖苷酶酶活低的菌株，对于酶法生产低聚木糖是非常重要的。

（4）微波降解法　微波处理能使植物纤维原料进一步深度降解，是目前较新的生产低聚木糖的方法。此法对环境破坏小，但耗能高，目前仅应用于实验室研究，工业化生产较少。

四、以玉米芯为原料生产低聚木糖

低聚木糖主要以玉米芯、富含半纤维素的植物及农副产品下脚料等为原料，经加工处理制得。以玉米芯作为原料生产低聚木糖为例，介绍低聚木糖的制备技术（表 4-2）。

表 4-2　玉米芯主要成分　单位：%

玉米芯主要成分	纤维素	半纤维素	木质素	水分	灰分
含量	35.41	36.68	13.01	8.34	1.53

玉米芯中的木聚糖与木质素、纤维素等连接以复合物结构存在，在低聚木糖的制备过程中，需要对原料进行预处理，去除“木质素障碍”，使酶与底物充分接触。目前国际上普遍认为酶法生产木聚糖是较先进、较有发展前景的生产技术。如果简单地将木聚糖酶与未经过

处理的玉米芯混合酶解，不能有效地发挥酶活性，充分降解木聚糖生成低聚木糖。要使木聚糖被充分降解，提高低聚木糖的产率，必须先用化学或者物理方法进行原料处理，以提高木聚糖对木聚糖酶的可结合性和敏感性。

目前利用酶法制备低聚木糖，可采用以下 4 种预处理方法。

（1）碱-酶法　通过碱处理原材料，可以使木质素和半纤维素分开，增加酶与半纤维素的反应结合位点，加速酶解反应的进行，而且产物中不含糠醛等毒性物质。水解反应最先生成木四糖，随着反应的进行，木四糖含量逐渐降低并接近 0，木三糖含量先增加后减少，减少到一定量后保持稳定，木二糖含量逐步增加，反应也会产生木糖，但含量较低，不超过 10%，得到的产物绝大部分为木二糖和木三糖。

研究人员先用 4%的氢氧化钠溶液处理蔗渣，再加入木聚糖酶酶解，获得水溶性总糖含量为 31.13g/L、聚合度为 2.64 的低聚木糖液。同时，将稻壳浸泡在 80℃水中 3h，添加 11%氢氧化钠溶液并加热以提取木聚糖，其提取率接近 70%（以原料中木聚糖总量计）。也有研究者室温下用石灰处理稻秆，石灰能很好地降解纤维，有利于提高酶解的效率。添加氢氧化钙至秸秆中，高温反应后再用纤维素酶和木聚糖酶酶解，可使还原糖产率大于 85%。

（2）酸-蒸煮-酶法　单独采用酸法提取木聚糖时，稀酸对木质素、木聚糖的复合结构的分离效果差，而用浓酸处理，易发生木聚糖的过度水解，产物中会有大量的木糖，影响纯度，同时可能会有副反应，产生一些有毒物质，不能保证产品的安全性；单独采用高温蒸煮法，利用高温下木聚糖脱乙酰基形成乙酸，pH 降低进一步使木聚糖的 β-1,4-糖苷键断裂，但还原糖与总糖含量均较低，木聚糖与木质素未完全分离，影响低聚糖的制备，且其他副产物易受温度的影响而变化。由此可见，单独使用以上两种方法，都得不到纯度较高的木聚糖，影响后续的酶解处理效果，因此要把两种方法结合起来使用。经稀酸、高温蒸煮处理，然后酶解处理原料后，木聚糖和木质素几乎完全分离，且总糖溶出量的增加不会大幅增加糠醛等副产物的量，更适合工业化生产。

（3）蒸汽喷爆-酶法　蒸汽喷爆处理是利用高温蒸汽使物料中的半纤维素发生糖苷键断裂而水解，物料在一定压力下从反应器中瞬间喷爆出来，强大的气流冲击使物料之间相互摩擦剪切，使得纤维质物料细胞壁破裂而降解。蒸汽喷爆处理的效果受反应压力、温度、固液比、初始含水量等影响较大。温度过高或压力过大，会使半纤维素过度裂解，木聚糖也会分解生成大量木糖；初始含水量过高，会增加蒸汽升温的时间，从而加大能耗；固液比则会影响木聚糖的溶出量。蒸汽喷爆处理后的样液再添加木聚糖酶酶解，得到低聚木糖的最终产物。该处理方法处理时间短、成本较低、不会破坏环境，但由于蒸汽爆破后得到的液体中含有大量木质素，颜色较深。

经过蒸汽喷爆处理后，半纤维素主要以低聚木糖形式存在，平均聚合度随喷爆温度的升高而降低。如将木聚糖酶添加到玉米芯汽爆液中，得到的主要产物为木二糖、木三糖。而将橄榄绿链霉菌 E-86 产生的木聚糖酶添加至玉米芯汽爆液中，产物主要是木二糖，还含有少量的木糖和木三糖，此法产生的低聚糖的组成和碱-酶法产生的几乎一致。

（4）微波辅助-酶法　微波辅助-酶法的原理是利用微波能够被原料中的蛋白质和脂肪等极性分子吸收，改变外加微波电场使这些极性分子的取向变化，分子间相互碰撞和摩擦产生热量，使原料温度升高。使用微波法来提取木聚糖时，影响木聚糖提取率的主要因素是微波处理时间和消解压力。这种先用微波消解处理原料，再用酶进一步水解的方法能够缩短提取时间，提高提取效率，提取液颜色较浅，方便后续的脱色处理。和其他方法相比，此法具有高效、选择性强、用时短、加热均匀、易于自动控制等优点。

许多研究证实了这种处理方法的可行性。例如，采用稀碱浸泡玉米芯，经微波处理后再酶解，能够提高木聚糖和还原糖提取率，产物纯度较高，主要是木二糖，只含有极少量的糠醛与单糖。而随着微波处理时间增加或消解压力增大，木聚糖链的断裂程度提高。研究者比较微波预处理辅助酸水解法和热酸水解抽提法，发现前者不仅缩短了提取时间，而且提取率上升了 18.25%，提取产物颜色较浅，后续脱色样品制备也更简单。因此，微波预处理可以提高提取率，并且稀碱液浸泡后的原料用微波辅助-酶法提取率进一步增加。

工业上用玉米芯作为原料生产低聚木糖的主要工艺流程如图 4-3 所示。

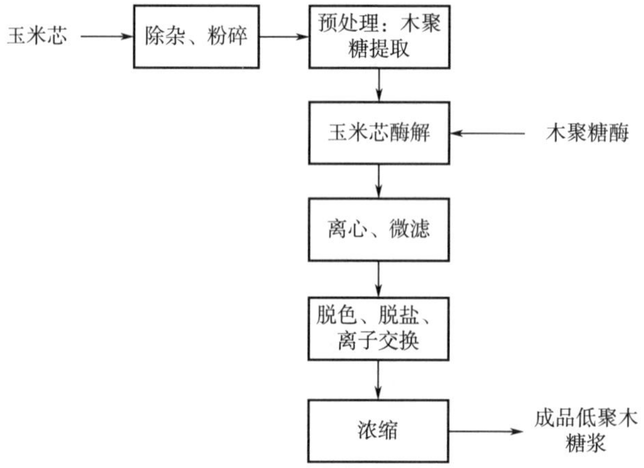

图 4-3 以玉米芯为原料生产低聚木糖的主要工艺流程图

（1）原料处理 将玉米芯采用酸、碱浸泡处理，尽量减少杂蛋白、脂肪物质、水溶性糖的含量，以降低后面处理的难度。也可以采用酶制剂浸泡，选用酶活力较高且使用条件相近的淀粉酶、蛋白酶、脂肪酶等除去杂质。去除杂质后的玉米芯，粉碎干燥备用。

（2）木聚糖提取 可以采用高压蒸煮的方式，使玉米芯结构松散便于酶解反应的进行。也可以采用碱法提取的工艺，提取水溶性木聚糖，使玉米芯的转化率提高，但碱法提取后的水解液除盐工艺较为复杂。

（3）酶解、分离 酶解可以采用间歇式的方法或采用填充有固定化酶的生物反应器进行连续水解，后者可以大大提高产品得率，提高生产力。酶解后的物料再经板框压榨和固液分离处理，去除滤渣后的液体即为低聚木糖粗提液。

（4）脱色、脱盐、离子交换、浓缩 灭酶后的物料要用活性炭或脱色树脂脱色及电渗析脱盐，目的是提高产品质量。处理后的料液进行真空浓缩，浓缩后还可以进行二次脱色，并且通过离子交换去除生产过程中的有害离子。

低聚木糖的最终成品可以制备成液体或者粉末状。评价低聚木糖产品的质量主要看低聚木糖占产品总糖的比例，低聚木糖所占的比例越大，说明产品的质量越高。

第五节　木聚糖酶

木聚糖酶是一种能够特异性分解木聚糖中的β-1,4-糖苷键的内切型水解酶（EC 3.2.1.8），其主要水解产物是低聚木糖系列。木聚糖酶主要是通过诱导微生物来产生的，诱导物一般采用木聚糖的半纤维素类物质，其中以木二糖的诱导性最强，微生物的选择以黑曲霉、木霉、链霉菌等真菌或短小芽孢杆菌等细菌为主。

研究人员根据木聚糖酶的理化性质以及分子结构把木聚糖酶分为 F 家族的木聚糖酶和 G 家族的木聚糖酶两大类，前者多数为高分子质量、低等电点，后者多数为低分子质量、高等电点。木聚糖酶能够水解糖链非还原端邻近支点的糖苷键，而 F 家族和 G 家族的木聚糖酶的作用条件分别是木聚糖链的分支间需要有 2 个和 3 个相连的吡喃木糖残基。另外，由于 F 家族的木聚糖酶有时会表现出阿拉伯木糖苷酶的酶活性，甚至可以作用于对硝基苯和对硝基纤维二糖，该家族水解所得产物的聚合度通常较低。两个家族木聚糖酶活性上的差异可能是由于它们的蛋白质分子三级结构不同引起的，G 家族木聚糖酶的分子结构比 F 家族木聚糖酶的更紧凑，β 折叠更多，且分子更小。

通过对不同微生物木聚糖酶的研究发现，木聚糖酶分子由多个功能区域构成，一般按不同功能分为催化区、木聚糖结合区、连接序列和纤维素结合区等。不同来源的木聚糖酶在催化区域的大小相似，含有谷氨酸、天冬氨酸、甘氨酸等，谷氨酸对木聚糖酶的活性是很重要的。木聚糖酶对底物的作用机制的研究表明，首先木聚糖被酶分子识别为一个三重螺旋；1 位上的木糖基被活性基团扭曲并牵引，导致糖苷键拉直并断裂，形成共价的酶-底物中间体；中间体被活性水分子攻击，使产物脱离酶分子被释放。

由于木聚糖通常为杂多糖，结构中含有多种糖苷键，单独使用一种酶无法将木聚糖完全降解，同时将几种不同的酶协同作用可以大大提高水解程度。根据木聚糖的结构，常用的混合酶包括β-1,4-木聚糖酶、β-木糖苷酶、阿拉伯糖苷酶、α-L-呋喃阿拉伯糖苷酶、α-葡萄糖醛酸苷酶、乙酰木聚糖脂酶和酚酸脂酶等。其中，β-1,4-木聚糖酶主要以内切方式专一性水解木聚糖分子中的β-1,4-糖苷键，使长链木聚糖降解成为聚合度较小的木寡糖；而β-木糖苷酶则是以外切方式来水解木聚糖成为木糖单元；其他的各种酶是作用于与木聚糖主链相连接的如阿拉伯糖、葡萄糖醛酸等支链。

木聚糖酶在食品工业中主要应用于小麦面粉的改良，小麦面粉中的非淀粉多糖主要是戊聚糖（主要成分是阿拉伯木聚糖，其中可溶性阿拉伯木聚糖占 20%~30%，不溶性阿拉伯木聚糖占 70%~80%），它在面粉中的含量虽然很少（占面粉干基的 2%~3%），但对面团的流变性质和面食品质有显著影响。在面包的生产中添加适量木聚糖酶，能明显改善面团的操作性，可使体积增大 10%以上。木聚糖酶在保健品方面的应用主要是指酶法生产功能性低聚木糖。

木聚糖酶水解木聚糖是一个比较复杂的过程，其结构不同，水解难易程度不同，甚至水解产物不同。对于一个具体的酶水解反应来讲，加酶量、底物浓度、温度、pH、搅拌转速以及时间等都对酶解效果有影响。各个变量间的关系既相对独立，又存在关联，因此，对于不同的酶解反应体系，都应该有不同的反应条件与之相对应。

思考题

1. 商品化低聚木糖主要有哪些种类?
2. 酶解制备低聚木糖的预处理方法有哪几种? 分别有什么作用?
3. 简述低聚木糖的生理功能。
4. 以农林废弃物玉米芯为原料，论述生产低聚木糖的主要工艺及过程关键点，讨论粮食副产物的健康、绿色增值加工途径。

第五章

CHAPTER 5

阿魏酸衍生物

本章学习目标

1. 掌握阿魏酸衍生物主要种类。
2. 了解阿魏酸衍生物在食品、化妆品和医药中的应用。
3. 了解阿魏酸衍生物的不同制备方法。

第一节　概述

阿魏酸是植物中一种常见的酚酸，当前研究表明它具有多种生理功能，如抗血栓、抗肿瘤、抗氧化、抗突变、清除自由基、抗菌、预防心脑血管病变等作用。但阿魏酸的亲水性和亲油性均较低，影响它的作用效果，目前的研究偏向于在保留阿魏酸生理活性的基础上提高阿魏酸的亲水性或亲油性。阿魏酸衍生物有亲水性阿魏酸衍生物和亲脂性阿魏酸衍生物两类，亲水性阿魏酸衍生物包括阿魏酸盐、阿魏酰基甘油酯、阿魏酰基糖酯等；亲脂性阿魏酸衍生物包括阿魏酰基烷基醇酯、阿魏酰基脂肪酰基结构脂、α-生育酚阿魏酰基结构脂等。

第二节　阿魏酸衍生物结构及吸收代谢

（一）亲水性阿魏酸衍生物

亲水性阿魏酸衍生物主要是指阿魏酸与亲水性物质（甘油、葡萄糖、淀粉等）结合而形成的一类物质。主要包括阿魏酸盐、阿魏酰基甘油酯、阿魏酰基糖酯（图 5-1）。

（二）亲脂性阿魏酸衍生物

亲脂性阿魏酸衍生物主要是指阿魏酸与脂溶性物质（脂肪醇、甘油酯等）结合而形成的

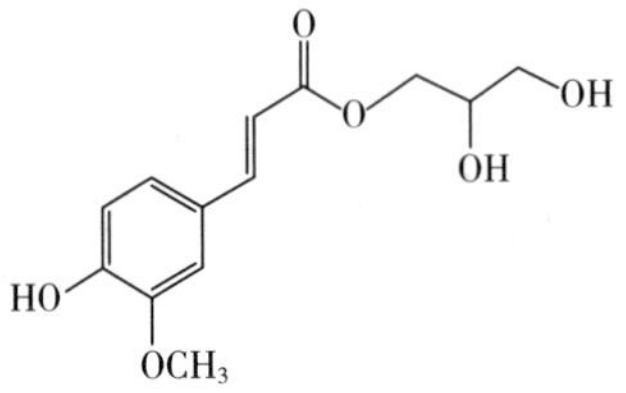

单阿魏酰基甘油酯

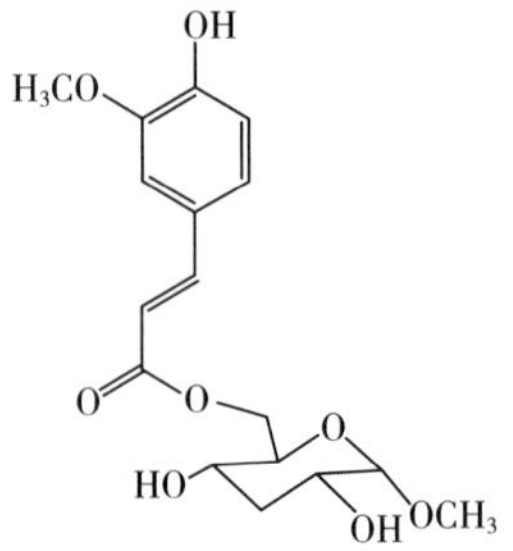

阿魏酰基糖苷

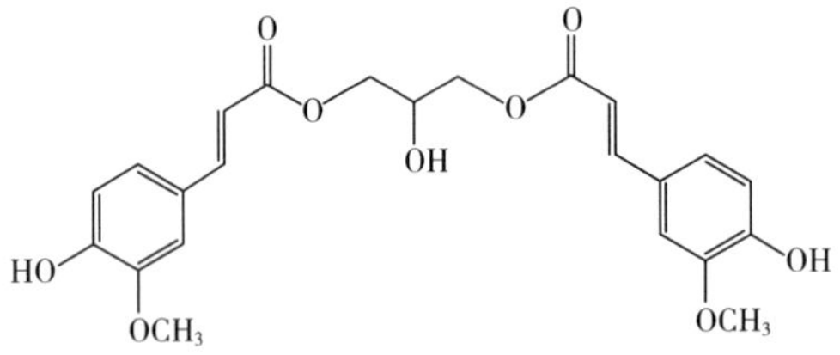

二阿魏酰基甘油酯

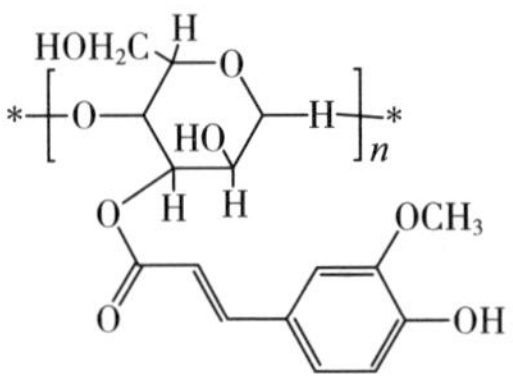

阿魏酰基淀粉酯

图 5-1　亲水性阿魏酸衍生物

一类物质。主要包括阿魏酰基烷基醇酯、阿魏酰基脂肪酰基结构脂、α-生育酚阿魏酰基结构脂（图 5-2）。

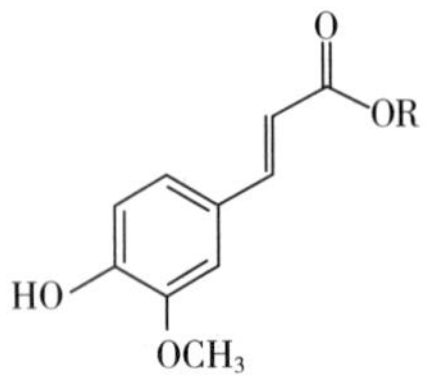

$R=C_nH_{2n+1}$ n=1，2，3，...

阿魏酰基烷基醇酯

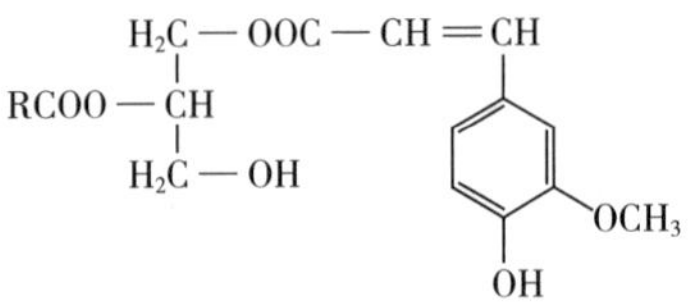

阿魏酰基单脂肪酸结构脂

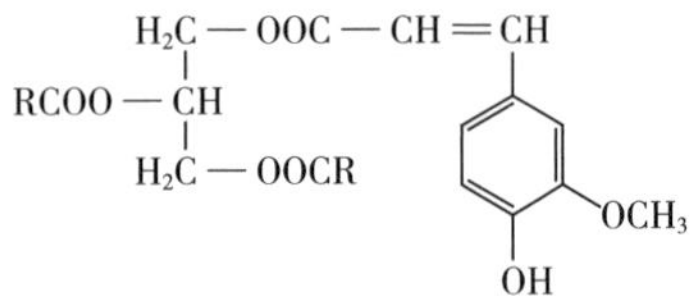

阿魏酰基二脂肪酸结构脂

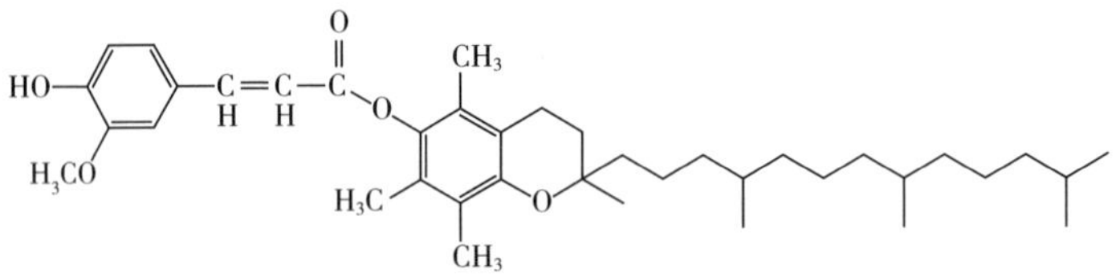

α-生育酚阿魏酰基结构脂

图 5-2　亲脂性阿魏酸衍生物

对于阿魏酸衍生物吸收与代谢的研究，主要通过对结合状态阿魏酸释放动力学和吸收后的药代动力学研究来实现。研究表明，阿魏酸糖酯中的阿魏酸在吸收和代谢方面有别于游离阿魏酸，阿魏酸糖酯主要为阿魏酸与多糖或低聚糖或单糖酯化后的产物。

植物中的阿魏酸主要以结合态存在于细胞壁中，通过阿魏酸二聚体与低聚糖和蛋白质交联，不易被胃肠壁吸收。为进一步促进其吸收、代谢，需要酯酶参与反应，以释放游离的阿魏酸。小肠和大肠都具有酯酶活性。大鼠的大肠占酯酶活性的50%~95%，小肠占酯酶活性的5%~10%。人体情况也相似，从健康人体粪便中获得的无细胞提取物的酯酶活性是小肠的10倍左右，说明大肠是阿魏酸释放的主要场所。结肠中有1000多种微生物，双歧杆菌、乳酸杆菌等是产生阿魏酸酯酶的主要微生物。脱酸阿魏酸二聚体中的阿魏酸也可以通过阿魏酸酯酶酶解，释放脱羟基阿魏酸二聚体。而阿魏酸二聚体可以通过小肠被人体吸收。阿魏酸的吸收与代谢主要受3个因素的影响，除阿魏酸的存在形式外，还与阿魏酸的剂量、底物性质有关。不同的底物会影响阿魏酸酯酶释放阿魏酸的能力，与可溶性膳食纤维相比，不溶性膳食纤维更不易消化和发酵。与可溶性多糖和不溶性多糖相比，低聚糖阿魏酸酯中的阿魏酸更容易被释放。

大部分释放的阿魏酸被转化为游离形式，只有小部分通过结肠上皮细胞转化成阿魏酰葡萄糖苷酸或者硫酸盐。高谷物饮食后，1~3h会出现阿魏酸血浆浓度的峰值。由于阿魏酸不断在结肠中释放，结合态的阿魏酸会增加阿魏酸在体内的维持时间，研究人员认为结合态阿魏酸比游离态阿魏酸生物利用率更高。

第三节 阿魏酸衍生物生理功能

低聚糖阿魏酸酯由阿魏酸和低聚糖组成。低聚糖作为一种功能性的糖，具备许多保健功能，如防治龋齿、刺激双歧杆菌的增殖、调节肠道功能、促进钙质吸收等。同时，作为非常规膳食纤维源，低聚糖能降低胆固醇、预防结肠癌。当前关于低聚糖阿魏酸酯的功能研究越来越多，且主要侧重于常见慢性疾病，如对高血脂、糖尿病等缓解作用的研究。

低聚糖阿魏酸酯兼具上述两种物质的生理功能，且由于其结构中含有特殊的酯键，具有易溶于水、渗透力强的特点，与阿魏酸和低聚糖单独存在时相比，低聚糖阿魏酸酯的某些生理活性更强。

（一）抗氧化

食品加工和贮藏的过程中，极易因为氧化作用而引起质量的劣变，导致风味色泽以及营养成分的下降，甚至产生大量有毒有害的物质。寻找天然的抗氧化剂一直以来是食品及相关领域研究的热点问题。低聚糖阿魏酸酯，由于提取自天然植物，且其结构中含有特殊的酯键，容易进入线粒体，具有良好的抗氧化作用。

（二）促进益生菌增殖

低聚糖阿魏酸酯与低聚糖一样，对多种益生菌具有一定的促进增殖的作用，如双歧杆菌等。然而，对于具有潜在致病作用的许多菌种则无增殖作用，如梭菌等。低聚糖阿魏酸酯促进益生菌增殖的作用受到与其结合的低聚糖分子量大小的影响。

（三）其他作用

之前有研究报道，植物中提取的阿拉伯糖基木糖、低聚木糖等对白血病有一定的抑制效果。而禾本科植物中提取的阿魏酸酯具有低聚木糖或阿拉伯糖基低聚木糖结构，因而推测阿魏酸酯具有抗肿瘤活性。

生物体生命活动过程中，植物细胞壁中的低聚糖、多糖类成分可作为一种信号分子来调节植物的生长发育，例如，木葡聚糖对豌豆由激素引起的生长具有抑制和调节作用。也有研究显示，酚酸类化合物对植物生长中酶活力及微生物活性具有一定的生理调控作用。由于低聚糖阿魏酸酯的功能与酚酸化合物和低聚糖类似，因此也具有调节植物生长的作用，例如，阿魏酰-阿拉伯糖基木二糖和阿魏酰-阿拉伯糖基-木三糖能抑制由植物激素诱导的水稻生长。有研究表明，当低聚糖阿魏酸酯水解去除阿魏酸酯键后，对植物调控及细胞杀灭活性显著降低。说明低聚糖阿魏酸酯能够调节植物生长发育，并不仅仅因为其水解产物中具有阿魏酸、低聚糖或多糖，阿魏酸酯键的存在才是其具有调节植物生长作用的重要因素。

第四节 阿魏酸衍生物应用

目前，阿魏酸衍生物由于其抗氧化、紫外吸收等活性，广泛应用于食品和化妆品等领域。

（一）在食品领域中的应用

利用具有优异成膜性的普鲁兰多糖与阿魏酸相结合，生成阿魏酸普鲁兰多糖衍生物（CMPFA），在漆酶的催化作用下交联生成水凝胶，使其适合作为干燥食品的包衣或包装材料。研究表明，阿魏酸脂类衍生物对猪油和花生油都具有一定的抗氧化作用。阿魏酸甲酯具有抗氧化、抗炎、抗肿瘤等多种生物效应，在食品工业中能够防止或延缓食品成分氧化变质，保持食品的新鲜度和口感。以麦麸为原料，对固态发酵制备麦麸阿魏酸糖酯，可有效促进嗜热链球菌和植物乳植杆菌的增殖，有一定的抗氧化和益生活性。

（二）在化妆品中的应用

紫外线照射造成皮肤损伤的主要原因是活性氧的形成。美国农业部用阿魏酸和大豆油反应制备出的大豆油基阿魏酸酯，已成为化妆品的天然原料。在紫外线照射过程中，光子与皮肤中的反式尿毒酸相互作用，生成单线态氧，可以激活整个氧自由基级联，氧化蛋白质、核酸和脂质，导致皮肤老化或癌变。在酸性和中性 pH 条件下，其吸收紫外线的速率与皮肤吸收紫外线的速率相同；由于阿魏酸的结构与酪氨酸相似，能够抑制酪氨酸酶的活性，继而抑制黑色素的形成，进而有助于皮肤的保养及抗衰老。

（三）在医药和保健品中的应用

研究发现阿魏酸钠盐不仅能在一定程度上保护其他药物损伤的肝细胞，而且还能减轻部分药物毒害肾脏的作用。此外，还能够降低人体血液浓度，减少血管内血脂的沉积，舒张血管，促进血液循环以减少心脑血管疾病的概率，可作为活性物质用于医药和保健品中。

第五节 阿魏酸衍生物制备

常见的阿魏酸衍生物有亲水性和亲脂性两类。根据使用的催化剂的不同，阿魏酸衍生物的制备方法可分为化学法和生物法。

一、亲水性阿魏酸衍生物的制备

1. 阿魏酸盐

阿魏酸钠是传统活血化瘀中药当归和川芎提取物中主要活性成分。阿魏酸的钠盐，来源非常丰富，具有多种药理活性，且不良反应少、安全性高。阿魏酸钠具有抑制血小板聚集、抗血栓、扩张血管、改善心肌缺氧缺血、增加血管密度、缓解心肌水肿、保护血管内皮等功能。此外，阿魏酸钠能缓解自由基对组织的损伤，是一种有效的天然抗氧化剂。目前，阿魏酸盐在临床上已被广泛应用于脑缺血性疾病、冠心病、心绞痛、糖尿病血管病变、糖尿病肾病合并心力衰竭等疾病治疗，并取得较好疗效，同时在减轻一些药物的肝肾毒性中发挥作用。采用阿魏酸与饱和碳酸钠溶液在无水乙醇中反应可制备纯度较高的阿魏酸钠。阿魏酸与尼古丁（硫代烟碱）可反应合成阿魏酸尼古丁生物碱盐，具有较强的抗氧化能力，可以保护红细胞免受氧化损伤。

2. 阿魏酰基甘油酯

阿魏酰基甘油酯是阿魏酸与甘油通过酰基键结合的可溶性阿魏酸衍生物（图 5-3）。它不仅具有与阿魏酸相似的功能，而且含有 1 个或多个羟基，易与脂肪酸、甘油酯发生酯化或酯交换反应，是一种潜在的反应中间体。在精细化工、食品、医药、保健品和化妆品等行业具有巨大的应用潜力。

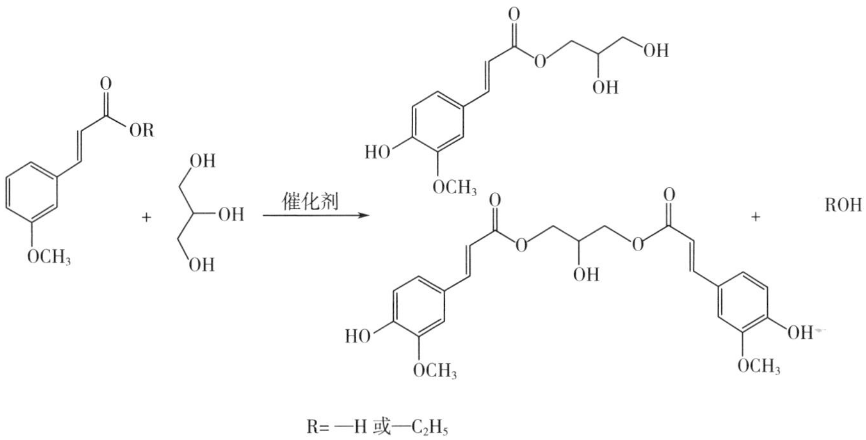

图 5-3 阿魏酰基甘油酯的合成途径

在离子液体 1-丁基-3-甲基咪唑四氟硼酸盐（[BMIM]BF_4）中，对甲基苯磺酸催化甘油能够与阿魏酸合成阿魏酰基单甘油酯，产率高于常压下以及在传统有机溶剂丙酮中的产率，同时也优于丙酮中对甲基苯磺酸催化阿魏酸与甘油酯化的产率。这主要是由于真空下进行反应，脱除了副产物水，促进了反应向合成方向进行。但传统酸催化化学合成法存在阿魏酸聚合、副产物多、产品色泽和气味差等诸多缺点。此外，阿魏酸的热敏性和易氧化性也限制了化学法在阿魏酸分子改造中的应用。

生物酶催化法具有反应条件温和、转化率高、选择性强、产品色泽浅等优点，且具有催化高效性和专一性。随着天然产品的需求稳步增长，酶催化对阿魏酸分子亲水性改造显示出明显的优势，目前也被广泛利用。阿魏酸酯酶可催化阿魏酸与二聚甘油酯化合成可溶性的阿魏酸衍生物，通过优化反应温度、二聚甘油与阿魏酸质量比、pH 等因素，获得较高的阿魏酸转化率。高熔点的阿魏酸为反应底物时，会限制反应底物间的互溶性，需要增加甘油添加量以保障阿魏酸的转化率，这为产品后续分离、纯化等带来极大困难。而在离子液体 1-乙基-3-甲基咪唑双三氟甲磺酰亚胺盐（[EMIM]TF_2N）体系中，用诺维信脂肪酶 435（Novozym 435）催化阿魏酸乙酯与甘油二硬脂酸酯制备阿魏酰基甘油酯，在最优条件下，阿魏酸乙酯转化率显著提高，阿魏酰基甘油酯的得率增加，但产品纯化较为困难。

为降低后续产品分离纯化难度，研究者采用固定化 Novozym 435 催化阿魏酸乙酯与甘油合成阿魏酰基甘油酯，阿魏酸乙酯取代阿魏酸增加了底物间的互溶性，可实现更高的阿魏酸乙酯转化率和阿魏酰基甘油酯产率。甘油在底物中作为反应底物与溶剂，降低了体系黏度，促进了底物间传质。而离子液体 [BMIM] BF_4 作为反应介质，能够进一步降低甘油的添加量，这主要是由于离子液体 [BMIM] BF_4 对阿魏酰基甘油酯的亲和力强，起到分子筛的作用，生成的阿魏酰基甘油酯进入离子液体相，促进了反应向正方向进行（图 5-4）。

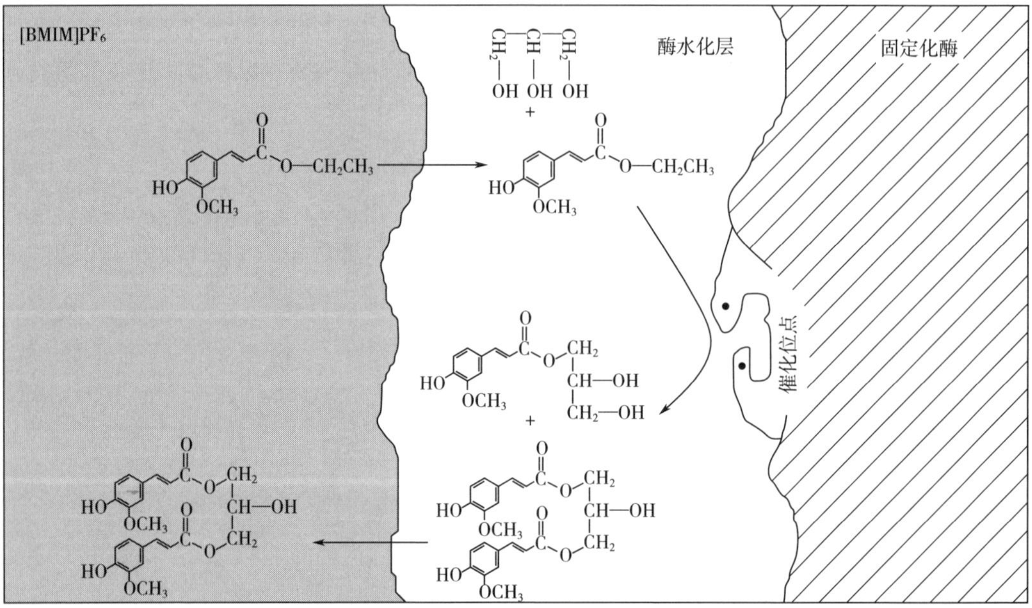

图 5-4 离子液体体系中酶促阿魏酸乙酯与甘油酯交换反应中离子液体分子筛作用

3. 阿魏酰基糖酯

阿魏酸具有抑制血小板聚集、抗血栓、抗氧化、提高免疫力等作用。但由于阿魏酸不参与肝肠循环，不会在体内积累，口服或注射都难使之达到结肠，在应用上具有一定的局限性。将阿魏酸与淀粉、低聚糖或葡萄糖结合可以获得一种功能性食品添加剂，应用到食品中。目前阿魏酰基糖酯的合成方法主要有以下 4 种。

（1）酸催化直接酯化法　直接酯化法是指阿魏酸在酸的催化下和糖中过量的羟基加热回流生成糖酯和水，达到反应的平衡。直接酯化法简单易行、反应迅速，但该反应为可逆反应，产率较低。为提高产物的得率，生产中常采用溶剂共沸法，即在反应体系中加入与底物不反应的共沸试剂，如苯、甲苯等与水形成共沸体系，反应生成的水与共沸剂一起蒸出，经油水分离器分离，共沸剂返回反应体系继续循环，从而促进平衡向生成酯的方向移动。在直接酯化的反应体系中，通常采用硫酸、路易斯酸、对甲基苯磺酸等质子型催化剂。阿魏酸和淀粉在二甲基亚砜中，以对甲基苯磺酸为催化作用剂，可合成低取代度的阿魏酰基淀粉酯，符合工业中对变性淀粉的要求。对阿魏酰基淀粉酯进行酶水解分析，发现其具有抗 α-淀粉酶水解的能力，减少在肠胃中被淀粉酶水解的机会，能够通过胃部进入结肠，降低结肠癌变的可能性。近年来，阳离子交换树脂类催化剂因反应条件温和、副产物少、产物后处理简单、不腐蚀设备，逐渐取代了质子型催化剂，促进了直接酯交换法的推广和应用。

（2）酰氯法　酰氯法是先将阿魏酸转化为酰氯，再与糖缩合生成酯的方法，其反应机理为亲核加成消除过程（图 5-5）。酰氯属于亲核试剂，可由羧酸与三氯化磷、五氯化磷或氯化亚砜（$SOCl_2$）反应制得，其中氯化磷的沸点较低，适合于制备低沸点酰氯；氯化亚砜制备酰氯的反应其副产物都是气体，容易分离和提纯。酰氯法具有反应条件温和、所需时间短、后期处理简单、产率高等优点，但存在酰氯需要现配现用、反应中必须保持无水干燥、产物纯化复杂、合成路线偏长等缺点。经三氯化磷氯化后的阿魏酸酰氯与淀粉反应，可获得阿魏酰基淀粉酯，经结肠微生物离体发酵实验，发现其不易被淀粉酶水解，在结肠微生物作用下，阿魏酸的释放率和释放速率大大高于麦麸膳食纤维，阿魏酸释放后对亚硝酸盐具有较强的清除能力，进而减少结肠癌病变可能性。

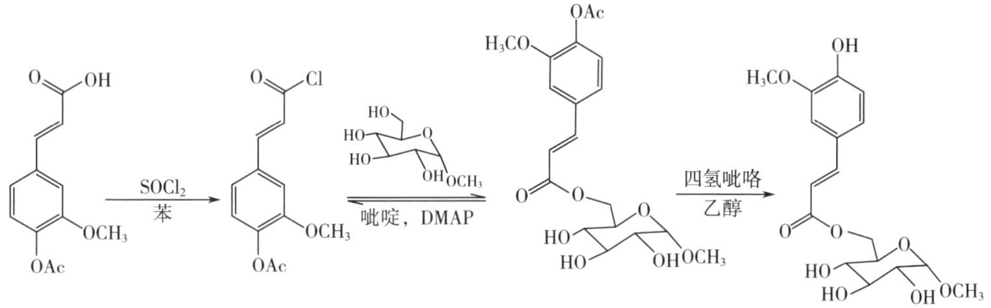

图 5-5　酰氯法合成甲基阿魏酰基糖苷

Ac—乙酰基（CH_3—CO—）

（3）DCC 催化法　DCC 催化法是指阿魏酸羧基先被 1,3-二环己基碳二亚胺（DCC）活化，再与糖羟基反应生成酯的反应。DCC 与羧基反应，两分子羧酸脱水生成酸酐，DCC 得水生成 1,3-二环己基脲（DCU），然后 4-二甲氨基吡啶（4-DMAP）的吡啶氮原子进攻酸酐中的羰基碳，形成 1-乙酰基-4-二甲氨基吡啶盐，其正离子与第一步产生的乙酸根离子形成一个不紧密的离子对（图 5-6）。接着醇羟基的氧原子亲核进攻与吡啶相连的乙酰基碳原子，乙酸根离子立即夺取醇羟基的氢，吡啶被分离产生酯，同时重新生成 4-DMAP，进行下一个循环。

与直接酯化法、酰氯法相比，DCC 法对反应条件要求较低，反应体系中同时存在脱水剂和催化剂，具有较高的反应活性，反应适用性较强，因而该法可能会成为今后工业合成阿魏酰基糖酯的主要方法。

（4）生物法　传统化学法需对阿魏酸进行烦琐的保护和去保护，选择性差，反应条件苛刻，需在高温、高压下进行，副反应多。因此，亟须探讨新型的绿色合成方法。生物法能够

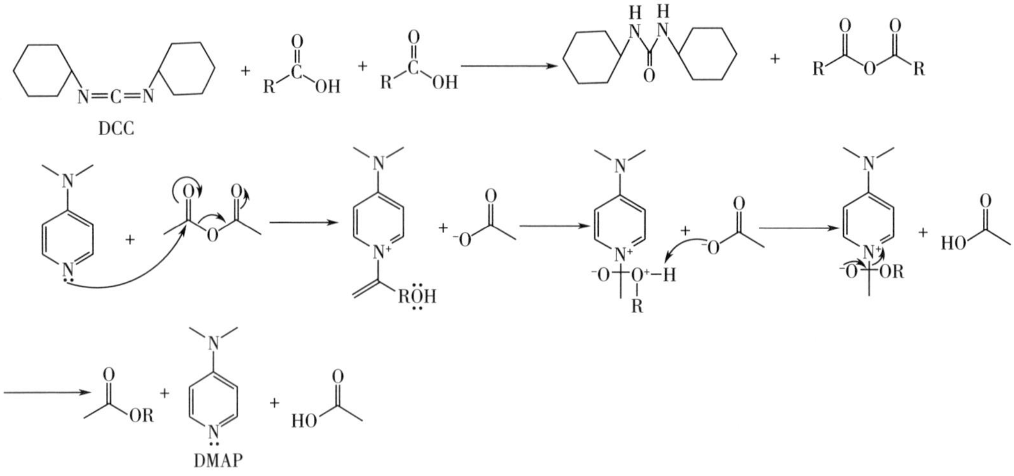

图 5-6　DCC 法合成机理

有效避免和解决以上问题，反应温和，条件易控制。常见制备低聚糖阿魏酸酯的生物法包括生物酶降解法、生物发酵法、生物酶合成法。

生物酶降解法通过利用一种或几种多糖酶降解纤维结构中的糖苷键来制备低聚糖阿魏酸酯。常见的降解酶包括木聚糖酶、纤维素酶等多糖水解酶。此法是常见的低聚糖阿魏酸酯制备方法（图 5-7）。用 α-淀粉酶去除淀粉后加入半纤维素酶制剂，再进行水解物过滤和离子交换，最后进行纯化、浓缩和喷雾干燥。

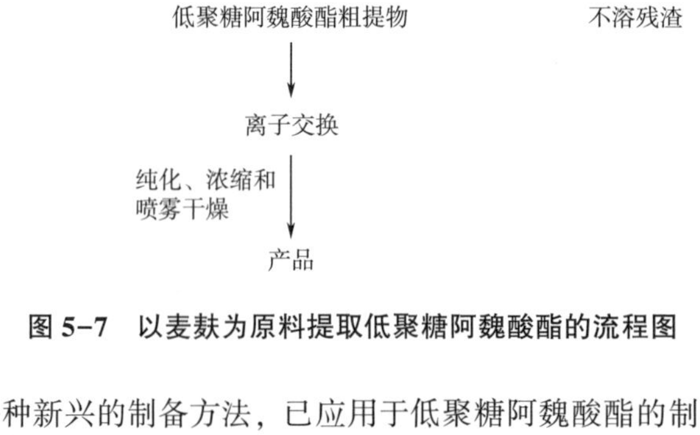

图 5-7　以麦麸为原料提取低聚糖阿魏酸酯的流程图

生物发酵法是一种新兴的制备方法，已应用于低聚糖阿魏酸酯的制备中。其制备原理是利用某些微生物代谢过程中产生的酶，水解植物纤维以制备低聚糖阿魏酸酯。根据发酵目的不同，可分为目的微生物菌体发酵、酶制剂发酵和酶调节剂发酵。

阿魏酸酯酶和阿魏酸酯转移酶可以用于合成阿魏酰基糖酯。

阿魏酸酯酶可用于催化在水-有机溶剂混合体系或微乳液中发生的肉桂酸的酯化或酯基交换反应。从嗜热侧孢霉中分离得到的 C 类阿魏酸酯酶，可将阿魏酸基团转移到 L-阿拉伯糖和 L-阿拉伯二聚糖上，实现碳水化合物阿魏酰基化。以酶为催化剂进行选择性酯化可获得预期结构的糖酯。图 5-8 是生物酶催化合成阿魏酸淀粉酯的机理。

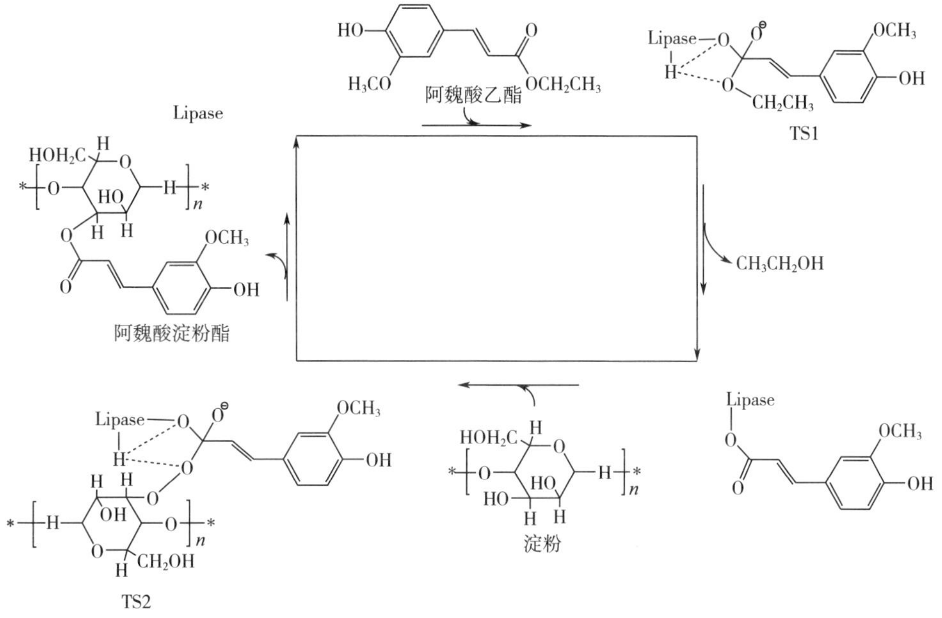

图 5-8　酶催化法合成阿魏酸淀粉酯机理

Lipase—脂肪酶

微生物细胞发酵生成糖酯，又称为整细胞生物合成法，是指由活性细胞中多种酶联合起来进行连续的酶催化作用获得目的产物，这个过程可通过工业发酵来实现。如将糖甜菜和玉米的组织细胞进行悬浮培养，可以得到阿魏酰基蔗糖酯和阿魏酰基葡萄糖酯等，而且含量较高。通过发酵合成的糖酯化合物具有增强免疫、抗氧化、抗肿瘤性能，在医药行业备受瞩目，体现出了强于化学法的独特优势。

二、亲脂性阿魏酸衍生物的制备

1. 阿魏酰基烷基醇酯

阿魏酰基烷基醇酯是阿魏酸与中长碳链脂肪醇酯化，或是阿魏酸乙酯与中长碳链脂肪醇酯交换的产品。该产品既可以提高阿魏酸的脂溶性，又可以保护阿魏酸的生理活性和抗氧化性。对不同碳链的阿魏酰基烷基醇酯的抗氧化性研究结果表明：①阿魏酸的 DPPH 清除能力高于阿魏酰基烷基醇酯，且阿魏酰基烷基醇酯的抗氧化活性随着碳链长度的增加而降低；②在乳状液体系中，随着阿魏酰基烷基醇酯碳链长度的增加，抗氧化效果呈现先增加后降低的趋势，阿魏酰基十二醇酯、阿魏酰基十四醇酯、阿魏酰基十六醇酯的抗氧化效果最好；③在脂质体体系中，随着阿魏酰基烷基醇酯碳链长度的增加，抗氧化效果呈现先增加后降低的趋势，抗氧化效果最好的是阿魏酰基己醇、阿魏酰基辛醇，且抗氧化活性低于 BHT。

目前，阿魏酰基烷基醇酯的制备方法有以下 5 种。

（1）Knoevenagel 缩合法　克脑文盖尔（Knoevenagel）缩合反应是指含有活泼的亚甲基化合物与酸或酮，在弱碱（如无水吡啶、氨、伯胺、仲胺等有机碱）催化下，脱质子，以碳负离子亲核试剂的形式与醛或酮的羰基发生羟醛缩合（图 5-9）。利用苄基溴保护苯甲醛衍生物上的酚羟基，再通过 Knoevenagel 缩合反应可制备相应的肉桂酸酯衍生物，其中衍生物包括了肉桂酸甲酯、肉桂酸丁酯等，衍生物的总收率在 50%~60%。Knoevenagel 缩合法的反应条件简单、操作简便、产率高、副产物少、原料廉价易得、制备路线也适用于其他阿魏酸盐衍生物如阿魏酸酰胺的制备，该反应以香草醛和丙二酸单乙酯为原料，甘氨酸为催化剂，反应 8h 可制备得到阿魏酸乙酯。

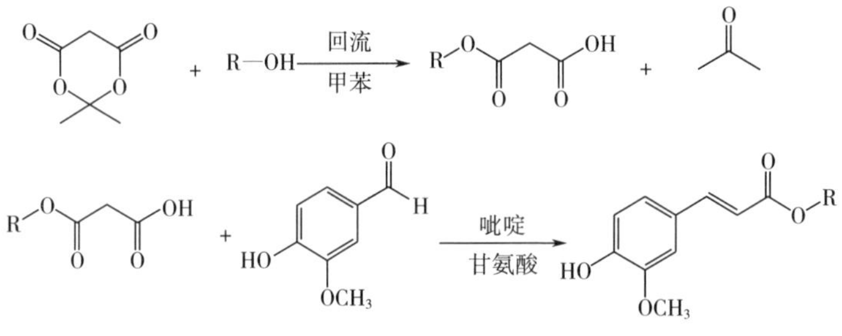

$R=C_nH_{2n+1}$　n =1，2，3，...

图 5-9　Knoevenagel 缩合法制备阿魏酰基烷基醇酯

（2）DCC/DMAP 法　DCC/DMAP 法是先将阿魏酸羧基用 N,N-环己基碳二亚胺活化，再与醇羟基反应生成酯的方法（图 5-10）。DCC 是一种脱水剂，常用于催化酯化、酰胺化等反应，能减少反应体系中产物水的量，有利于反应向生成产物的方向进行。4-DMAP 超强亲核的酰化作用于催化剂，其结构上供电子的二甲氨基与吡啶环的共振，能激活环上的氮原子进行亲和取代反应，其活性为吡啶的 4~6 倍，该催化剂用量小，反应条件温和，在极性、非极性有机溶剂中均可进行，反应时间短，产率高，副产物少。以 DCC 和 DMAP 为催化剂，乙酰阿魏酸和 1-苯丙醇为原料，在室温下反应可得到乙酰阿魏酸苯丙醇酯，DCC/DMAP 法合成乙酰阿魏酸苯丙醇酯反应条件比较温和，产率大于 70%。

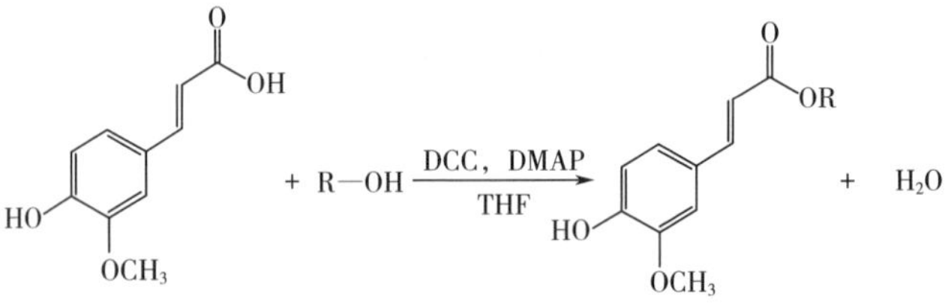

$R=C_nH_{2n+1}$　n =1，2，3，...

图 5-10　DCC/DMAP 法制备阿魏酰基烷基醇酯

（3）酰氯法　酰氯法是指先将阿魏酸与苯磺酰氯、氯化亚砜等反应制备酰氯，再与脂肪醇反应制备相应的阿魏酰基烷基醇酯（图 5-11）。使用氯甲酸乙酯保护阿魏酸酚羟基，再用草酰氯与阿魏酸反应可制备得到阿魏酸酰氯，阿魏酸酰氯也可直接与 7-羟基异丙酮反应制备

7-羟基异丙酮阿魏酸酯衍生物。酰氯法具有反应条件温和、工艺简单、反应时间短等优点，但此法延长了反应路线，化学选择性差，可能改变底物结构。

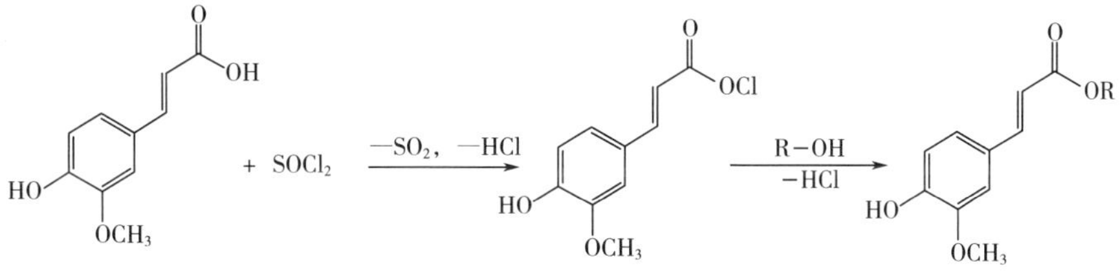

R=C_nH_{2n+1} n=1，2，3，...

图 5-11　酰氯法制备阿魏酰基烷基醇酯

（4）直接酯化法　直接酯化法是指在催化剂作用下，阿魏酸与相应的醇类发生酯化反应生成阿魏酰基烷基醇酯（图 5-12）。使用的催化剂有无机酸、生物酶、缩合剂、阳离子树脂等。浓硫酸催化制备阿魏酸乙酯步骤简单、操作方便，但存在产率较低、副产物多、设备易腐蚀等缺点。采用大孔树脂催化阿魏酸与乙醇反应制备阿魏酸乙酯，与酸催化剂相比，可提高产率，避免设备腐蚀和环境污染，是更高效、更环保的绿色制备方法。

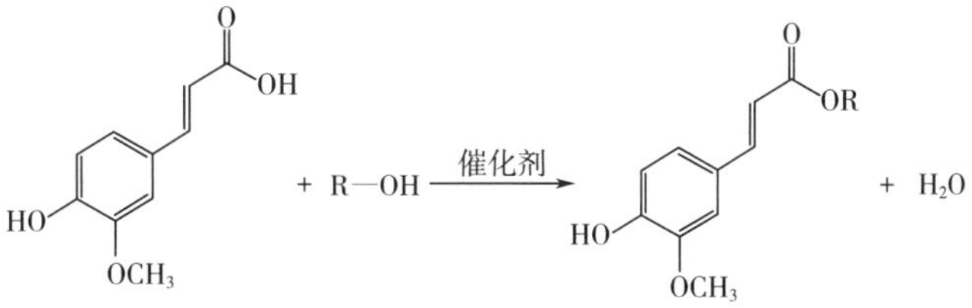

R=C_nH_{2n+1} n=1，2，3，...

图 5-12　直接酯化法合成阿魏酰基烷基醇酯

（5）酯交换法　酯交换法是指阿魏酰基烷基酯与醇在催化剂作用下生成新的阿魏酰基烷基醇酯和醇的反应（图 5-13）。目前酯交换法中，大多用碱性催化剂，催化剂的加入量不足会导致反应时间较长或转化率不高，催化剂加入量过多会引起皂化反应，导致产品乳化不易分离、后处理复杂。研究表明，以对甲基苯磺酸催化阿魏酸乙酯与异辛烷反应制备阿魏酸异辛酯，在最优条件下，阿魏酸异辛酯产率大于 70%。

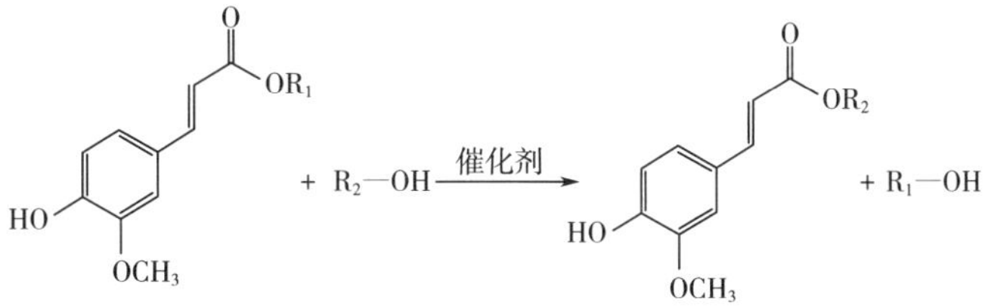

R_1=CH_3或C_2H_5　R_2=C_nH_{2n+1} n=3，4，5，...

图 5-13　酯交换法制备阿魏酰基烷基醇酯

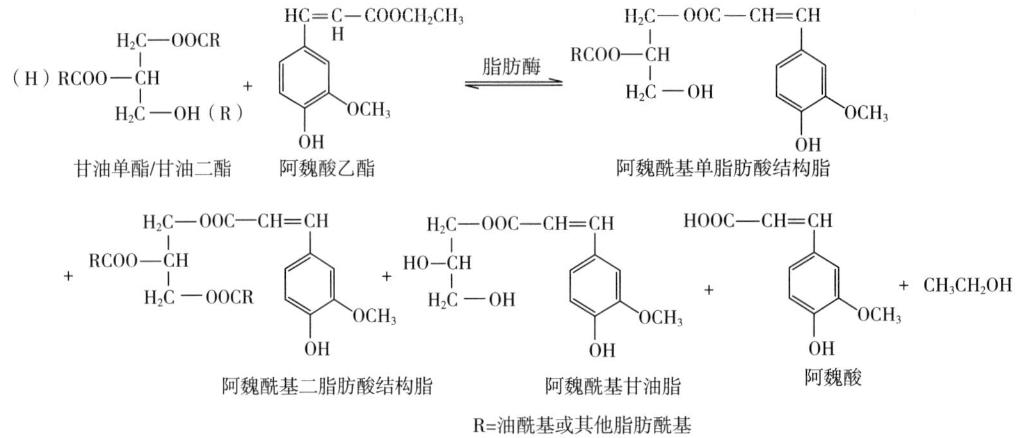

图 5-14 阿魏酸乙酯与甘油单酯或甘油二酯的酯交换反应机理

2. 阿魏酰基脂肪酰基结构脂

阿魏酰基脂肪酰基结构脂是指阿魏酸乙酯或阿魏酸和各种不同的脂肪酸组成的甘油单酯、甘油二酯、甘油三酯等发生酯交换反应生成的脂溶性阿魏酸衍生物（图 5-14）。阿魏酰基脂肪酰基结构脂是一类新型的功能性结构脂，具有比阿魏酸更强的脂溶性，并保持了阿魏酸的生理活性，可作为亲脂性抗氧化剂和潜在的紫外线吸收剂，用作天然的大豆油基化妆品的主要成分。阿魏酰基脂肪酰基结构脂主要包括阿魏酰基单脂肪酰基结构脂（FMAG）和阿魏酰基二脂肪酰基结构脂（FDAG）。

无水甲苯溶剂体系和无溶剂体系中，阿魏酸乙酯与甘油三酯可发生酯交换反应制备阿魏酰基脂肪酰基结构脂，前一种体系的反应在 72h 时达到平衡，阿魏酸乙酯的转化率为 44%；后一种体系中反应在 144h 达到平衡，阿魏酸乙酯转化率为 77%。这些研究结果表明，当反应在无溶剂体系中进行时，由于体系黏度较大，影响了反应底物和脂肪酶之间的传质，导致反应速率较低；而溶剂体系可以克服这一缺点，但是由于在溶剂体系中反应底物和酶被溶剂稀释，在一定程度上降低了反应效率。另外，反应底物之一阿魏酸乙酯含有一个具有强大的供电子和空间位阻效应的苯环双键共轭结构，它对底物阿魏酸乙酯与酶之间的结合具有明显的抑制作用，是酶催化的反应速率比一般脂肪酸的酯交换反应速率低的主要原因之一。

阿魏酸乙酯还能够与甘油二酯发生酯交换反应，合成阿魏酰基脂肪酰基结构脂（图 5-15），其反应速率是阿魏酸乙酯和甘油三酯酯交换反应速率的 6 倍，其中 1,2-甘二酯的反应速率比 1,3-甘油二酯更快，这主要是因 1 位或 3 位游离的—OH 更易于与阿魏酰基结合（由于甘油骨架上的脂肪酰基具有一定的空间位阻，1,2-甘油二酯相对于 1,3-甘油二酯具有较小的空间位阻，在一定程度上会减少阿魏酰基进入甘油骨架过程中的阻力）。

阿魏酸乙酯与 2-单甘酯通过酯交换反应制备阿魏酰基脂肪酰基结构脂，反应进行 24h，阿魏酸乙酯的转化率达到 46%，比阿魏酸乙酯与甘油二酯酯交换反应的阿魏酸乙酯转化率（24h）高 8%。结果表明，反应限速步骤是酰基受体的形成，由于部分脱酰基的甘油三酯以及 2-单甘酯的甘油骨架上的游离—OH 比甘油三酯多（即空间位阻较甘油三酯少），反应速率较快。

两步法酶催化合成阿魏酰基脂肪酰基结构脂是较为高效的方法，第一步通过阿魏酸乙酯

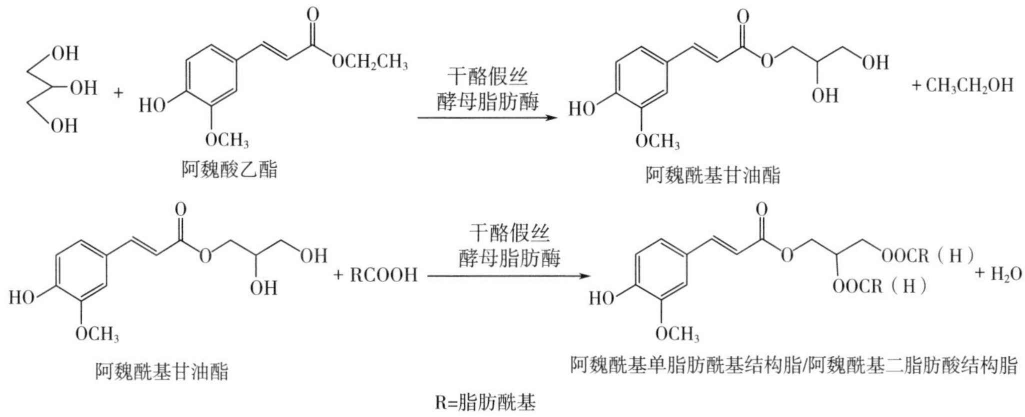

图 5-15　两步法合成阿魏酰基脂肪酰基结构脂

与甘油在酶催化下的酯交换反应合成阿魏酰基甘油酯，第二步将阿魏酰基甘油酯与油酸在酶催化下的酯交换反应得到阿魏酰基脂肪酰基结构脂（图 5-15）。第一步中阿魏酰基甘油酯的产率为 96%。第二步中阿魏酰基单脂肪酰基结构脂的产率可达 82%～87%。采用短程分子蒸馏对阿魏酰基脂肪酰基结构脂纯化，并分析其活性发现，阿魏酰基脂肪酰基结构脂最大吸收波长在 326～329nm，处于 UVB 和 UVQ 之间，是纯天然的紫外吸收活性成分的主要原料；阿魏酰基脂肪酰基结构脂具有较好的抗氧化性。

3. α-生育酚阿魏酰基结构脂

α-生育酚阿魏酰基结构脂是指在催化剂作用下，α-生育酚的 β-色酮环的 6 位羟基与阿魏酸的羧基酯化而形成的化合物（图 5-16）。由于丧失了自由基而不具有维生素 E 的抗氧化性，在空气中较为稳定，因其可保护 α-生育酚的 6 位羟基，使 α-生育酚在储存和运输中稳定性增加，同时保持了阿魏酸诸多的生理活性，克服了由于其烷烃链短而无法在油脂工业中应用的弊端。α-生育酚阿魏酰基结构脂不仅可以达到相互保护，降低氧化色变水平，提高它们的化学稳定性，而且还可以通过新型的双功能分子达到彼此增强原有性能的双重目的。研

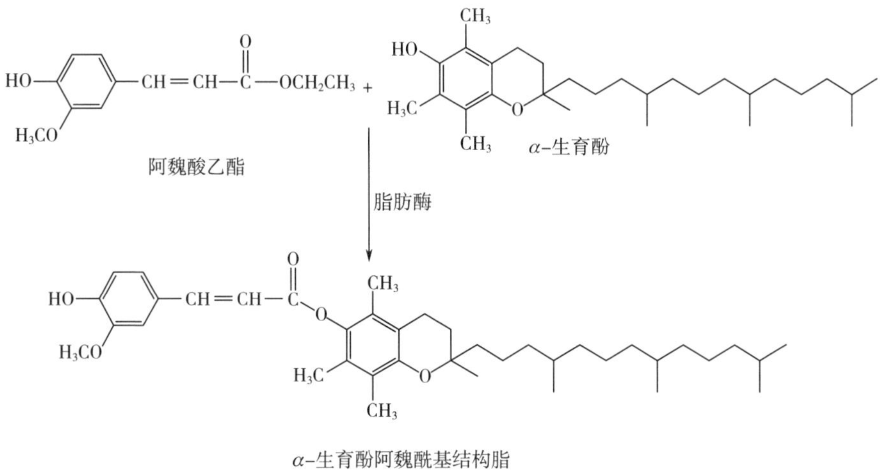

图 5-16　α-生育酚阿魏酰基结构脂的酶法合成途径

究者采用皱褶假丝酵母脂肪酶催化阿魏酸乙酯和 α-生育酚成功合成了 α-生育酚阿魏酰基结构脂，在用薄层色谱法将 α-生育酚阿魏酰基结构脂分离纯化后，进行猪油氧化实验时，发现 α-生育酚阿魏酰基结构脂的添加量达到 0.06%时，具有明显的抗氧化活性；添加量达到 0.08%时，其抗氧化能力大于二丁基羟基甲基（BHT）、没食子酸丙酯（PG）。

思考题

1. 亲水性阿魏酸衍生物和亲脂性阿魏酸衍生物各有哪些？
2. 阿魏酸酯类衍生物可应用于哪些领域？
3. 常见的制备阿魏酰基脂肪酰基结构脂的方法是什么？
4. 如何利用新的科技手段，更加绿色环保地制备阿魏酰基烷基醇酯？

第六章 木糖醇

CHAPTER 6

本章学习目标

1. 了解木糖醇的结构、理化特性及应用。
2. 了解木糖醇相比于其他甜味剂的不同生理功能。
3. 了解纤维质原料的农产品制备木糖醇的工艺流程和关键技术。

第一节 概述

木糖醇是一种天然、健康的甜味剂。在自然界中，木糖醇的分布范围较广，存在于各种水果、蔬菜、谷类之中，但含量很低；商品木糖醇是将白桦树、橡树、玉米芯、甘蔗渣等农业作物进行深加工而制得的。

木糖醇广泛应用于食品、医药、化工等方面，在食品工业中作为甜味剂加工各种食品，如糖果、巧克力、饮料、果酱、糕点、饼干等，适合糖尿病患者食用。木糖醇易被人体吸收、代谢完全，不刺激胰岛素的分泌，不会使人体血糖急剧升高，当人体糖代谢出现异常时，木糖醇能正常代谢，因此木糖醇是糖尿病患者的理想甜味剂和辅助治疗剂；木糖醇因具有防龋齿特性，是防龋齿食品的重要原料之一；木糖醇有润肠作用，可用作缓溶剂；木糖醇可代替甘油作为保湿剂，其与甘油混合作用能增强赋形效果。同时木糖醇广泛应用于塑料、皮革、涂料等工业领域。

第二节 木糖醇理化性质和代谢途径

木糖醇又称戊五醇，分子式为 $C_5H_{12}O_5$（图 6-1），为糖醇的一种，是木糖代谢的中间产物，是一种可作为蔗糖替代物的五碳糖醇，木糖醇的甜度与蔗糖相当，但热量只有蔗糖的 60%。

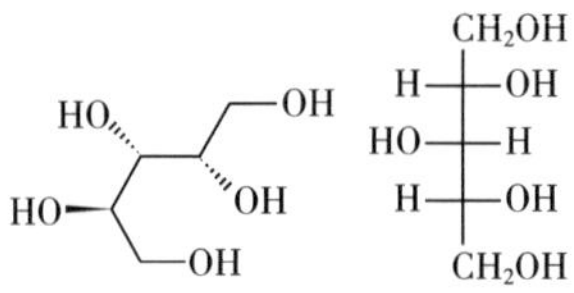

图 6-1　木糖醇的结构式

木糖醇外形似白糖，为略带甜味的斜方晶体（稳定型）或单斜晶体（亚稳型），白色晶体或结晶性粉末，有吸湿性，无毒无异味，易溶于水并产生吸热，微溶于乙醇和甲醇。

木糖醇是木糖代谢的中间产物，通过一条不同于糖正常代谢途径的葡萄糖醛酸-木酮糖支路进行代谢。在这个代谢途径中葡萄糖醛酸先转化成 L-古罗糖酸，然后脱羧成为 L-木酮糖。在磷酸戊糖支路中，由 D-木酮糖-5-磷酸和 6-磷酸葡萄糖相衔接的，而葡萄糖醛酸-木酮糖支路中的 L-木酮糖进一步转成 D-木酮糖，最后也成为 5-磷酸木酮糖。这样，葡萄糖醛酸-木酮糖支路和磷酸-戊糖及糖代谢的正常途径相关联。20 世纪 50 年代研究者发现戊糖尿病人尿液中含有 L-木酮糖，但正常人尿液中没有，进一步追踪发现，正常人身体中的 L-木酮糖还原成了木糖醇，并继续参与人体内代谢。因此，由 L-木酮糖转化成 D-木酮糖的中间产物是木糖醇。正常成年人每天身体内可合成 15g 木糖醇，并对人体机能产生积极的影响。

人体摄入的木糖醇在小肠中部分吸收，由于比其他糖类渗透压低，以被动扩散方式通过绒毛进入肠细胞。木糖醇在肠细胞内被酵素木糖醇脱氢酶催化氧化为木糖酸，再由木糖酸脱氢酶催化氧化为二羟基丙酸，最后转化为甘油醛酸或丙二酸通过肝脏进入能量产生途径。这些代谢产物可进一步氧化产生能量。这些能量可供给细胞生理活动。木糖醇能量较低，每克仅提供 2.4kcal 的能量。没有被吸收和代谢的木糖醇部分进入结肠，并通过潜在的受体感知器促使水分进入肠腔，增加粪便的体积和润滑性，最终未吸收的木糖醇一起排泄出体外。

第三节　木糖醇生理功能

1. 作为糖尿病患者的甜味剂

木糖醇可做糖尿病人的甜味剂、营养补充剂和辅助治疗剂。木糖醇是人体糖类代谢的中间体，在体内缺少胰岛素影响糖代谢情况下，无须胰岛素促进，木糖醇也能透过细胞膜，被组织吸收利用，促进肝糖原合成，供细胞营养和能量，且不会引起血糖升高，是最适合糖尿病患者食用的营养性食糖替代品。

2. 防龋齿

木糖醇的防龋齿特性在所有甜味剂中效果最好，首先是木糖醇不能被口腔中产生龋齿的细菌发酵利用，木糖醇抑制链球菌生长及酸的产生；其次在咀嚼木糖醇时，能促进唾液分泌，冲洗口腔中的细菌，也可以增大唾液和龋齿斑点处碱性氨基酸及氨浓度，同时减缓口腔内 pH 下降，伤害牙齿的酸性物质被中和稀释，抑制了细菌在牙齿表面的吸附，从而减少了牙齿的酸蚀，防止龋齿和减少牙斑的产生，巩固牙齿。

3. 减肥

木糖醇为人体提供能量，合成糖原，减少脂肪和肝组织中的蛋白质的消耗，使肝脏受到保护和修复，减少人体内有害酮体的产生，可广泛用于食品、医药、化工等领域。木糖醇与普通的白砂糖相比，具有热量低的优势——每克木糖醇仅含有 2. 4cal（1cal = 4. 18J）热量，比其他大多数碳水化合物的热量少 40%，因而木糖醇可被应用于各种减肥食品中，作为高热量白砂糖的代用品。

4. 稳定胰岛素

木糖醇在生物体内代谢缓慢，因此它不会像普通食糖一样使胰岛素急剧上升或下降，木糖醇是胰岛素的天然稳定剂，食用后血液中的胰岛素不会增加。木糖醇还扮演着稳定激素的重要角色，高水平胰岛素会促进雌激素产生，诱发乳腺癌，并干扰卵巢的健康功能，胰岛素阻抗是产生激素问题如多囊卵巢综合征的重要原因，所以降低胰岛素水平至关重要，对抵抗多囊卵巢综合征和降低乳腺癌风险都有重要意义。

第四节　木糖醇应用

（一）作为蔗糖的替代品

木糖醇可以代替蔗糖，利用其不发酵性，用于饮料、牛乳、面包、果脯、饼干、酸奶、果酱、八宝粥中，使其口感好，甜味持久；还可为糖尿病患者提供理想的食糖代用品。

（二）在糖果中的应用

木糖醇具有抑制腐蚀的作用，在口腔中长时间滞留，可有效地预防龋齿。根据这一特性，木糖醇被广泛应用于口香糖、胶姆糖、太妃糖、软糖、果冻、巧克力、口含片中，具有润喉、洁齿、防龋齿等特点。用木糖醇作甜味剂的胶姆糖专供牙科病患者使用；欧洲国家的无糖口香糖占口香糖市场的 50%以上。

（三）在焙烤食品中的应用

无糖焙烤甜味剂木糖醇的添加，不仅改善产品的口味，而且可提高产品的综合品质。其热量值比蔗糖小，属于低热量原料。木糖醇的热稳定性好，不与可溶性氨基化合物发生美拉德反应，以其为原料制成的奶油类焙烤制品色泽更洁白，但若要加工无糖深色的焙烤食品，必须与果糖配合使用上色。

（四）在酒类中的应用

木糖醇可以作为酒类添加剂，以改善酒类的品质。适量添加木糖醇代替葡萄糖，能改进酒的色、香、味，使清酒香味芳醇，甜味柔和，并可减轻微生物导致的腐败，延长保质期。在威士忌酒、白酒中加入少量木糖醇，可作为调香剂，使酒口味滑爽、醇厚、后味甜而长。

（五）在护肤品和牙膏中的应用

木糖醇具有与甘油相同的保湿和改善皮肤粗糙的功能，而且使用时不发黏，令人倍感清爽，可用于各种护肤品和牙膏。

（六）在医学界的应用

木糖醇用于注射液和口服液，糖尿病患者能量补充用药、代谢异常的纠正用药或改善糖代谢，消除酮血症。

第五节　木糖醇制备

木糖醇的工业化生产是由农产品加工废料（如玉米芯、棉籽壳、甘蔗渣、稻壳）中所含的多缩戊糖经酸性水解成戊糖，然后再经催化转化得到木糖醇。富含纤维质原料的农产品制备木糖醇的方法也可分为化学合成法和生物合成法两种。

一、化学合成法

从玉米芯中提取制备木糖醇的工艺流程如图 6-2 所示。

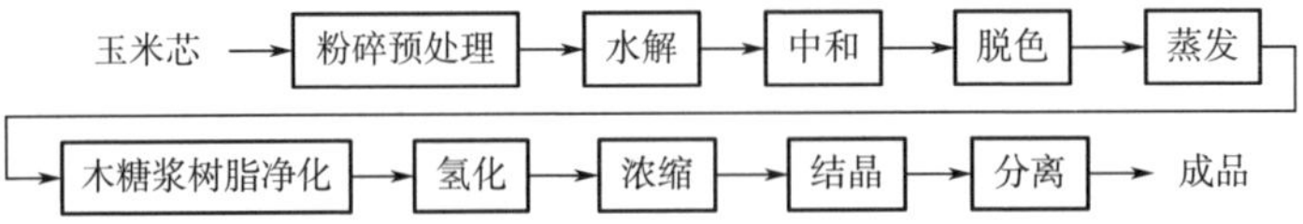

图 6-2　从玉米芯中提取制备木糖醇的工艺流程

①预处理：玉米芯制备木糖醇的化学过程包括水解和氢化，因为必须在有催化剂存在的条件下对纯净木糖液氢化，所以在原料水解前，必须尽可能除去各种非糖杂质，需对原料进行预先筛选或风选，除去杂质和灰土，避免进入预处理罐后使水解过程被硫酸中和，污染水解液。通常在预处理热水中加入少量的酸或碱，能够顺利溶解玉米芯中所含有的灰分。

②水解：由于木糖醇生产利用的是原料中的半纤维素，故水解工艺需适应半纤维素本身特性，半纤维素属于复杂多糖，聚合度比纤维素低得多，为无定型纤维，易于吸水膨胀，能溶于氢氧化钠溶液，在酸存在条件下，不需加压，常温煮沸即能使半纤维素溶解和降解。根据水解酸浓度和温度的不同，水解方法分为两类，即稀酸常压法和低酸低压法。

③中和：水解后，水解液中除了催化剂硫酸和多缩戊糖水解产生的还原糖外，还有半纤维素水解产生的醋酸等有机酸，木糖水解过程中进一步脱水生成糠醛等，其中含有 0.6%左右的硫酸和 0.5%左右的有机酸（醋酸），还有胶质物、腐殖质和色素等物质。中和的目的是除去水解液中的硫酸，同时伴随中和过滤等步骤，除去部分胶体及悬浮物质，水解液中的醋酸在蒸发过程中蒸去。

④脱色：脱色是木糖醇生产过程中重要的净化过程，水解液中含有各种色素，如玉米芯中含有天然花色素和含氮物质，水解过程进入水解液，同时在水解过程中，糖类受热发生焦糖化反应，糖类和氨基酸发生美拉德反应，水解液和铁等金属发生反应等，均会使水解液颜色变深，这些色素如不除去，将会使催化剂在氢化过程中受到严重污染和中毒。

脱色：一般采用脱色剂固相吸附色素脱色。常用脱色剂有活性白土、骨炭、粉末活性炭和颗粒活性炭。考虑到脱色效果、来源、价格等因素，一般采用活性炭脱色。

⑤蒸发：水解液中和脱色后，须经过蒸发浓缩，不仅去除水分，提高脱色液的浓度，还起到净化半成品的作用。蒸发过程中，挥发性有机酸被蒸出。

⑥净化：水解液经过中和、脱色、蒸发成为糖浆，纯度只有 85%左右，含有原料中带来

的灰分，中和产生的可溶性盐类、有机酸及残存的无机酸，及脱色过程中未除去的色素、胶体等物质，这些物质如果不进一步净化，会引起氢化过程中催化剂的钝化和中毒。对此可采用离子交换净化或结晶方式净化，离子交换方法可使糖回收率达到90%，因此主要采取离子交换法净化糖浆。

⑦氢化：通过离子交换获得的流出液稀释到木糖含量13%左右，然后用碱液将其pH调至8，用高压泵打入混合器，同时注入氢气，打进预热器，升温后使用氢化催化剂（活性镍）进行氢化反应，冷却降温再送入高压分离器，可得含木糖醇13%左右的氢化液，将氢化液再经常压分离器，进一步除去剩余氢气，可得折光率15%、透明度85%以上的无色或淡黄色透明液，净化木糖经氢化后，转变为木糖醇。

⑧浓缩：氢化液分别送至三效降膜式蒸发浓缩设备蒸发浓缩，经一蒸后折光率约为50%，再经升降膜结合板式蒸发浓缩设备蒸发浓缩后，氢化液折光率为85%左右，此时木糖醇可达90%以上。

⑨结晶：将浓缩液降温至80℃，移入结晶罐内，以每小时降温1℃速率进行木糖醇结晶，当温度降至40℃时，进行离心将母液分离，木糖醇湿晶体经流化床烘干线烘干，得到含木糖醇96%以上的白色晶体（成品），分离出的母液为副产品液体木糖醇。

二、生物合成法

化学合成法合成工艺虽然比较成熟，但是工艺要求高且存在环境污染现象，相对于化学合成法，生物合成法是利用微生物中的还原酶来催化木糖还原为木糖醇，还原氢来源于细胞里还原型辅酶中的氢原子和水中的氢离子，具有工艺条件温和、转化过程安全、消耗资源少等优点，发酵法不仅能有效省去木糖纯化步骤，还可以简化木糖醇的分离步骤，是一种很有前途的生产方法，因此受到广泛关注（图6-3）。

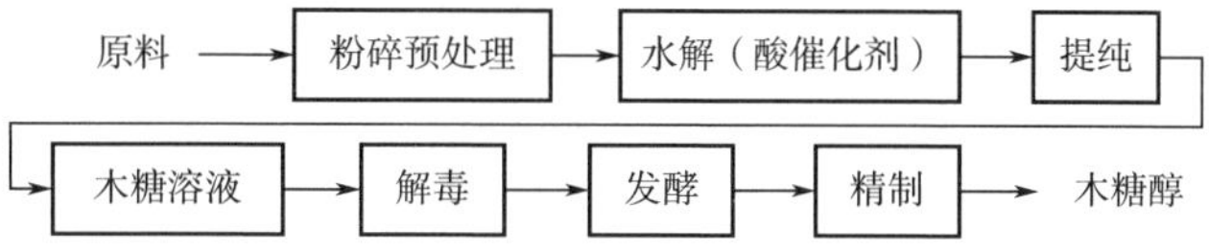

图6-3　生物合成木糖醇的工艺流程

文献报道，能够发酵产木糖醇的菌株有细菌、霉菌和酵母菌。产木糖醇的细菌种类很少，丝状霉菌种类相对较多，但是其利用木糖生产木糖醇的能力较低，木糖醇产量较少。研究表明，在微生物中，酵母转化木糖生产木糖醇的能力较为优越。产木糖醇的酵母菌中，假丝酵母菌（*Candida*）属具有较强的木糖醇转化能力，如季也蒙假丝酵母菌（*C. guilliermondii*），热带假丝酵母菌（*C. tropicalis*），莫格假丝酵母菌（*C. mogii*），近平滑假丝酵母菌（*C. parasilosis*）等。对于微生物发酵法，可通过优化发酵培养基的成分、初始温度、pH等发酵条件以及利用代谢工程手段提高木糖醇的产量。

木糖在微生物体内的代谢路径主要有两条：一条是木糖在木糖异构酶的作用下生成木酮糖，大多数细菌含有木糖异构酶，这种酶能将木糖转变为木酮糖。木酮糖在木酮糖激酶的作用下生成木酮糖-5-磷酸，最后进入磷酸戊糖途径；另一条是木糖由NADPH依赖型的木糖还原酶（Xylose Reductase，XR）还原为木糖醇，木糖醇通过NAD+依赖型的木糖醇脱氢酶

(Xylitol Dehydrogenase，XDH) 氧化为木酮糖，最终进入磷酸戊糖途径。第一条路径主要存在于细菌中，第二条路径一般存在于丝状真菌及酵母中。

木糖还原酶是木糖代谢过程中的关键酶，它负责将木糖转化为木糖醇，主要存在于丝状真菌和酵母中。木糖还原酶属于氧化还原酶，只有在辅酶的参与下才能起作用，目前所发现的木糖还原酶，大多数均是辅酶 NADPH 依赖型，如来源于热带假丝酵母（*Candida tropicals*）、埃默森篮状菌（*Talaromyces emersonii*）和木糖发酵酵母（*Pichia Stipitis*）等的木糖还原酶；少部分是辅酶 NADH 依赖型，如来源于近平滑假丝酵母的木糖还原酶。

直接使用木糖还原酶催化制备木糖醇也属于生物合成方法，但木糖还原酶普遍存在专一性差的特点，能够将多种糖转化为相应的糖醇，这给木糖醇的分离纯化带来了很大的困难。此外，在催化木糖制备木糖醇的过程中需要额外添加价格昂贵的辅酶 NADPH 来提供还原力，这些因素很大程度上制约了酶催化法的工业化发展。

近几年，随着分子生物学的飞速发展，利用代谢工程的手段改造野生菌，构建更加高效制备木糖醇的工程菌已经成为国内外学者研究的热点。通过对木糖还原酶进行定点突变，获得突变体可降低木糖还原酶对阿拉伯糖的活性，提高对木糖的专一性。目前，这种方法主要集中于强化木糖还原酶基因的表达，影响木糖还原酶基因表达的因素主要有木糖还原酶的合成速度和木糖还原酶的表达宿主。通过对代谢工程菌改造，研究影响木糖醇发酵生产因素及其相互关系，最终优化发酵工艺，是提高木糖醇产量和转化率的关键。

思考题

1. 木糖醇有哪些生理功能？
2. 简述木糖醇在食品中的应用。
3. 论述从玉米芯中提取制备木糖醇的工艺流程和关键点。
4. 生物合成木糖醇过程中的关键酶是什么？

第七章 谷维素

CHAPTER 7

本章学习目标

1. 了解谷维素的来源及结构特点。
2. 了解谷维素的生理功能及其在临床医学、食品开发和化妆品行业的应用。
3. 掌握从毛糠油中提取谷维素的原理及工艺。

第一节 概述

谷维素（Oryzanol）又称米糠素，是由环木菠萝醇类和甾醇类阿魏酸酯所组成的一类天然结合脂，主要存在于米糠油、稻谷胚芽油、玉米胚芽油、小麦胚芽油和菜籽油等植物油料中，其成分随农作物种植的气候条件、农作物品种及植物油提取的工艺条件不同而略有差异。谷维素无臭无味，在常温下为白色或类白色粉末，难溶于水，可溶于甲醇、乙醇、丙酮、乙醚、冰醋酸等有机溶剂。谷维素作为一种结合脂，其结晶形式跟溶剂的种类、温度、pH 等密切相关。谷维素在甲醇或甲醇-丙酮混合溶剂中的结晶形状为针状，在酸性甲醇溶剂中的结晶体为粗粒状，在丙酮溶剂中的结晶形态为板状。

现代医学和营养学研究表明，谷维素具有降低血脂含量、减少胆固醇吸收、预防心血管疾病等功能。服用谷维素还可以调节神经功能，降低心肌兴奋性，改善因身体节律失调引起的失眠和倦怠感。同时，谷维素有助于改善脸部落屑性湿疹、雀斑等，常被应用于化妆品中。此外，谷维素副作用小，安全性、耐热耐光性远高于广泛使用的合成抗氧化剂 BHA 和 BHT，在食品行业中可以作为 BHT 和 BHA 的替代品添加到食品中，以减少胆固醇的吸收和防止脂质氧化等。因此，谷维素在医药、食品等领域中应用日益广泛，越来越受到人们的关注。

第二节 谷维素来源及结构特点

谷维素存在于油料植物的籽粒中，籽粒皮层和胚芽中谷维素含量为0.3%~0.5%。在诸多植物油料中，毛糠油中的谷维素含量最高，一般为1.8%~3.0%。其他植物油如玉米胚芽油、小麦胚芽油、裸麦糠油、菜籽油等虽有谷维素存在，但含量很低，所以谷维素主要是从毛糠油中提取。谷维素主要存在于毛糠油及其油脚中，米糠层中谷维素的含量为0.3%~0.5%。米糠在加温压榨时谷维素溶于油中。谷维素的含量随稻谷种植的气候条件、稻谷品种及米糠取油的工艺条件不同而略有差异，寒带稻谷米糠中谷维素含量高于热带稻谷；单季稻与寒地生长期较长的稻谷米糠油中谷维素含量较高，为2.3%~3.0%；双季稻及暖地生长期较短的稻谷米糠油中谷维素的含量较低，为1.7%~2.3%。高温压榨和溶剂浸出取油的毛油中谷维素含量比低温压榨的高。

谷维素的主要成分为以环木菠萝醇类为主的阿魏酸酯和甾醇类的阿魏酸酯，其中，24-亚甲基环木菠萝醇阿魏酸酯占35%~40%，环木菠萝烯醇阿魏酸酯占25%~30%，甾醇类阿魏酸酯占15%~20%，如表7-1所示。

表7-1 谷维素中阿魏酸酯组分及其含量

组分	含量/%	组分	含量/%
甾醇类阿魏酸酯	15.0~20.0	环木菠萝烯醇阿魏酸酯	25.0~30.0
β-谷甾醇阿魏酸酯	6.0~8.0	环米糠醇阿魏酸酯	2.0~3.0
菜油甾醇阿魏酸酯	10.0~12.0	24-亚甲基环木菠萝醇阿魏酸酯	35.0~40.0
豆甾醇阿魏酸酯	1.0~2.0	24-甲基环木菠萝醇阿魏酸酯	0.2~0.5
环木菠萝醇阿魏酸酯	8.0~10.0		

目前在米糠油中发现的阿魏酸酯已有15种以上，但由于量微和制取过程中的流失，并不能如数检出。采用可逆相的高性能液相色谱（HPLC）方法对米糠油中谷维素的成分进行分离鉴定，将组分进行衍生化转变成三甲代甲硅烷基醚衍生物后，用气质联用仪器（GC-MS），并配合用一种电子冲击质谱进行鉴定分析，可收集得到Δ7-豆甾烯醇阿魏酸酯、豆甾醇阿魏酸酯、环木菠萝烯醇阿魏酸酯、24-亚甲基环木菠萝醇阿魏酸酯、Δ7-菜油烯甾醇阿魏酸酯、菜油甾醇阿魏酸酯、Δ7-谷甾烯醇阿魏酸酯、β-谷甾醇阿魏酸酯、环米糠醇阿魏酸酯、谷甾烷醇阿魏酸酯等10种成分。其中环木菠萝烯醇阿魏酸酯、24-亚甲基环木菠萝醇阿魏酸酯、菜油甾醇阿魏酸酯、β-谷甾醇阿魏酸酯和环米糠醇阿魏酸酯是谷维素中的主要成分。其结构如图7-1所示。

谷维素的结构与胆固醇相似，均有环戊烷多氢菲核，但因侧链不同，生理作用迥然不同。经研究证实，谷维素难溶于水，口服谷维素肠道吸收率仅5%左右，而动物胆固醇吸收率为40%，因结构上的相似性，谷维素在肠道竞争性抑制胆固醇的吸收，明显增加粪便中胆

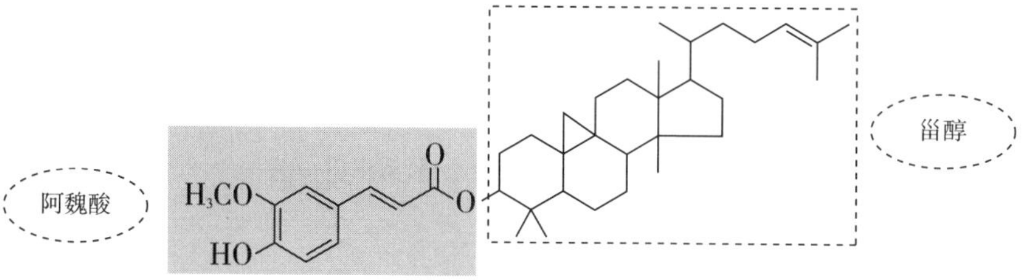

（1）

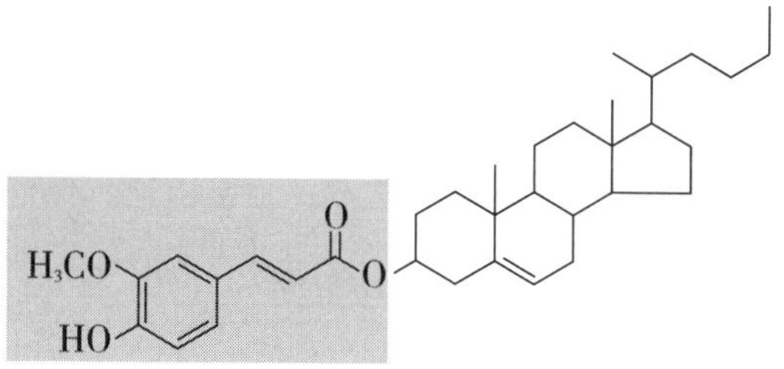

（2）

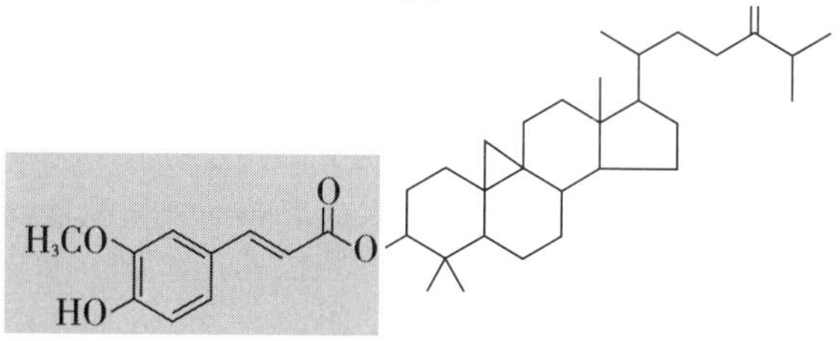

（3）

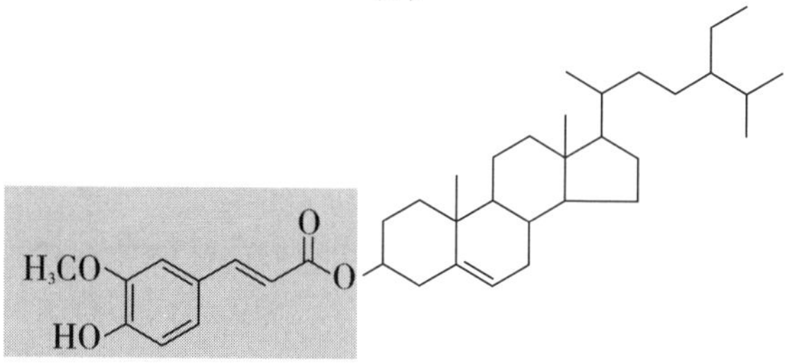

（4）

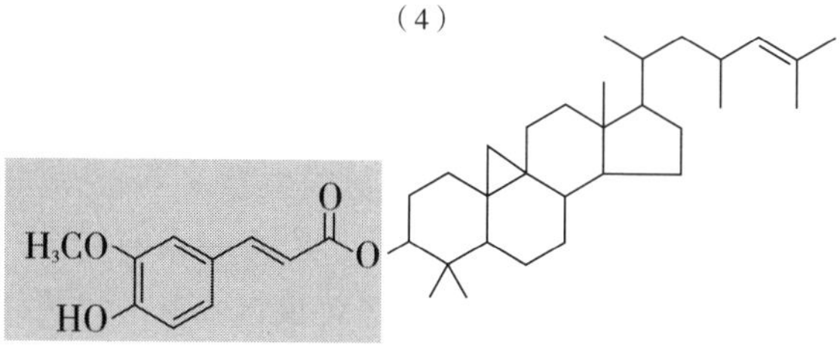

（5）

图 7-1　谷维素中的主要 5 种成分及其化学结构

（1）环木菠萝烯醇阿魏酸酯　（2）菜油甾醇阿魏酸酯　（3）24-亚甲基环木菠萝醇阿魏酸酯

（4）β-谷甾醇阿魏酸酯　（5）环米糠醇阿魏酸酯

固醇的含量，吸收入血部分在肝脏抑制低密度脂蛋白的形成。谷维素代谢后在脑和肝脏中积累，其浓度在机体摄入 4~5h 后达到峰值，继而迅速降至一定水平；摄入 48h 后，尿液及粪便谷维素代谢物含量分别为 5%~10%和 17%~32%。

第三节　谷维素生理功能

谷维素可作为一种自主神经调节剂，作用于间脑的自主神经系统与分泌中枢，对防治神经功能失调有显著疗效，可缓和进入更年期后身体状态出现的各种障碍及自主神经的失调症。近年研究发现，谷维素在降低血脂、减少胆固醇吸收、防止脂质氧化、清除自由基、预防心血管疾病及癌症等方面有良好的功效。此外，当用于化妆品时，谷维素具有保护皮肤免受紫外线伤害、促进脂肪腺细胞转化和分泌、促进皮下血液流通、保持皮肤湿润等作用。

一、抗氧化作用

谷维素可使小鼠的血清和肝脏丙二醛（MDA）含量明显下降、脾指数明显升高，但是对小鼠的体重和超氧化物歧化酶（SOD）活性无显著影响，表明谷维素具有良好的清除自由基、抗氧化及延缓衰老等功能。进一步对谷维素及其衍生物阿魏酸和混合三萜醇清除自由基功能进行研究，实验结果表明，谷维素具有清除超氧阴离子和羟基自由基的功能，其中阿魏酸清除自由基能力较强，谷维素与24-亚甲基环木菠萝醇阿魏酸酯清除自由基能力相似，三萜醇清除自由基能力相对较弱。

研究发现，谷维素中24-亚甲基环木菠萝醇阿魏酸酯抗氧化活性强于环木菠萝醇阿魏酸酯和菜油甾醇阿魏酸酯，且这3种阿魏酸酯抗氧化活性均比维生素E高。另外，米糠中谷维素的含量远高于维生素E的含量，所以谷维素可能是米糠中比维生素E更为重要的抗氧化物质。

谷维素能抑制由2,2′-偶氮二异丁腈（AMVN）引起的胆固醇和脂质过氧化。这是由于谷维素分子结构中含有阿魏酸基团，而阿魏酸基团中的活性酚羟基和共轭体系能够形成较稳定的自由基，阻止脂质自动氧化过程中自由基的链式传递，起到抗氧化作用。另外，阿魏酸还可调节人体生理机能，抑制催化自由基产生的酶活，提高抗氧化酶活性，增强抗氧化效果。

添加了米糠油的奶粉，与未加米糠油的奶粉相比，其氧化程度明显降低，且抗氧化能力随米糠油浓度的增大而相应增强。另外，谷维素与维生素E、氨基酸具有显著的协同作用，三者联合使用可显著提高抗氧化能力。

研究发现由酶法提取的水溶性谷维素捕获过氧化氢自由基的总抗氧化能力较强，同时它还能保护大鼠大脑组织匀浆中的蛋白质免受氧化。

谷维素在油中具有优异的抗氧化性，谷维素能够明显延缓猪油的氧化作用。经过小样储藏实验得出谷维素添加量为0.01%，可保障猪油储藏过夏，储藏期可以从1.5个月延长到6个月。经扩大实验，可知谷维素的添加量为0.05%~0.1%时可保障猪油安全储存1年以上。猪油制作的苏式月饼添加谷维素后，在夏季可保存2.5个月以上，同样，香肠也可安全保存1个月以上。

综上所述，谷维素是良好的天然抗氧化剂，能够捕捉和清除体内过多的自由基，抑制脂质过氧化，维持机体自由基和抗氧化酶之间的平衡，从而预防因自由基过多和脂质过氧化引发的炎症、肿瘤、动脉粥样硬化、中枢神经系统损伤等多种疾病。

二、降血脂作用

谷维素中的植物甾醇能促使肠吸收障碍，降低血清总胆固醇和甘油三酯含量，抑制过氧化脂质升高及血小板的聚集，并能抑制胆固醇的生物合成，阻碍胆固醇在动脉壁沉积。谷维素降血脂的作用主要体现在以下3个方面。

（1）抑制体内合成胆固醇　研究表明，小鼠摄入谷维素后肝脏能明显抑制醋酸与甲羟戊酸合成胆固醇。研究人员分别用不含谷维素和含1%谷维素的食物饲喂新西兰白鼠10周，实验发现，与对照组相比，饲喂了含谷维素的实验组油酸盐浓度明显降低，谷维素可以通过巨噬细胞结合生成胆固醇酯，抑制胆固醇的合成。

（2）抑制吸收胆固醇　研究表明，谷维素能抑制消化道吸收外源性胆固醇。米糠油中的谷维素等非纤维成分能抑制胆固醇的吸收。谷维素还能够明显降低田鼠对胆固醇的吸收，降低血清中总胆固醇和甘油三酯的含量。

（3）促进胆固醇异化、排泄　以谷维素配合高胆固醇的食物饲喂大鼠，胆固醇的排泄物上升，胆固醇的吸收下降，胆汁酸排泄物上升。对急性高脂血症模型白鼠，灌胃谷维素进行治疗，与对照组相比，治疗组白鼠血清总胆固醇、甘油三酯、低密度脂蛋白（LDL）、极低密度脂蛋白（VLDL）量明显下降，而血清高密度脂蛋白（HDL）量及肝脏抗氧化酶活性显著提高，动脉粥样指数（AI）下降。谷维素对岭南黄羽肉鸡的脂肪代谢状况和生长状况也产生显著影响，实验结果表明，谷维素能够显著降低体内的胆固醇和甘油三酯水平。

三、降血糖作用

糖尿病易引发血脂异常，导致高甘油三酯血症，继而引发高胰岛素血症和胰岛素耐受性问题。以2型糖尿病小鼠为模型，用富含谷维素的米糠油灌胃小鼠，虽然对照组与治疗组小鼠血浆糖浓度没有明显差别，但治疗组小鼠胰岛素曲线下面积（AUC）显著减小，表明谷维素通过增强机体对胰岛素的敏感性而缓解高胰岛素血症。

谷维素降血糖机制可能与谷维素可显著增强肝细胞中葡萄糖激酶（GK）活性和抑制葡萄糖-6-磷酸酶（G6pase）、磷酸烯醇丙酮酸激酶（PEPCK）活性有关。其中，GK活性增强有助于刺激残余胰腺发挥作用，提高血糖利用率，为机体产生能量或转变为糖原储存在肝脏中；G6pase和PEPCK是肝脏内葡萄糖异生与输出途径关键酶，其活性下降会阻断肝脏血糖生成。另外，谷维素抗糖尿病作用与其抗氧化活性相关，谷维素可提高肝脏抗氧化酶（如SOD、GSH）活性，减少活性氧生成，提高清除自由基酶类活性，增强机体抗氧化作用。由此可见，谷维素有可能作为抗氧化剂补充物质用以治疗糖尿病，但是，谷维素作为治疗糖尿病新药应用于临床实践仍需进一步深入研究。

四、调节神经内分泌作用

谷维素对垂体前叶的激素分泌具有调节作用，另外，谷维素还可抑制酪氨酸羟化酶的活性，使丘脑下部神经核团内多巴胺含量增加。谷维素虽不能影响去甲肾上腺素的合成，但可促进其在丘脑下部的释放，这是经谷维素治疗后血清中黄体生成素（LH）、催乳素（PRL）、生长激素（GH）水平发生改变的原因，也提示谷维素可以影响丘脑下部的两类核团（多巴胺和去甲肾上腺素），从而进一步影响垂体激素的合成与释放，调理下丘脑，维护稳定机能，使机体的自主神经功能、内分泌功能和免疫功能保持正常。

谷维素中的成分阿魏酸酯还具有中枢性镇静作用，相当于中等强度的镇静剂，却没有此类制剂的副作用，其作用机制也与镇静剂不同，可能与改善脑部糖代谢有关。

五、抗炎作用

现已报道谷维素的水解产物阿魏酸及其酯类衍生物可降低某些炎症因子的表达水平，具有抗炎活性，同时可增强机体免疫功能，有望成为治疗炎症新药物。

研究人员采用1%的葡聚糖硫酸钠（DSS）诱导小鼠结肠炎症模型，研究谷维素、环木菠萝醇阿魏酸酯（CAF）和阿魏酸（FA）的抗炎作用，与对照组相比，灌胃谷维素、CAF、FA 的小鼠，结肠组织中由 DSS 引起受损肠黏膜、杯状细胞、粒细胞、巨噬细胞及扭曲隐窝都得到一定程度的修复；细胞炎症因子 TNF-α、IL-1β、IL-6、COX-2 mRNA 表达水平显著下降。NF-κB 是调节促炎因子基因表达的转录因子，正常情况下，NF-κB 存在于细胞质中，炎症发生时，转移到细胞核中，诱导炎症因子基因表达。DSS 诱导结肠炎能激活 NF-κB/p65 通路，而谷维素能抑制 NF-κB 核转位，因而表现出抗炎活性。此外，谷维素还能抑制巨噬细胞 NF-κB 活性。巨噬细胞是机体重要抗炎性和免疫细胞，在炎症反应中发挥重要作用，表明谷维素可能是通过抑制 NF-κB 途径发挥抗炎作用。CAF 和 FA 也具有抗炎活性，相同剂量 CAF 和谷维素抗炎作用相当，而 FA 抗炎效果弱于谷维素。

谷维素预处理还能够明显降低人脐带静脉内皮细胞（HUVEC）中内皮细胞黏附分子（VCAM-1）和细胞间黏附分子（ICAM-1）的表达水平，通过 NF-κB 介导的相关信号通路抑制由脂多糖（LPS）引起的炎症反应，表明谷维素具有显著的抗炎作用。研究还发现，谷维素能显著抑制促癌剂佛波酯（TPA）所诱导的小鼠过敏性皮炎，表现出明显的抗炎活性。

谷维素能够联合甲硝唑和维生素 B_1，或配合柳氮磺吡啶使用，防治溃疡性结肠炎，其中谷维素能协同增强抗炎疗效。

六、其他生理功能

谷维素除了在降血脂、神经调节、抗炎、抗氧化等方面具有显著的作用以外，还能促进代谢、激活肝细胞、改善肝功能等。谷维素在临床上可配合硝苯地平缓释片治疗原发性轻、中度高血压，具有一定的降血压功能。米糠油中环木菠萝醇阿魏酸酯能够通过激活凋亡诱导配体 TRAIL，诱导结直肠恶性肿瘤细胞 SW480 凋亡，发挥抗肿瘤活性。

七、安全毒理性

谷维素的小鼠和大鼠经口致死剂量 LD_{50} 均大于 2.5g/kg，亚急性、慢性毒性试验（30d、90d、180d）均无问题，其中大鼠经口最高剂量 2.89g/kg 持续 182d 无异常，狗的最高剂量 100mg/kg 持续 12 个月无异常，其他如抗原性、变异性试验等均无异常。另外，由于谷维素在体内难吸收，药理危险较小，目前国内外食品和药品管理部门尚未对谷维素用量标准做出规定。

第四节　谷维素应用

一、谷维素在临床医学上的应用

谷维素作用于间脑的自主神经系统与分泌中枢，有调节自主神经、减少内分泌平衡障碍、改善精神与神经失调症状等作用。临床上主要用来治疗自主神经功能失调、周期性精神病、脑震荡后遗症、更年期综合征、经前期紧张综合征、血管神经性头痛等。近年研究发现，谷维素还能用于治疗高脂血症、心律失常、消化性溃疡、肠易激综合征及细菌性痢疾等。

1. 治疗自主神经功能紊乱

自主神经中枢位于丘脑下部，外周自主神经支配全身血管、平滑肌及内脏系统，其功能紊乱可导致上述系统功能失调，表现为失眠、焦虑、多汗等中枢神经症状，支配内脏的自主神经功能紊乱可导致心律失常、肠胃溃疡、大小便排泄异常等，妇科更年期综合征即为一种典型的自主神经功能紊乱综合征。谷维素能调整自主神经功能，减少内分泌平衡障碍，改善神经失调症状。主要用于妇科更年期综合征、经前期紧张综合征等。

2. 治疗功能性消化不良

功能性消化不良（Functional Dyspepsia，FD）是临床常见的一种功能性胃肠疾病，表现为持续或反复发作的上腹痛或不适等消化不良症状，其发病机制可能与自主神经功能紊乱和激素分泌异常有关。大剂量谷维素和维生素 B_1 联合心理及常规药物治疗，能促进伴有抑郁和焦虑情绪的 FD 患者临床症状的缓解及精神状态的改观，而且不会因加大用药量而出现其他不良反应。

杨延青等采用大剂量谷维素与吗丁啉联用，来防治功能性消化不良，通过 30 例临床观察，结果证实，吗丁啉与谷维素配伍可以提高疗效，具有明显的协同作用，且两药配伍副作用小、价格低廉，值得临床推广应用。

3. 治疗肠易激综合征

肠易激综合征（Irritable Bowel Syndrome，IBS）是一类临床常见的综合征，表现为腹痛或腹部不适、排便习惯改变以及粪便性状异常等症状。其发病与自主神经功能紊乱、激素分泌异常及机体对激素反应异常有关。谷维素药理作用能改善和调节自主神经，减少内分泌失调，改善神经失调症状，适合治疗肠易激综合征。

谷维素联合硝苯地平可用于治疗腹泻型 IBS，谷维素作用于下丘脑和大脑边缘系统，增加丘脑下部去甲肾上腺素和多巴胺的含量，对自主神经功能失调的多种疾病有较好的疗效，谷维素还作用于内脏自主神经系统，纠正胃肠动力紊乱，调节内脏感觉异常，使肠道功能趋于正常。

4. 治疗消化性溃疡

通过临床研究证实，谷维素对消化性溃疡具有较好的疗效。消化性溃疡是临床上一种常见、多发的胃肠道疾病，遗传、药物、幽门螺杆菌感染及社会心理因素等均可诱发并促进该病的发展。谷维素治疗消化性溃疡的机理可能是通过作用于自主神经中枢，抑制迷走神经活动，从而抑制胃液分泌，促进溃疡的愈合。

5. 治疗细菌性痢疾

细菌性痢疾是由痢疾杆菌引起典型肠道感染。致病性细菌可黏附在结肠和回肠的黏膜上皮细胞上，继而穿入上皮细胞内，在黏膜固有层内繁殖并形成感染病灶，引起局部炎症反应。目前临床上治疗细菌性痢疾以抗生素为主，近年国内有研究表明，谷维素对细菌性痢疾具有较好的疗效。

谷维素中的甾醇类物质有抗炎、降低血管通透性的作用。另外，可通过调整或刺激免疫功能或自主神经系统，使肠道充血水肿、糜烂出血受到控制，促进炎症修复。谷维素用于治疗细菌性痢疾，具有疗效短、见效快、方法简单且无毒副作用等优点，值得推广应用。

6. 治疗心律失常

临床上有很多心律失常，尤其是过早搏动的发生，与自主神经功能紊乱有关。谷维素可调节自主神经，改善神经调节，从而稳定情绪，减轻焦虑及紧张状态。

谷维素的临床常用量为每次 10~30mg，每日 3 次，治疗心律失常时则大剂量应用，一般每次 100mg，每日 3 次，有时甚至每天 500mg，疗程 2~6 周，一般为 4 周，总有效率为 88.60%。大剂量谷维素口服未见毒性反应，副作用较小。谷维素治疗快速心律失常的初始剂量每次 80~100mg，每日 3 次口服。显效后继续服用 1 周，以后减量维持（维持量大于 50mg，每日 3 次)，治疗一般 3~4 周，可一定程度治疗快速心律失常患者。

7. 治疗高脂血症

谷维素中的植物甾醇能促使肠吸收障碍，降低血清胆固醇，抑制过氧化脂质增高和血小板聚集，并能抑制胆固醇的生物合成。谷维素降低胆固醇的作用已为临床试验和多种动物实验所证实，谷维素治疗高脂血症 27 例分析发现，每次服用谷维素 200mg，每日 3 次，分别服药 2、4、6 个月，测得胆固醇和甘油三酯均值明显下降，谷维素治疗 6 个月后随访，未发现脱发及食欲增加等副作用。

研究者将 360 例高脂血症患者随机分成两组，A 组（$n=179$）口服谷维素每次 200mg，每日 3 次；B 组（$n=181$）口服血脂康每次 2 片，每日 2 次。疗程均为 12 周。结果发现：A 组与 B 组患者的胆固醇和甘油三酯较治疗前均有明显下降，两组总有效率相似。可见，谷维素有明显的降血脂作用，对防治高脂血症和冠心病等有重要的临床意义。

随着对谷维素药理作用机理研究的不断深入，其在临床上的应用也得到进一步的扩展。谷维素用于临床药物具有吸收性好、疗效显著、药价低廉等优点，且由于谷维素来源于天然物质，在临床应用中未发现有明显副作用，对肝脏无毒无副作用，其应用范围日益广泛，需求量与日俱增。

二、谷维素在功能性食品中的开发应用

谷维素在我国主要作为临床用药，而在食品特别是功能性食品方面的应用是近几年才发展起来的。将谷维素作为一种食品基料应用于功能性食品中，主要是针对以下两方面的功效：一是降低血脂；二是改善和减轻因身体节律失调带来的倦怠感、疲劳感。目前以谷维素为原辅料生产的产品主要有谷维素营养油、谷维素饮料、谷维素胶囊等。

1. 谷维素营养油

以米糠油为原料经过一系列的脱酸、脱色、脱蜡、水蒸气蒸馏（脱臭）等工序处理后可得到富含谷维素的营养油，脱酸的条件一般为：真空度260~530Pa，温度220℃，水蒸气量为毛油量的2%~4%。脱臭条件：800Pa以下，250℃，水蒸气量为毛油质量的3%；原料性状为酸值25mgKOH/g，胶质2.5%，蜡3%，谷维素1.8%的黑绿色毛糠油，经酸轻度脱胶，与碱液脱酸处理，得到酸值为0.1~0.2的脱酸油，再加活性白土2%，90~110℃加热15min，过滤除去活性白土，经水蒸气蒸馏脱臭，可得油酸值为0.03、含2%谷维素的成品。

国内生产的多维营养油是一种新的食用油，主要用于烹调和制作起酥点心等。该产品是以茶油、棉籽油、米糠油等为原料，根据油脂重整技术的原理，采用酯交换生产工艺加工制造而成。该成品呈浅黄色，清澈透明，含有较多的维生素E和谷维素，营养价值高。其脂肪酸的组成与国际FAO及WTO提出的比例十分接近，经临床试验证明其对高血压患者有明显的疗效。

2. 谷维素饮料

日本科学家利用谷维素开发出了一种功能性饮料，该功能性饮料具有降低血清总胆固醇和甘油三酯含量、降低肝脏脂质、降低血清过氧化脂质、防胆结石形成等生理功效。其配方为：谷维素0.1g、柠檬酸1.0g、柠檬酸钠0.2g、果糖30g、葡萄糖20g、聚氧乙基蓖麻油0.2g、蔗糖酯0.2g、乙醇5.0mL、水500mL，于55℃下搅拌至形成清液即可。另外，日本含谷维素的营养饮料制法为：棉籽糖十四酸酯1500mg、谷维素100mg、葡萄糖铁10mg、果糖5000mg、水100mL（A部分）；L-异亮氨酸90mg、L-亮氨酸100mg、L-赖氨酸盐110mg、L-丙氨酸60mg、L-蛋氨酸90mg、L-苏氨酸60mg、L-色氨酸30mg、L-缬氨酸190mg、L-精氨酸盐210mg、L-组氨酸盐100mg、L-天冬氨酸钾100mg、L-天冬氨酸镁100mg、甘氨酸300mg、谷氨酸钠50mg、D-泛酸30mg、维生素B_6 5mg、柠檬酸200mg、苹果酸100mg、乳酸0.3mL、山梨酸醇5000mg（B部分）。将A部分置于90℃溶解均匀，冷却到20℃，加入B部分混合均匀即可。该饮料特别适合老年人饮用，能起到防止胆固醇过量吸收、调理身体节律的作用。

3. 谷维素胶囊

谷维素、米胚芽、薏米等可配合制成具有多种功能的产品。例如，市面上的一款产品每克含维生素E 350mg、谷维素5mg、亚油酸或亚麻酸300mg、豆磷脂30mg，具有缓解疲劳的功效。一些谷维素营养胶囊将谷维素、维生素E、大豆磷脂、小麦胚芽油以一定比例混合，加热搅拌至溶解均匀制备。谷维素也可与必需脂肪酸、植物甾醇、维生素B_2等配合制备，起到抗疲劳的效果。

谷维素可与不饱和脂肪酸复合提高营养价值，市面上的某款产品每粒280mg，其中含维生素E 14mg，谷维素3mg、亚油酸112mg、油酸112mg。谷维素与维生素复合可达到预防与保健的目的，某款中老年营养保健品含有维生素E 100mg、谷维素5mg、维生素A 10mg、维生素B_2 25mg、维生素B_6 65mg、维生素B_{12} 5mg、维生素C 50mg。

4. 其他营养保健品

市面上一款含有谷维素的保健产品配方为：肌醇64.8mg、谷维素27mg、米糠油61.74mg、磷酸钙15mg、卵磷脂4.14mg、维生素E 6.86mg、烟酰胺1.5mg、维生素B_1 0.225mg、维生素B_2 0.075mg、维生素B_6 0.045mg、叶酸0.045mg、泛酸钙0.54mg、生物素

0.03mg。服用该品 1h，血液中肌醇与谷维素含量均达到标准上限。

三、谷维素的抗氧化性等在食品中的应用

谷维素具有良好的抗氧化性能，其抗氧化能力随浓度的增大而增强，其耐热性也比 BHA、BHT、维生素 E 更好，因此，可添加于方便面、面包、饼干、人造奶油及肉制品中，起到防止脂质酸败和延长保质期的作用。当它与维生素 E、氨基酸协同作用时，其抗氧化效果明显增强。此外，谷维素还具有一定的护色、防霉作用，对水果保鲜具有良好的效果。

1. 在面点制品中的应用

谷维素用于饼干、方便面时有良好的抗氧化效果，当它与一些氨基酸（甘氨酸、苏氨酸、天冬氨酸、酪氨酸等）并用时，具有显著的协同增效作用。

饼中添加谷维素具有一定的抗霉、抗哈败作用，实验表明，长期储存后添加谷维素的月饼在实验期间均未生霉，未添加的月饼在实验后期出现霉变现象。

2. 在肉制品及水产品中的应用

将 0.1%、0.5%的谷维素分别添加到香肠中放入 37℃恒温箱中 28 天，测定过氧化值（POV），结果发现对照组的哈味严重，而添加谷维素组无哈味产生，且 0.5%谷维素组仍有香味。因此添加少量的谷维素于肉制品中，具有良好的抗氧化效果。

研究人员将谷维素和芝麻酚一起添加到海水鱼的盐渍干品中，发现抗氧化效果良好，保存时间明显延长。芝麻酚是一种良好的抗氧化剂，具有较强的抗氧化作用，但是价格昂贵，应用成本较高。而将芝麻酚与谷维素联合使用时，可取得更佳的抗氧化效果，具有较好的协同作用。

3. 在乳制品加工中的应用

谷维素抗氧化油（含谷维素 3%～25%）添加到乳制品中具有显著的抗氧化效果。

奶油奶粉：在 300kg 脱脂奶中加入含脂肪 45%的生奶油 75kg，再加入抗氧化油 3kg，搅拌混合，均质化，浓缩杀菌，喷雾干燥，得 100kg 奶粉。其组分为脂肪 34%，固形无脂奶 60%，灰分 2%，水分 2%，谷维素 2%。

乳酪、气泡乳酪：将 95kg 天然乳酪、3kg 抗氧化油和 2kg 盐按常规加工可得到 100kg 乳酪，加工过程中调整水分含量可得到气泡乳酪。

人造奶油：调和配制的油脂 95kg，含脂肪 45%～55%的奶油 200kg，加入抗氧化油 5kg，进行机械搅拌等处理，可得到 100kg 人造奶油。

4. 在水果保鲜中的应用

将谷维素配制成 6%～10%乳液（食用时加水稀释）用于动植物及水产品，具有防止变色的显著作用。谷维素溶液已被用于葡萄、草莓、柑橘、香蕉等防腐防霉，都取得了良好的效果。实验结果表明，涂布谷维素溶液（含 0.1%谷维素的 50%乙醇溶液）的葡萄经过 40d 无任何变化，而对照组在 4～16d 表皮带褐色透明发软，开始腐败；喷涂过谷维素溶液（含 0.1%谷维素的 75%乙醇溶液）的香蕉经 40d 无任何变化，对照组在 3d 内发生黑色斑点且开始腐败；草莓用含 0.1%谷维素的 75%乙醇溶液处理后，经 300h 也无生霉，而对照组在 45h 完全生霉；牛蒡切片经 0.5%谷维素溶液浸渍后，能保持新鲜白化，效果可维持 24h 以上。

由于谷维素具有良好的生理功能特性，其不仅在临床医学方面得到了广泛的开发和应用，同时在功能性食品方面也具有广阔的开发前景。目前随着超临界萃取技术、微胶囊技

术、膜分离技术和生物技术等高新技术在食品行业中的广泛应用，结合高新技术开发功能性谷维素制品前景更为广阔。随着人们对谷维素的营养功效及其他功能特性的不断研究，其必将在食品行业得到更为广泛的应用。

四、谷维素在化妆品行业的应用

谷维素可作为化妆品助剂用于化妆品的生产。由于谷维素具有抑制黑色素生成、降低酪氨酸转化为2,3-二羟基丙氨酸的作用，其可作为化妆品助剂用于生产防止色斑形成的化妆品。谷维素是脂溶性的，乳化性能较好，具有吸收紫外线的作用，可转化成维生素 D_3。因此，将谷维素用于化妆品能保护皮肤免受紫外线的伤害及促进脂肪腺细胞的转化和分泌，防止皮肤脂质发生氧化，促进皮下毛细血管的血液循环，提高皮肤温度，保持皮肤湿润等。

第五节　谷维素制备

目前谷维素主要是从毛糠油中提取，毛糠油中谷维素含量高达1.8%~3.0%。由于谷维素具有与酚类物质相似的性质，易被碱性皂脚吸附，且在甲醇溶液中还具有碱溶酸析的特点，工业上主要利用这些性质从毛糠油中提取谷维素，方法主要包括二次碱炼法、酸化蒸馏分离法、弱酸取代法、甲醇萃取法、非极性溶剂萃取法和吸附法等。

（一）二次碱炼法

二次碱炼法流程如图7-2所示。由于毛糠油酸价较高，其碱炼往往分两次进行：一次碱炼是把高酸值毛糠油的酸值降为8~10mgKOH/g；二次碱炼既要制得合格的精制糠油，酸值小于1mgKOH/g，又要使谷维素富集于皂脚中。如果只经过一次碱炼就把所有游离脂肪酸除去，不仅会导致糠油精炼时损失较大，而且还有可能产生乳化现象，使皂脚中的谷维素含量降低，增大提取谷维素的困难。二次碱炼的皂脚补充皂化是要改善皂脚的物理性能，使其成为均匀性、流动性较好的液体。全皂化是要使皂脚中的脂肪酸和谷维素在甲醇碱液中变成钠盐，与难皂化和不皂化的类脂物分开。母液（或滤液）酸析是向母液中加入弱酸或弱酸盐，使谷维素钠盐分解成谷维素而从酸性溶液中离析出来，再经过滤、洗涤和干燥，最后可得到纯度为95%~98%的谷维素精制品。

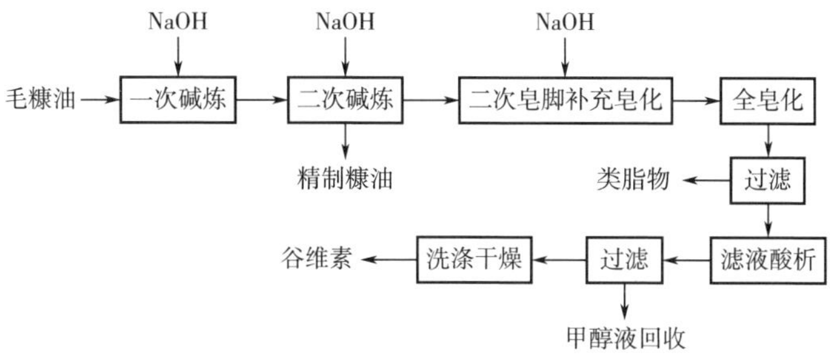

图7-2　二次碱炼法提取谷维素流程

（二）酸化蒸馏分离法

酸化蒸馏分离法的要点是将毛糠油进行两次碱炼后，把谷维素吸附到皂脚中，谷维素的含量可提高到8%左右，再用酸分解皂脚使之成为酸化油，然后进行高真空蒸馏，蒸出脂肪酸，残留物中的谷维素进一步浓缩至20%~30%，用甲醇碱液皂化皂脚，静置过滤，之后将滤液 pH 调到 3~4，析出谷维素。此方法的缺点是谷维素的产率较低，生产周期较长，工艺过程较复杂，因而逐渐被弱酸取代法所代替。

（三）弱酸取代法

弱酸取代法的原理是依据谷维素对极性溶剂的溶解度，即溶于碱性甲醇，而不溶于酸性甲醇。溶解在毛糠油中的谷维素，通过两次碱炼后，成为谷维素钠盐，被第二次碱炼的皂脚所吸附。皂脚及其所吸附的谷维素钠盐溶解于碱性甲醇中，并使妨碍谷维素沉淀的杂质（磷脂、胶质、机械杂质等）沉淀析出，此时毛糠油中 80%~90%的谷维素被富集于皂脚中，滤去杂质后再将滤液调节至微酸性（pH 为 6.5 左右），使谷维素钠盐与弱酸或弱酸盐（如酒石酸、柠檬酸、硼酸、醋酸、磷酸二氢钠、柠檬酸二钠等）作用，还原生成的谷维素便沉淀析出。最后，降温滤去碱性甲醇，洗涤精制可得谷维素成品。此工艺制得的产品色泽较好，成本较低，但总提取率不高，毛糠油中谷维素的提取率只有 1/3 左右。另外，对于酸值超过 30mgKOH/g 的高酸米糠油，不宜使用此方法。

（四）甲醇萃取法

甲醇萃取法是根据谷维素在甲醇溶液中碱溶酸析的原理，直接把毛糠油加入碱性甲醇进行萃取，分离除去不溶的脂肪醇、甾醇等不皂化物后，在适宜温度（39~41℃）下用 20%柠檬酸液（为节约用量可加少量盐酸）调节 pH 为 7 左右，冷却后谷维素钠盐即还原成谷维素从甲醇溶液中析出。静置过滤后，得谷维素粗品，再洗涤、干燥即可得到精制的谷维素，其工艺流程如图 7-3 所示。母液甲醇经蒸馏回收，可重复使用。这种以甲醇直接萃取的方法，省去了弱酸取代法中的碱炼和皂脚补充皂化等复杂工序，大大简化了谷维素的提取流程，缩短了生产周期，并避免了糠油碱炼和皂化过程中谷维素的损失，提高了谷维素的回收率。但是，甲醇用量较多，回收过程相对烦琐。

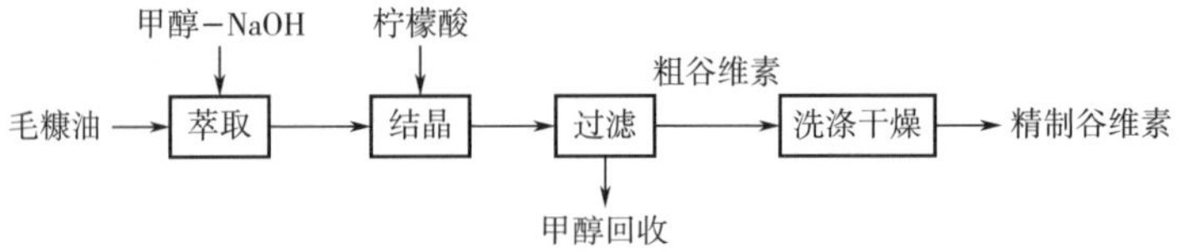

图 7-3　甲醇萃取法提取谷维素流程

（五）非极性溶剂萃取法

非极性溶剂萃取法是利用谷维素在不同 pH 时在非极性溶剂中的溶解度不同的特点对谷维素进行萃取分离。当 pH 大于 12 时，谷维素在非极性溶剂中的溶解度很低；当 pH 小于 12 时，谷维素具有较高的溶解度，尤其是在 pH 为 8~9 时，谷维素的溶解度非常高，而此时脂肪酸在非极性溶剂中的溶解度却很低。因此，利用这种性质可以免除弱酸取代法在甲醇溶液中的皂化步骤，只需简单地调节 pH，就可得到高纯度的谷维素，同时可以得到甾醇、维生素 E 等不皂化物，还可避免高温浓碱对谷维素的破坏。但这种方法需要同时使用极性、非极性溶剂与两套溶剂回收系统，萃取时两相易混溶，造成溶剂和制品流失。采用溶剂法萃取谷维素的新生产工艺，使谷维素总得率和纯度可获得显著提高。

（六）吸附法

吸附法是利用吸附剂对谷维素进行吸附，再通过溶剂进行洗脱，对谷维素进行提纯。常用的吸附剂有活性氧化铝、活性白土、活性炭和硅胶等，这些吸附剂各有其优缺点。如活性氧化铝易于再生，但其吸附力较弱；活性白土和活性炭吸附力较强，却难于制作成吸附柱，同时被吸附的谷维素也很容易变质；硅胶有相当强的吸附能力，但难于再生，且焙烧也很困难。相比之下，工业上普遍使用活性氧化铝作为吸附剂，来提取制备谷维素，其工艺流程如图 7-4 所示。将毛糠油在真空度为 0. 1MPa 下于 200℃减压蒸馏去除脂肪酸，此时谷维素浓度被浓缩至约 3. 5%，加入活性氧化铝进行吸附，附着在氧化铝上的油脂用正己烷洗涤后，再用 10%的醋酸乙醇溶液溶出，用水浴蒸馏回收乙醇，浓缩蒸干后，可得到纯度约为 70%的谷维素粗品，再用正己烷重结晶，即可得到精制的谷维素成品。

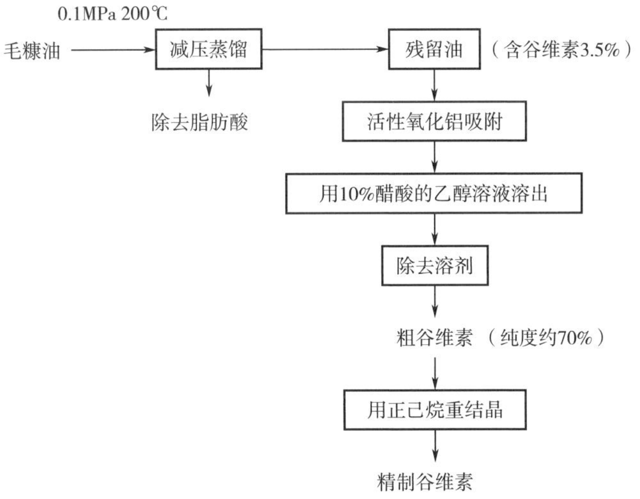

图 7-4 活性氧化铝吸附提取谷维素流程

（七）其他提取法

除此之外，还有一些谷维素提取方法，如超临界流体萃取法可从米糠中提取谷维素；采用两次结晶的方法从毛糠油皂脚中也能提取到谷维素；此外，还有离子交换树脂法、乙酰化法和尿素衍生物法等。

我国谷维素自研制成功以来已近 40 年，生产工艺不断趋于完善，产品质量不断提高，现今我国的谷维素产量及米糠油制取谷维素的技术水平均已位于世界前列。但是，谷维素作为尚未充分利用米糠资源的主要成分之一，仅将其应用于医药工业没有充分发挥出谷维素对人类健康的作用。因此，随着对谷维素提取技术、营养功效和其他功能特性不断地深入研究，谷维素必将在国内外食品领域得到更广泛、更科学的应用，特别是在功能性食品中具有广泛的应用前景。

思考题

1. 简述谷维素的组成和主要来源。
2. 谷维素的生理功能有哪些?
3. 论述谷维素二次碱炼法、弱酸取代法、甲醇萃取法的主要原理及工艺流程。

第八章

CHAPTER 8

维生素 E

本章学习目标

1. 了解维生素 E 的种类、结构及主要来源。
2. 掌握维生素 E 的生理功能和在食品中的应用。
3. 理解维生素 E 的提取和化学合成途径。

第一节　概述

维生素 E（Vitamin E，VE），又称抗不育维生素或生育酚，一般为淡黄色油状液体，属于脂溶性维生素，是人类和动物必需的一种微量营养素。维生素 E 主要存在于植物油中，尤其在谷物种子的胚芽油及大豆油等油脂中含量比较丰富。

维生素 E 是人体所必需的维生素之一，人体自身不能合成，必须从食物或营养强化剂中摄取。维生素 E 广泛存在于植物组织的绿色部分和各种植物油料的种子中，如谷物胚芽、果肉油、坚果类（榛子、杏仁）和绿叶蔬菜中均含有一定量的维生素 E。不同植物中维生素 E 的含量也不同（4~160μg/g，占鲜重的比例），所含生育酚的种类也大不相同。在动物组织中的含量较低，鱼肝油中维生素 E 的含量为 20mg/100g，鸡蛋中含 1~2mg/100g，猪油中的含量仅为 0.2~2.7mg/100g。

第二节　维生素 E 种类与结构

维生素 E 是苯并二氢呋喃的衍生物，通常是生育酚类化合物的总称（图 8-1）。目前已知的维生素 E 有 8 种同分异构体，分别是 α、β、γ、δ 生育酚及其相应的生育三烯酚。其中常见的有 4 种，它们的化学结构式因苯环上接的基团 R_1、R_2、R_3 和 R_4 不同而稍有差异，相应分成 α、β、γ 和 δ 等同系物（表 8-1）。

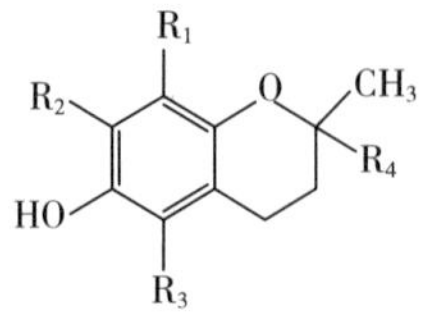

图 8-1 维生素 E 结构

表 8-1 生育酚类化合物的结构

名称	R_1	R_2	R_3	R_4
α-生育酚	CH_3	CH_3	CH_3	$CH_3(CH_2—CH_2—CH(CH_3)—CH_2)_3H$
β-生育酚	CH_3	H	CH_3	$CH_3(CH_2—CH_2—CH(CH_3)—CH_2)_3H$
γ-生育酚	CH_3	CH_3	H	$CH_3(CH_2—CH_2—CH(CH_3)—CH_2)_3H$
δ-生育酚	CH_3	H	H	$CH_3(CH_2—CH_2—CH(CH_3)—CH_2)_3H$

第三节 维生素 E 来源

（一）植物油脂

维生素 E 是脂溶性维生素，在植物油脂中的含量丰富，其含量与植物品种、成熟程度、季节、收获时间等因素有关。常见植物油脂中维生素 E 的含量及各种生育酚的分布情况如表 8-2 所示。

表 8-2 常见植物油脂中维生素 E 的含量及各种生育酚的分布情况

油脂名称	生育酚/（mg/100g）				生育三烯酚/（mg/100g）				总量
	α	β	γ	δ	α	β	γ	δ	
玉米油	22.3	3.2	79.0	2.6	—	—	—	—	107.1
豆油	10.0	0.8	2.5	26.1	—	—	—	—	39.4
棕榈油	15.2	—	—	—	20.5	—	43.9	9.4	89.0
棉籽油	38.1	—	38.7	—	—	—	—	—	76.8
向日葵油	59.9	1.5	3.8	1.2	—	—	—	—	66.4

续表

油脂名称	生育酚/（mg/100g）				生育三烯酚/（mg/100g）				总量
	α	β	γ	δ	α	β	γ	δ	
菜籽油	18.4	—	38	1.2	—	—	—	—	57.6
红花籽油	36.7	—	—	1.0	—	—	—	—	37.7
花生油	13.9	3.0	18.9	1.8	—	—	—	—	37.6
芝麻油	1.2	0.6	24.4	3.2	—	—	—	—	29.4
橄榄油	16.2	0.9	1.0	—	—	—	—	—	18.1
椰子油	0.5	—	—	0.6	0.5	0.1	1.9	—	3.6
小麦胚芽油	115.3	66.0	—	—	2.6	8.1	—	—	192.0

植物油脂中以小麦胚芽油中的维生素 E 含量最高，还含有少量的生育三烯酚。日常食用油脂中，维生素 E 在玉米油、豆油中含量较高。

植物油脂中所含主要生育酚为 α 型、γ 型，还有少量 β 型，种子油中一般不含生育三烯酚，但在某些果肉油中含有微量。棕榈油含有生育三烯酚，其含量占总量的 83%，三烯酚具有较强的抗油脂氧化作用，可能是棕榈油相对稳定的一个原因。

（二）小麦

小麦属于禾本科谷物，是“世界三大农作物”之一，在我国北部被广泛种植。小麦籽粒中主要含 α-生育酚和 β 型异构体，其中 β-三烯生育酚是其主要的异构体。小麦籽粒由种皮、胚和胚乳三部分组成，小麦胚芽是小麦籽粒的精华部分，占小麦籽粒的 2%～3%，因其含有丰富的蛋白质、脂肪、粗纤维、矿物质、多种维生素等营养成分，被称为“人类天然的营养宝库”“人类的生命之源”。

小麦胚芽油是以小麦胚芽为原料加工得来的，它属于谷物油脂的一种，并且集小麦营养成分于一体，含有多种生理活性成分，如维生素 E、亚油酸、二十八烷醇、卵磷脂等。其中维生素 E 含量居众多油脂的首位。

（三）水稻籽粒

谷类作物是重要的维生素 E 来源之一，水稻种子中主要含有 α 型和 γ 型生育酚异构体，其中 γ-三烯生育酚或 α-生育酚是主要异构体。水稻糙米中主要含有 α-生育酚、γ-生育酚、α-三烯生育酚和 γ-三烯生育酚等四种异构体，还有极微量的 δ-三烯生育酚。精米中维生素 E 的含量较低。维生素 E 在水稻籽粒中的含量及结构受水稻的品种、环境、温度等影响而差异较大。

米糠是去壳稻谷胚种的外部物质，由糙米碾白过程中被碾下的皮层及少量米胚和碎米组成。稻米米糠中总维生素 E 的含量最高可达 443μg/g，是稻谷籽粒的精华部分。我国是稻谷生产大国，年产量 1.8 亿～1.9 亿 t，米糠在 1000 万 t 以上，米糠的含油率为 16%～22%，接近大豆的含油率。因此，米糠也是一种可观的油源，从米糠中提取油脂的同时实现了资源的综合利用。虽然米糠油中的维生素 E 总量不高，但其所含的生育三烯酚，特别是 γ-生育三烯酚的含量比一般植物油高。

（四）油脂加工副产物

精炼油中维生素 E 的含量为毛油的 60%~70%，其损耗大部分残留于油渣及脱臭馏出物中。油渣是制备天然维生素 E 的宝贵资源。在脱臭馏出物中维生素 E 含量为 4%~17%，占处理油量的 0.5%。

脱臭是精炼油脂的一道重要工序，是整个加工过程中维生素 E 损失最严重的阶段，维生素 E 的损失率为 6%~23%。油脂脱臭馏出物是精炼油加工的副产物，是天然维生素 E 的一个良好来源。植物油脱臭馏出物的成分非常复杂，主要含有游离脂肪酸、甘油酯、甾醇以及甾醇酯、天然维生素 E 等，此外还含有少量的胶质、蜡质等。从表 8-3 可以看出，与其他油脂脱臭馏出物相比，豆油脂脱臭馏出物中维生素 E 含量最高可达 20%。

表 8-3　几种植物油脂脱臭馏出物的组成　单位：%

油脂名称	脂肪酸	甘油酯	甾醇	维生素 E
棉籽油	—	—	—	6~15
豆油	25~35	3~16	17~43	3~20
菜籽油	—	—	30~35	7~10
米糠油	20~30	15~25	10~15	2~5

第四节　维生素 E 生理功能

维生素 E 是机体重要的脂溶性维生素，具有抗氧化、维持生育和调节免疫系统等多种生理功能。

（一）抗氧化作用

维生素 E 属于酚类化合物，其氧杂萘满环上第六位的羟基是活性基团，能够释放羟基上的活泼氢，捕获自由基，从而阻断自由基的链式反应，因此，维生素 E 是一种强有效抗氧化剂。维生素 E 的抗氧化能力与生育酚的种类有关，各种生育酚的抗氧化功能在一般情况下为：$\alpha>\beta>\gamma>\delta$；生育三烯酚大于相应的生育酚（这可能与三烯酚的侧链上有 3 个双键有关）。维生素 E 与其他抗氧化剂如硒等之间有着相互促进和相互弥补效应；维生素 C 和柠檬酸等对维生素 E 也有增效作用；微波处理则会使维生素 E 抗氧化作用失效。

1. 在植物体内的作用

维生素 E 作为抗氧化剂，在种子贮藏、萌发和早期发育过程中，清除多余自由基反应，保护不饱和脂肪酸，使其不被氧化成褐色素及自由基，从而保护细胞免受有害物质的毒害，维护细胞的完整结构和正常功能。在高等植物中，维生素 E 在叶绿体内膜上合成，阻止光氧化胁迫，减少此过程中有毒自由基的产生，起到保护叶绿体的作用。

2. 抗油脂氧化功能

维生素 E 在空气中缓慢氧化，紫外线照射也可使其分解。维生素 E 是有效的抗氧化剂，可以保护其他易被氧化的物质不被氧化，可以防止油脂的自动氧化，对光氧化也有较好的延缓作用。自动氧化是食用油脂和油基食品品质劣变的最主要原因。油脂的自动氧化是自由基链式反应，维生素 E 通过释放活泼氢与 ROO·或者 RO·自由基结合，从而抑制脂质的过氧化反应；或者通过维生素 E 自由基氧杂萘满环上 O—C 键断裂，结合·OH，直接清除自由基。多数情况下，维生素 E 通过自身被氧化成生育醌，将 ROO·转化为化学性质不活泼的 ROOH，直接清除自由基，从而中断脂类的过氧化连锁反应，有效抑制脂类的过氧化反应。

维生素 E 与激发态氧分子（$^1O_2$）的反应速度是生育酚与油酸酯或亚油酸酯的反应速度的 100 倍左右，因而维生素 E 有一定的淬灭$^1O_2$ 的能力。但是该过程中维生素 E 本身也极易被$^1O_2$ 所氧化，产生氢过氧化物，从而导致 R·的生成。可以向油脂中同时加入维生素 E 和少量β-胡萝卜素（0.01%），达到同时抑制自动氧化和光氧化的效果。

（二）对 DNA 的保护作用

维生素 E 可保护 DNA 免受氧化损伤，维持基因的稳定性。生物机体内的·OH 是破坏性最强的活性氧，机体受电离辐射和金属离子与 H_2O_2 共同作用时都可产生·OH，·OH 可以结合在鸟嘌呤上，并将其氧化成 8-羟基鸟嘌呤。细胞释放的一氧化氮在有氧离子存在的情况下可以生成过氧化亚硝酸盐，这种物质可以将胞嘧啶脱去氨基成为尿嘧啶，腺嘌呤转变为氢氧化盐，从而引起 DNA 碱基突变，导致 DNA 交联和 DNA 碱基对的氧化。国外的研究证明，在人的口腔上皮细胞中添加维生素 E 可以降低 H_2O_2 诱发的·OH 的产生以及 DNA 碱基对突变，维生素 E 在皮肤细胞系 VH10 中可以降低 H_2O_2 诱发的 DNA 链的断裂。维生素 E 的疏水侧链可以插入膜脂双分子层的疏水区域，而亲水性头部则位于膜脂的表面头部，能够捕获活性氧，抑制多不饱和脂肪酸（PUFA）发生脂质过氧化反应，保护细胞免受不饱和脂肪酸氧化产生的有毒物质的伤害。

（三）对细胞膜及组织的保护作用

维生素 E 的酚羟基可以与有机过氧化基团反应，生成稳定的脂肪氢过氧化物和生育酚过氧化基团（维生素 E 自由基），有效打断过氧化链，阻止自由基反应的进行，保护细胞膜磷脂和血浆脂蛋白中的多不饱和脂肪酸免受氧自由基的攻击。维生素 E 与有机过氧化基团反应所产生的脂肪氢过氧化物基团可通过非自由基反应而代谢，所生成的生育酚过氧化基团可通过氢原子供体如维生素 C、硫醇，尤其是谷胱甘肽等还原剂反应还原成维生素 E。

（四）延缓衰老的作用

维生素 E 能将不饱和脂肪酸在肠道和组织内的氧化分解降到最低，保护细胞膜上的多不饱和脂肪酸不被自由基攻击而发生脂质过氧化反应，维持细胞膜的完整性，促进人体细胞的再生与活力，推迟细胞老化的过程，延缓衰老性疾病的发生与发展。脂褐质俗称老年斑，是细胞内某些成分被氧化分解后的沉积物，被认为是自由基作用的产物。衰老过程是伴随着自由基对 DNA 和蛋白质破坏的积累所致。维生素 E 可以促进人体新陈代谢，减少脂褐质的形成，改善皮肤弹性。

（五）抗不育作用

维生素 E 的主要生理功能之一就是抗不育症，这也是生育酚得名的原因。抗不育功能主要是由于维生素 E 的营养作用，它能维持生殖器官正常机能，调节内分泌功能紊乱，促进性激素分泌，提高生育能力，可使垂体前叶细胞分泌促性腺素，提高黄体激素量分泌，促进黄体细胞增大，并抑制黄体酮在体内的氧化，增强黄体酮的作用，从而促使受精作用完成。在临床上可以防止早产、流产，对不孕症患者基础体温、更年期综合征等都有一定的疗效。大鼠缺乏维生素 E 会造成繁殖性能降低，胚胎死亡率增高。研究人员发现维生素 E 是小鼠胎盘形成必需的营养物质。胎盘发育期缺乏维生素 E 将造成胎盘合胞滋养层细胞和胎儿血管内皮细胞坏死。

（六）调节机体免疫系统能力

维生素 E 能够调节、增强机体的免疫功能，通过保护细胞膜及细胞器膜免受氧化破坏，维持细胞及细胞器的完整与内环境稳态，保护细胞的正常生理功能，使细胞在接种免疫后产生正常的免疫应答。维生素 E 还可作为免疫调节物来调节细胞调节素、前列腺素、凝血素及促细胞生长素的合成。有研究表明，维生素 E 可通过阻止花生四烯酸的氧化反应影响氧化磷酸化关键酶和改变淋巴细胞膜受体功能，抑制前列腺素合成以增强体液免疫。当机体缺乏维生素 E 时，会造成免疫力下降，使淋巴细胞对促细胞分裂素的反应降低。

维生素 E 可以提高肉仔鸡机体对气管炎病毒、绵羊红细胞和新城疫病毒的体液免疫效果，其添加量为 25~50IU/kg 时，对气管炎病毒、绵羊红细胞体液免疫的效果最佳。

（七）抗癌作用

维生素 E 具有控制肿瘤细胞生长、防止或延缓体内肿瘤的发生、增强机体对癌细胞的抵抗力的作用。

流行病资料显示，人体维生素 E 摄入量与肿瘤呈负相关关系，长期服用维生素 E 的人，乳腺癌的患病率较低。通过对 36265 名成年人长期研究，发现血液中 α-生育酚水平低的人，其癌症的发病率比血液中 α-生育酚水平高的人要高 1.5 倍以上。维生素 E 对治疗宫颈癌、前列腺癌、皮肤癌、胃癌及肺癌均有一定疗效。它具有抑癌作用的机制是通过刺激巨噬细胞和淋巴细胞分泌肿瘤坏死因子 β，增强免疫，抑制癌细胞增殖；维生素 E 还可增强 P-53 抑癌基因对致癌基因活性的抑制作用；此外，维生素 E 能够有效地中和细胞在有氧呼吸过程中产生的过多的自由基，阻止体内各种组织中致癌物的形成；维生素 E 还可以抑制肿瘤血管形成机制，阻断肿瘤发展所需的血液供应。维生素 E 能够通过阻止肿瘤细胞中 DNA 的合成，抑制过氧化物对细胞膜的攻击、杀死新产生的癌变细胞、激活机体的免疫应答等达到抗癌作用。

（八）对神经系统的作用

维生素 E（α-生育酚）的摄入量对神经性疾病如阿尔茨海默病等具有重要影响。维生素 E 的抗氧化性可防止脑细胞膜成分被氧化，预防脑部发生的退化性病变。研究表明，在脑神经发育过程中，维生素 E 能诱导调节酶的合成量，从而提高谷氨酸和 GABA（γ-氨基丁酸）的水平，提高大脑发育时期神经递质素的表达或强度。中枢神经系统脑组织中富含花生四烯酸等多种不饱和脂肪酸，这些不饱和脂肪酸的氧化易导致大脑神经病变，α-生育三烯酚可以通过酶代谢和非酶代谢途径减缓花生四烯酸的氧化进程。

（九）抑制血小板增殖、凝集和血细胞黏附

蛋白激酶 C 在血小板增殖和分化中起重要作用。α-生育三烯酚能抑制蛋白激酶 C 的活性，阻止血小板血栓形成和血小板的凝集。前列环素是强有力的血小板凝集抑制剂和血管舒张剂。花生四烯酸的过氧化反应与前列环素的形成密切相关，维生素 E 能上调胞质中花生四烯酸级联反应的限速酶磷脂酶 A2、环氧合酶-1 的表达，促进花生四烯酸的过氧化反应，因此维生素 E 与前列环素的释放有剂量依赖效应。

（十）抗心血管疾病

维生素 E 可以预防动脉粥样硬化及血栓的形成，降低血液黏度，保持心脏冠状动脉血管的活力，因此在抗心血管疾病方面有重要作用。

动脉粥样硬化发病的一个重要机制是氧化型低密度脂蛋白的形成。维生素 E 在体内的运输与高密度脂蛋白和低密度脂蛋白有关，维生素 E 的抗氧化作用可以减少氧化型低密度脂蛋白的形成。维生素 E 还可以促进毛细血管增生，改善血液循环，减少胆固醇及中性脂肪在血管内的囤积，防止动脉粥样硬化和其他心血管疾病的发生。

（十一）对肾脏的影响

维生素 E 具有利尿作用，可以降低血压。通过临床研究维生素 E 对肾功能衰竭患者的微炎症和氧化应激状态的影响，发现补充维生素 E 后患者体内氧化应激及微炎症水平有所改善。另有研究表明，维生素 E 可以抑制阿霉素的肾毒性。

（十二）对新生儿的影响

维生素 E 是一种重要的血管扩张剂和抗凝血剂，能防治溶血、贫血、铁中毒等。研究发现，维生素 E 能提高新生儿的免疫功能，改善血液循环，增加血流量，促使体温上升，使硬肿面积减少，缓解和治疗新生儿硬肿症。此外，还能防治早产儿溶血性贫血。

（十三）其他作用

维生素 E 对头痛、萎缩性鼻炎等有一定的治疗作用。维生素 E 在防治糖尿病及其他并发症、运动系统疾病（修补无氧运动肌肉伤害）、皮肤疾病等方面具有广泛的作用。维生素 E 还可改善产后缺乳现象；治疗乳腺增生；降低吸烟危害；减轻疲劳；防治风湿病、哮喘；和维生素 A 配合使用，预防近视的发生和发展；降低患缺血性心脏病的机会；与维生素 C 配合使用可降低白内障发病率，对于白内障的治疗也具有良好效果。

第五节　维生素 E 应用

维生素 E 作为一种具有良好生理功能和药理价值的抗氧化剂，有着广阔的开发前景和市场需求，在食品、医药、饲料、化妆品等行业得到广泛的应用。

一、维生素 E 在食品行业中的应用

维生素 E 是一种性能优良的食品添加剂，主要起抗氧化和补充营养的作用。与 BHT 和 BHA 相比，维生素 E 不易挥发，抗氧化能力强；与叔丁基对苯二酚（TBHQ）相比，维生素 E 不会产生臭味。目前，维生素 E 已广泛应用于食用油、乳制品、婴儿食品、饮料、肉制品等食品中。

1. 维生素 E 在食用油中的应用

维生素 E 添加到食用油中主要有助于抗氧化作用，延长食用油的保存期，防止其氧化变质。GB 2760—2014《食品安全国家标准　食品添加剂使用标准》中，纯油脂的产品，如精炼好的原料油脂、瓶装调和油、色拉油等，可以根据需要添加维生素 E，且没有设定具体的限量。同时，由于维生素 E 耐热性好，热损失小，有利于食用油进一步加工。

2. 维生素 E 在乳制品中的应用

维生素 E 作为食品添加剂在乳制品中，一方面起抗氧化作用，延长乳制品的保存期，防止其氧化变质；另一方面补充乳制品加工过程中维生素 E 的损失。还可以将维生素 E 通过微囊化喷雾干燥制成粉类产品，添加到乳制品中作为营养强化剂或抗氧化剂使用。

3. 维生素 E 在婴儿食品中的应用

婴儿正处于生长发育的旺盛时期，需要补充适量的维生素 E，以保证正常发育。在 GB 10765—2021《食品安全国家标准　婴儿配方食品》中维生素 E 是必需营养成分，添加量为 0.12~1.2mg α-TE/100kJ。

4. 维生素 E 在饮料中的应用

在乳饮料中，维生素 E 可以防止其中的脂肪氧化变质，同时可以改善口感，而在强化饮料中，适量的维生素 E 可以调节人体生理机能。我国卫生健康委员会相关标准规定，维生素 E 作为食品添加剂在乳饮料中用量为 10~20mg/kg，强化饮料中用量为 20~40mg/kg。

5. 维生素 E 在肉制品中的应用

鱼肉加工中添加适量的维生素 E 可有效改善鱼的风味。向牛肉中注入适量维生素 E 可以明显延长牛肉的货架期。在鸡肉食品中加入适量维生素 E 可以防止鸡肉在冷冻储存时腐败变质。在加工香肠的原料肉中加入一定量的维生素 E 可保持香肠新鲜。在熏肉制品中加入适量维生素 E，可防止因氧化而产生致癌性亚硝胺类化合物。

6. 维生素 E 在谷物精制过程中的应用

在谷物精制过程中，不可避免地会造成维生素 E 的损失，为了保持营养均衡，需补充适量的维生素 E。

7. 维生素 E 在腌制品中的应用

在腌制原料中加入适量维生素 E，可以防止在腌制过程中致癌性亚硝胺类化合物的形成，同时减少腌制时由于腐败变质所造成的损失。

8. 维生素 E 在口香糖中的应用

维生素 E 是一种性能优良的除臭剂，在口香糖中添加 1%的维生素 E，可快速去除口中异味。

9. 维生素 E 在食品行业其他方面的应用

由于维生素 E 具有沸点高、对热稳定的优点，适合添加到需加热的食品中，如烘烤食品、方便面、人造奶油、奶粉等，可以使食品长期保存，口感好，营养丰富。此外，维生素 E 对蔬菜、水果、海产品、鲜肉制品具有良好的保鲜作用。

二、维生素 E 在医药及保健品行业中的应用

维生素 E 是细胞内抗氧化剂，能够抑制有毒的脂类过氧化物的生成，提高不饱和脂肪酸的稳定性；维生素 E 具有维持细胞膜完整、促进机体正常发育、维持生殖器官功能正常等作用；维生素 E 还具有促进性激素分泌等生理功能，提高刺激性辅酶 Q 的免疫性反应，影响核酸和多烯酸的代谢，对脑垂体的中脑系统有调节作用，可促进腺激素的产生，预防细胞生理衰老，防止致癌物自由基的过量生成。

维生素 E 在人体内的含量很少，需求量也很少，对生命却是极其重要的。由于天然维生素 E 在安全性和生物活性方面优于合成维生素 E，故在医药及保健品行业主要使用天然维生素 E。

天然维生素E在治疗动脉粥样硬化、冠心病、血栓、高血脂、高血压、糖尿病、气喘、气肿、习惯性流产、妇女不育症、月经失调、内分泌机能衰退、肌肉萎缩、贫血、脑软化、肝病、癌症等方面均有很好的医用价值，同时具有调节人体生理功能的保健作用。天然维生素E的医药制剂主要有胶囊、滴丸等，添加天然维生素E的保健品则以口服液、冲剂居多。

三、维生素E在饲料行业中的应用

维生素E作为一种常用的饲料添加剂，既是一种抗氧化剂又是畜禽必需的生物催化剂，可以防止饲料氧化变黄，同时提高动物繁殖力、免疫力、产蛋率和抗病能力。此外，维生素E对缓解家禽的热应激、提高家禽的肉质等具有非常重要的作用。据研究发现，在肉仔鸡日粮中添加维生素E（80IU/kg）可以提高肉仔鸡对感染性卵黄囊病毒的细胞免疫能力。

动物实验表明，在饲料日粮中添加维生素E可明显提高猪与禽组织中α-生育酚的含量，降低脂类氧化速度、防止脂肪酸败和维持屠宰后细胞膜的完整性，而且对引起肉苍白、柔软、渗出性变化的磷脂酶A2产生了抑制作用，使肉能比较长久地保持新鲜的外观和颜色，降低滴水损失，延长贮存期。

大多数动物均可发生维生素E缺乏症，其中以幼龄动物发病较多。动物缺乏维生素E可引发一系列疾病，如白肌病、肝细胞坏死、生殖机能障碍等，这使得维生素E广泛用于母畜、幼畜、宠物和观赏鱼等的饲料中。

四、维生素E在化妆品行业中的应用

维生素E是化妆品中常见的添加剂，具有抗氧化、舒张血管和防止皮肤粗糙等作用，广泛用于洗发液、护发素、洗面奶、沐浴露、防晒液等化妆品中。在洗发液与护发素中加入适量的维生素E，可防止空气污染和强光对头发的伤害，保持头发滋润、乌黑亮丽，同时能防止胺类化合物在受到污染时生成致癌物。在洗面奶、沐浴露、防晒液与护肤品中加入维生素E可阻止形成亚硝胺类致癌物，防止或延缓其中的油脂酸败，同时维生素E易被皮肤吸收，可促进皮肤新陈代谢，防止色素沉积，改善皮肤弹性，滋润皮肤，起到美容、护肤、防衰老的作用。

维生素E能促进血液循环、清除自由基、阻断脂质过氧化链反应、防止静脉炎发生，可治疗疤痕、面疱、青春痘；防止皮肤干燥老化、皮肤过敏，适用于营养肌肤，预防黑斑、雀斑、肝斑、老人斑。维生素E还可以调节体内激素分泌的不平衡，有效地防治粉刺。

维生素E可消除脂褐素在细胞中的沉积，改善细胞的正常功能，减慢组织细胞的衰老过程，被广泛用于抗衰老类化妆品中。脂质体包埋维生素E可以有效地提高维生素E的稳定性，促进维生素E的透皮吸收速率。大豆磷脂对皮肤有营养保健的功能，利用大豆粉状高纯磷脂作为脂质体对维生素E进行包埋，有很高的包埋率，且具有缓释效果，适合大规模化工业生产。

第六节 维生素E制备

维生素E的工业制备方法有两种：一种是从天然产物中提取；另一种是经化学合成。天

然维生素 E 来源于植物，生物活性较高，安全性好，但产量低，价格高；合成维生素 E 可大批量生产，产品结构易于调控，价格低。

一、天然维生素 E 的提取

天然维生素 E 广泛存在于植物组织的绿色部分和禾本科种子的胚芽中。天然维生素 E 主要是以绿色植物油、油渣、脱臭物为原料，经适当加工而得到的由三烯生育酚所构成的复杂混合物。

（一）天然维生素 E 的提取分离工艺

天然维生素 E 的提取方法大体可归纳为溶剂萃取法、酯化-蒸馏法、尿素络合法、皂化法、离子交换吸附法、酶法等，但由于有些原料成分复杂，所以维生素 E 的提取工艺大多是各种方法的综合运用。如酯化-蒸馏法和尿素络合法所得生育酚含量均较低，但仍是预浓缩生育酚的有效方法，可进一步利用分子蒸馏、离子交换等其他方法制取高纯度生育酚制品。

1. 溶剂萃取法

溶剂萃取法是根据天然维生素 E、甾醇、游离脂肪酸及甘油酯等在不同溶剂中溶解度的不同，选择合适的溶剂，使天然维生素 E 与游离脂肪酸或甾醇等分开的方法。用低级醇与低级酮类的混合物作萃取剂，对溶剂进行蒸馏即得到浓缩的维生素 E 产物。本方法操作简单，能有效保存维生素 E 的活性成分，没有酯化或皂化等反应发生，油脂不会受到破坏，可用于直接从各种植物油中提取维生素 E。该方法的工艺设备比较简单，回收率和产品含量均很低，溶剂用量大（6~10 倍于原料体积），容易造成环境污染。

溶剂萃取法可有效从菜籽油脱臭馏出物中分离生育酚，将原料酯化后，以异丙醇-苯甲醇混合溶剂为萃取剂，可提高原料萃取生育酚浓度，若进一步通过分子蒸馏等方法可获得高浓度生育酚。

2. 酯化-蒸馏法

酯化-蒸馏法主要是用来提取脱臭馏出物中的维生素 E。通过化学处理（使脱臭馏出物与醇类进行酯化反应生成酯类化合物），把脱臭馏出物中的游离脂肪酸、甘油酯转化为与天然维生素 E 的沸点和相对分子质量相差较大的脂肪酸酯；将馏出物中的甾醇冷析结晶，过滤去除；常压蒸馏去除甲醇；通过蒸馏的方法，去除脂肪酸甲酯或残余脂肪酸、甘油酯等，得到一定纯度的天然维生素 E 浓缩物。

酯化-蒸馏法操作简单、投资少、能耗低，但浓缩比和回收率较低，适于生育酚初步分离。

采用浓硫酸作催化剂，催化脱臭馏出物与甲醇的酯化反应，采用短程蒸馏法提取维生素 E，能够得到纯度为 30%的维生素 E 产品。研究表明，使用挥发性醇酯化脂肪酸，经过一系列的蒸馏分离，脱色浓缩，得到生育酚/生育三烯酚的浓缩物，含量为 20%~80%，总回收率为 72%~97%。

短程蒸馏技术可用于提取天然维生素 E，通过优化系统压力、搅拌速度、进料速度和蒸馏温度，经三级蒸馏，维生素 E 的纯度由 3%提高到 80%。

3. 皂化法

皂化法指利用碱金属或碱土金属类的氢氧化物、碳酸氢化物或碳酸盐和油脂原料中的脂肪酸或者甘油酯发生皂化反应，将其转化为脂肪酸盐，再加入脂溶性有机溶剂进行萃取，分层后将两相分离，去除有机溶剂后即得浓缩的维生素 E。

4. 分子蒸馏法

分子蒸馏法是一种在高真空下进行液-液分离的蒸馏方法，其蒸发面与冷凝面的距离在蒸馏物料分子的平均自由程之内。所谓自由程，即一个分子与其他气体分子每连续两次碰撞走过的路程，相当于不同自由程的平均值，称平均自由程。分子蒸馏即依据不同物质分子运动平均自由程的差别而实现物质的分离。分子蒸馏可概括为以下几个过程：物料在加热面上形成液膜，分子在液膜表面上自由蒸发，分子从加热面向冷凝面运动，分子在冷凝面上被捕获，馏出物和残留物分别被收集。分子蒸馏是一种非平衡状态下的蒸馏。但从其原理来看，它又根本区别于常规蒸馏，具备真空度高、操作温度低、受热时间短和分离程度高等许多常规蒸馏无法比拟的优点，适合处理热敏性高、沸点高，产量要求不大且价值高的物料。

分子蒸馏浓缩脱臭馏出物中的维生素 E 基本采用酯化预处理。将原料中的脂肪酸及中性油转变为脂肪酸甲酯，利用脂肪酸甲酯与天然维生素 E 分子运动自由程的差别，实现维生素 E 的分离。这是目前国内外制备天然维生素 E 使用最多、工艺较成熟的方法，具有操作温度低、蒸馏压力低、受热时间短、分离程度高和产品回收率高等优点，但工艺较复杂，需要较高的真空度。

研究者对从植物油中提纯维生素 E 的分子蒸馏过程进行了模拟，结果发现一步蒸馏就可将维生素 E 的浓度从 8%提高到 40%。

大豆油脱臭馏出物经酯化预处理后再采用三级蒸馏提取维生素 E，三级分子蒸馏设置不同的温度、加热壁面温度、进料速率和刮板转速，最终产品维生素 E 含量大于 74%。

5. 尿素络合法

在脱臭馏出物的醇溶液中，加入尿素的醇溶液，尿素与脂肪酸形成不溶于醇的络合物，从而去除大量的游离脂肪酸。

尿素络合法是利用尿素在一定条件下能与原料中大量直链脂肪酸和脂肪酸酯形成络合物，维生素 E 因其有庞大的萘满环结构，且烃支链较多，因而空间位阻相对较大，几乎不能包合进去。通过冷析结晶后过滤去除，达到浓缩提纯的目的。该法操作简单，对生育酚破坏较小，但对甘油酯和脂肪酸包合不完全，浓缩物中维生素 E 含量仍相对较低。

将尿素粉碎后，加入一定体积的水在水浴中充分溶解，然后将一定量的脱臭馏出物于热水浴中加热融化，加入尿素甲醇溶液，自然冷却至室温。在低温下静置数小时，真空泵抽滤，弃除滤饼，用旋转蒸发器回收滤去甲醇，接着用 60℃热水反复洗涤，直至油相清，此油即为所得维生素 E 浓缩物。此种方法回收率高，可使维生素 E 纯度提高 5 倍多，回收率保持在 70%~80%。

6. 超临界流体萃取技术

超临界流体萃取技术是一种相当有潜力的分离技术。根据超临界流体溶解性和高选择性，使用此技术使原料中维生素 E 与其他组分分离。采用超临界 CO_2 萃取，能够实现在低温无氧的环境下浓缩维生素 E，避免维生素 E 的氧化损失。在采用超临界 CO_2 提纯前，一般先将含维生素 E 的原料进行预浓缩。通常采用酯化-蒸馏法或尿素络合法分离原料中的脂肪酸，再通过冷析（0~4℃）除去甾醇，而后再将维生素 E 初步浓缩物进行超临界 CO_2 萃取，得到纯度较高的维生素 E 浓缩物。

超临界流体分离法具有无毒、无害、无溶剂残留、无污染、惰性环境可避免维生素 E 的氧化损失、温度低和可有效保留维生素 E 生理活性等优点，其缺点是设备投资大、操作费用高及安全性低。

超临界萃取率与萃取温度、萃取压力、CO_2 的密度等密切相关。利用超临界流体萃取技术优化萃取条件（压力、萃取温度、CO_2 流量）可从小麦胚芽中高效提取天然维生素 E。

超临界流体萃取技术已应用于富集大豆油脱臭馏出物中的维生素 E。大豆油脱臭馏出物是一种成分复杂的混合物，主要包括维生素 E、各类脂肪酸、甘油三酯、甾醇、长链烃类、色素及其他杂质，因此在采用超临界流体萃取技术提取维生素 E 的过程中，大豆油脱臭馏出物必须进行甲酯化与冷析脱甾醇处理。

研究表明，超临界流体萃取技术对从大豆油脱臭馏出物中萃取、浓缩维生素 E 的方法为先加入甲醇将大豆油脱臭馏出物进行甲酯化，酯化后产物去除甾醇，由精馏柱下部注入，使溶质与溶剂形成逆流。此种方法在 13MPa 时，生育酚的含量及回收率都较高。

7. 超临界流体色谱

超临界流体色谱是利用维生素 E 组分与杂质在色谱中保留值的差异来分离纯化维生素 E。研究表明，分析型的超临界流体色谱可收集 0.1g 级的天然维生素 E，维生素 E 中总生育酚含量提高到 82.33%，回收率为 54.2%，证明用超临界流体色谱制备维生素 E 的可行性。循环半制备色谱可进一步对麦胚油中的维生素 E 进行纯化。麦胚油经过 3 根硅胶柱分离后，可得到 85%的 α-生育酚和 70%的 β-生育酚，生育酚的回收率为 30%~50%。

8. 离子交换吸附法

离子交换吸附法是利用维生素 E 和其他组分的吸附交换能力不同而进行分离。由于生育酚分子中的羟基在极性溶剂的作用下能微弱电离，呈现弱酸性，与碱性阴离子交换树脂具有一定的离子交换能力，使天然维生素 E 可以通过离子交换同其他组分分离。

离子交换吸附法具有优异的分离选择性和较高的浓缩比，且设备要求较简单、投资低廉、维生素 E 损失也较小；但要求原料中游离脂肪酸和甾醇含量低，需要利用化学转化等方法对原料进行预处理，且溶剂消耗量较大。

研究人员将几种方法结合提取棕榈油副产物中的生育酚。先用酯化和蒸馏的方法去除大量的游离脂肪酸，冷却析出甾醇晶体，用阴离子交换树脂对预处理后的原料进行提取，最后经分子蒸馏和脱臭得到纯度达 95%、回收率为 70%的维生素 E 产品。

强碱性离子交换树脂吸附法可进一步精制天然维生素 E，吸附解析后得到纯度大幅提高。

9. 酶法

酶法是以脱臭馏出物或油渣为原料，向体系中加入酶和水进行处理，最后得到维生素 E 的浓缩物。酶法制备维生素 E 所用酶类主要包括脂肪酶、叶绿素酶、磷酸单酯酶、番木瓜蛋白酶等。酶法是原料预处理的主要方法之一，用来加大维生素 E 和其他成分性质的差异，为后续的分离创造良好条件。

酶法处理主要是利用脂肪酶将游离脂肪酸和醇类转变成脂肪酸酯后将其脱除，采用一种固定化非特异性脂肪酶作为催化剂，催化脂肪酸与甲醇的酯化反应，缩短甲酯化的反应时间。例如，利用皱褶假丝酵母脂肪酶和产碱菌属脂肪酶分别催化原料中的游离脂肪酸酯化，将其转化为脂肪酸甲酯，最后经短程蒸馏分离，维生素 E 的纯度可达 72%，回收率为 88%。而皱褶假丝酵母脂肪酶催化甾醇和游离脂肪酸发生酯化反应，约 80%甾醇被酯化，而维生素

E 不反应，通过分子蒸馏将生育酚和游离脂肪酸回收，再用脂肪酶在上述相同条件下，催化蒸馏的产品中残留甾醇酯化，有至少 95%的甾醇酯化，最后经 4 次蒸馏，得到 65%的维生素 E，同时得到高纯度的甾醇酯。

酶法的特点是脂肪酶催化甲酯化可在大量杂质存在的条件下进行，反应时间短，反应条件温和，对生育酚影响较小，反应生成的产品不需要任何洗涤。

10. 酯化-硅胶吸附法

将原料进行酯化，加入非极性溶剂将酯化物溶解，再加入粒状硅胶进行吸附，维生素 E 就会吸附在硅胶上。去除非极性溶剂后加入极性溶剂，使维生素 E 从硅胶中解吸，再用蒸馏法去除极性溶剂就得到较高浓度的维生素 E。硅胶吸附是利用硅胶对甾醇和维生素 E 的吸附和解吸程度的差异实现二者进一步分离和提纯。

11. 凝胶过滤法

凝胶用溶剂浸泡后，填充到玻璃柱里，接着将预处理过的料液（脱过甾醇，去除大部分脂肪酸）也溶解在溶剂里，通过玻璃柱填充床，使脂肪酸、甘油酯及部分色素等杂质与维生素 E 分开，从而得到高浓度的维生素 E。所用的凝胶有交联葡聚糖、羟基烷氧基丙基交联葡聚糖等。所用的溶剂可以是 1,2-二氯乙烷、三氯乙烯，也可以是戊烷、己烷、环己烷、甲醇等。前一类溶剂使除了维生素 E 以外的其他物质先溶出，而后一类溶剂使维生素 E 先溶出。

（二）天然维生素 E 的提取原料

1. 以植物油为原料

植物油经醇提、分相、回流皂化、萃取、分子蒸馏可得 40%左右的天然维生素 E 浓缩液，回收率在 70%左右。由于维生素 E 是植物油中的天然抗氧化剂和营养成分，因此以植物油为原料制备天然维生素 E 不具有工业价值。

2. 以油渣为原料

油渣是油脂加工的下脚料。油渣经酯化（或皂化、酶催化酯化）、水洗、冷析分离分层、蒸馏可得 5%左右的天然维生素 E 粗品，再经过酯化、水洗、蒸馏（或者超临界流体萃取、正己烷萃取、硅胶吸附），可得 50%左右的天然维生素 E 浓缩液；同时副产物植物甾醇、脂肪酸酯的实验室回收率可达 60%以上。由于该工艺处理过程繁琐、油渣成分复杂，工业化仍有一定困难。油渣是制备维生素 E 的宝贵资源，加快对油渣制备维生素 E 的开发研究，不仅可以缓解维生素 E 资源紧缺的现状，而且对资源的综合利用、环境保护也具有现实意义。

3. 以脱臭馏出物为原料

脱臭馏出物是精炼油加工的副产物，它一直是提取维生素 E 的重要原料。在脱臭馏出物中维生素 E 含量为 4%~17%，占处理油量的 0.5%。脱臭物经过酯化、中和、分层、冷析分离分层、蒸馏得 30%左右的天然维生素 E 粗品，再经过超临界流体萃取或正己烷萃取或硅胶吸附，可得 80%以上的天然维生素 E 浓缩液。目前我国以脱臭馏出物为原料制备维生素 E 的技术已经较为成熟，实现了工业化。

油脂脱臭馏出物的组成成分复杂，天然维生素 E 含量较少（<17%）。在制备维生素 E 时需将脱臭馏出物先进行甲酯化，再经冷却分离出甾醇，蒸出脂肪酸甲酯后，可获得较高浓度的维生素 E。脱臭馏出物可以是玉米油、大豆油、米糠油、菜籽油、棉籽油和红花油等油脂脱臭工序产生的副产物脱臭浮渣、脱臭残渣和真空泵安全罐油渣等。

（1）以玉米油脱臭馏出物为原料　以玉米油脱臭馏出物为原料加入甲醇，以强酸性阳离子交换树脂作为催化剂进行反应，使原料中的游离脂肪酸转变成相应的甲酯；过滤去除催化剂；将滤液蒸发，脱除甲醇和水后与乙醇配成混合溶液，通过装填有吸附剂的吸附柱后，用乙醇洗涤床层，直到流出液透明澄清为止，收集流出液；用乙酸乙醇溶液洗脱吸附柱，收集洗脱液，减压蒸发，脱除溶剂后获维生素 E；将流出液蒸发去除乙醇后的物料，溶解在甲醇中，经搅拌、降温、静置，析出晶体，过滤分离得到植物甾醇晶体。

该方法的优点是简化了反应步骤，对设备腐蚀性小，无环境污染；操作简单，设备投资小。

（2）以大豆油脱臭馏出物为原料　大豆油脱臭馏出物因维生素 E 含量较高，且来源广泛，常作为提取天然维生素 E 原料。首先以大豆油脱臭馏出物为原料进行甾醇的溶析冷却结晶，而后直接通过高真空精馏分离脂肪酸，再进行甲酯化、酯交换反应，然后再通过高真空精馏分离生成脂肪酸甲酯，水解脂肪酸甲酯得到脂肪酸，最后萃取高真空精馏的釜残液得到维生素 E。

该方法提取的维生素 E 和甾醇的回收率与纯度高于传统工艺，而且提取成本低于传统工艺。

（3）以米糠油脱臭馏出物为原料　研究人员采用分子蒸馏和柱层析联用方法提取米糠油脱臭馏出物中的维生素 E。通过优化压力、进料温度、蒸馏温度、进料速率、刮膜转速等操作条件，经一次分子蒸馏，得到的维生素 E 纯度为 12.65%，回收率为 83.12%。再以改性后强碱性阴离子交换树脂 LS-20 作为吸附剂，以 5%乙酸-乙醇溶液作为解析剂，维生素 E 纯度达 63.5%，回收率为 81.45%。

（4）以菜籽油脱臭馏出物为原料　我国是油菜籽生产大国，目前菜籽油年产量达 1100 万 t，居世界首位。菜籽油脱臭馏出物中维生素 E 的含量较高，是提取维生素 E 的宝贵资源。肖斌等优化了一次分子蒸馏菜籽油脱臭馏出物提取维生素 E 的工艺条件。当系统在压力 0.1Pa、蒸馏温度 180℃、进料流量 250mL/h、进料温度 170℃、刮膜速度 150r/min 条件下，维生素 E 的一次回收率可达 65.38%，可得含量为 51.72%的维生素 E 产品，再经多级分子蒸馏可使维生素 E 含量提高至 95%以上。

二、利用现代生物技术制备天然维生素 E

近年来，人们越来越趋向于利用生物技术来提高植物中天然维生素 E 的产量。采用适当的提取工艺获得天然维生素 E。通过富含维生素 E 的植物细胞的培养，然后采用适当的分离方法获得天然维生素 E。它不受自然资源的限制，是大规模获取天然维生素 E 的有效途径。目前只对这方面进行了初步的小型研究，投入工业化生产还需要进行中试和放大等工作。

三、高生物活性天然维生素 E 的制备

以天然维生素 E 浓缩液为原料制备高生物活性天然维生素 E 的关键是增加其中 d-α-生育酚的含量，将非 d-α-生育酚转化为 d-α-生育酚。以天然维生素 E 浓缩液为原料制备高生物活性天然维生素 E 的工艺主要有氯甲基化-还原法、羟甲基化-还原法、胺甲基化-还原法、甲酰法-还原法，每种工艺的特点如表 8-4 所示。国外在此方面工艺比较成熟，但保密性较强，多受专利保护；国内在此方面工艺研究刚起步，工业化尚有一定难度。

表 8-4 天然维生素 E 不同制备工艺路线的特点比较

工艺路线	特点
氯甲基化-还原法	工艺过程较为复杂，对设备的腐蚀性较强，有一定的污染，非 d-α-生育酚的转化率尚可，产品质量一般，设备投资较小，属常压操作
羟甲基化-还原法	工艺过程较为简单，基本无污染，非 d-α-生育酚的转化率较高，产品质量较好，但设备投资较大，属高压操作
胺甲基化-还原法	工艺过程较为复杂，基本无污染，胺类物质可以回收再利用，设备投资较小，属常压操作。该工艺还处于开发阶段，工业化有一定难度
甲酰化-还原法	工艺过程较为简单，基本无污染，设备投资一般，非 d-α-生育酚的转化率较低，产品质量较差

四、维生素 E 的合成制备

最早化学合成维生素 E 的方法是利用三甲基氢醌与植基溴在无水氯化锌的催化下环合生成维生素 E。随后 Bergel 采用异植物醇与三甲基氢醌为原料，通过烷基化-缩合反应得到维生素 E。目前工业上维生素 E 的制备大多是以异植物醇与三甲基氢醌为原料，通过缩合反应合成，反应机理是烯醇形成烯烃碳正离子进攻氢醌内苯环（即亲电加成反应），反应的实质是傅克烷基化反应。通过烷基化反应后，再脱水形成六元环，得到维生素 E。该方法很大程度依赖异植物醇与三甲基氢醌的生产，这两种原料的制备技术和生产成本直接影响着维生素 E 产品的质量和成本。合成维生素 E 的主要工艺路线如图 8-2 所示。

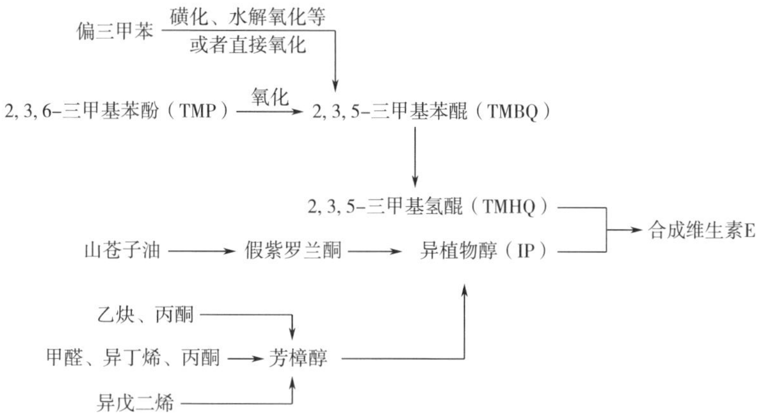

图 8-2 合成维生素 E 的主要工艺路线图

2,3,5-三甲基氢醌合成的工艺主要有偏三甲苯法和 2,3,6-三甲基苯酚法等。偏三甲苯法发展较早，以三甲苯为原料，经磺化、硝化、加氢、氧化和还原反应合成主环。该方法价格低，但是反应步骤多，中间体难以分离，有大量不纯的杂质，环境处理困难。另一条反应路线是以间甲酚为原料，采用甲基化、磺化、还原、再氧化、再还原等步骤得到主环。此工艺技术含量高、污染小、副反应少、易于工业化，是目前工业上广泛采用的生产工艺。

异植物醇中间体的合成是维生素E合成的关键，异植物醇的经典合成方法可从假紫罗兰酮出发，通过加氢还原，再与炔醇进行缩合，得到 C_{16} 的炔醇，脱水后加氢还原形成 C_{16} 的醇，然后经溴代或氯代反应，再与烯丁酮反应形成异植物醇。由于该工艺受原料——山苍子油的影响，只能小规模生产。目前世界上生产异植物醇大多以芳樟醇为来源。

维生素E的合成研究方面，主要研究的重点是在催化剂的改进和溶剂体系的选择上。合成维生素E传统的催化剂为 $ZnCl_2$/HCl、$AlCl_3$、$FeCl_2$/Fe/HCl 等金属氯化物催化剂，这些催化剂也是工业生产中采用的催化剂。但该类催化剂存在用量高且难以回收、产品产率和选择性低、产物分离纯化困难、容易腐蚀设备、污染环境等缺点。科曼（Coman）等制备了一种部分羟甲基化的纳米金属氟化物催化剂 AlF_3，其能够催化维生素E的合成过程；并且发现用50%的HF溶液处理制备的 AlF_3-50 催化效果最好，维生素E回收率大于99.9%。

化学反应中的大多数反应在有机溶剂中进行，因此存在毒性大、易挥发、难回收、污染环境等缺点。在环保意识日益增强的今天，迫切需要人们寻找环境友好的反应介质。近年来，有人研究将超临界 CO_2 及离子液体溶剂体系应用于合成维生素E中，为反应工艺的改进提供了有益的研究思路，此反应速率快，维生素E回收率高，且反应结束后 CO_2 易与反应体系分离。但该方法对压强要求较高，不利于大规模的工业化生产。

思考题

1. 维生素E主要存在于哪些油脂加工副产物中？
2. 简述维生素E的生理功能。
3. 维生素E的提取分离工艺有哪些？简述从油脂脱臭馏出物中提取维生素E的步骤。

第九章 植物甾醇

CHAPTER 9

本章学习目标

1. 掌握植物甾醇的概念、结构和性质。
2. 了解植物甾醇的生理功能和吸收特性。
3. 了解植物甾醇在食品、医药、化妆品中的应用。
4. 掌握从脱臭馏出物中提取植物甾醇的方法。

第一节 概述

植物甾醇（Phytosterols）是一种广泛存在于植物细胞与组织膜结构中的天然活性物质，也是多种激素、维生素 D 及甾族化合物合成的前体物质。天然植物甾醇种类繁多，主要有 β-谷甾醇（β-Sitosterol）、豆甾醇（Stigmasterol）、菜油甾醇（Campesterol）和菜籽甾醇（Brassicasterol）等，其中以 β-谷甾醇为主，占总植物甾醇的 60%~90%，其次为豆甾醇及菜油甾醇。某些植物中还存在有芸薹甾醇（Brassicasterol）、燕麦甾醇（Avenasterol）、菠菜甾醇、钝叶大戟甾醇、芦竹甾醇、环木菠萝烯醇和 24-亚甲基环木菠萝醇等。植物甾烷醇（Phytostanol）是植物甾醇的饱和形式，在植物中的分布相当有限，存在于油料籽和木浆替代品中，其结构与胆固醇和植物甾醇不同，环上碳碳双键被氢化成为完全饱和的环结构，可通过氢化植物甾醇得到。

第二节 植物甾醇结构及性质

甾醇是高环型一元仲醇，母体是环戊烷多氢菲核，其分子结构式如图 9-1 所示。

按结构来分，甾醇可分为 4-无甲基甾醇、4-单甲基甾醇和 4,4-双甲基甾醇三大类，如表 9-1 所示。

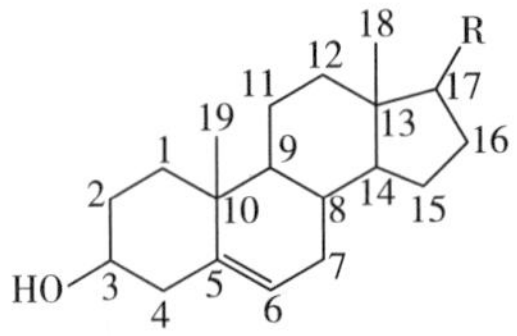

图 9-1 甾醇分子结构图

谷甾醇：R=—$CH(CH_3)CH_2CH_2CH(CH_2CH_3)CH(CH_3)_2$

豆甾醇：R=—$CH(CH_3)CH=CHCH(CH_2CH_3)CH(CH_3)_2$

菜油甾醇：R=—$CH(CH_3)CH_2CH_2CH(CH_3)CH(CH_3)_2$

菜籽甾醇：R=—$CH(CH_3)CH=CHCH(CH_3)CH(CH_3)_2$

表 9-1 甾醇分类表

类名	其他名	类型	甾醇举例
4-无甲基甾醇	无甲基甾醇、甾醇	胆甾烷型	β-谷甾醇、豆甾醇、胆甾醇
4-单甲基甾醇	单甲基甾醇、甲基甾醇	4α-甲基胆甾烷型	钝叶大戟甾醇、芦竹甾醇
4,4-双甲基甾醇	双甲基甾醇、三萜烯醇	羊毛甾烷型	环木菠萝烯醇、α-香树精

甾醇通常为白色片状或粉末状固体，经溶剂结晶处理后的甾醇为白色鳞片状或针状晶体，其中由乙醇结晶处理形成针状或鳞片状晶体，由二氯甲烷结晶处理形成针刺状或长棱晶体。甾醇不溶于水，常温下微溶于丙酮和乙醇，易溶于乙醚、苯、二硫化碳、石油醚、氯仿和乙酸乙酯。甾醇分子中碳原子数一般为 27~31，相对分子质量为 386~456，熔点较高，都在 100℃以上，最高达到 215℃。甾醇的密度略大于水，具有旋光性。其极易结晶，在水相和油相中溶解度较低，生物个体对植物甾醇的吸收率极低，可用化学和物理的方法阻止其分子结晶，增大甾醇的水溶性或脂溶性来促进其在动物和人体内的吸收。

植物甾醇的结构类似于胆固醇，由于不同的侧链基团存在些许差异。不同种类的植物甾醇由于侧链的结构不同导致其构效关系和生理功能不同。如甾醇可以作为乳化剂，主要是由于甾醇同时具有庞大的疏水性基团和羟基等亲水性基团。通过对羟基进行化学修饰可以调节其乳化性能。两亲性特征使得植物甾醇具有调节和控制膜流动性的能力，起膜支架作用，这与胆固醇在动物体内的作用类似。

甾醇被誉为“生命的钥匙”，具有保持生物体内环境稳定、调节应激反应、控制糖原和矿物质的代谢等重要生理功能。甾醇的营养价值高，具有抗炎退热、维持体内胆固醇平衡、防止动脉粥样硬化和消除皮肤角质化等作用，被广泛应用在医药、食品、化妆品等领域。美国食品药品监督管理局（FDA）、欧洲经济共同体食品科学委员会（SCF）等认为，适量摄入植物甾醇和植物甾烷醇可降低血液中的胆固醇含量，并已确证植物甾醇类食品的功效性和安全性。

2000 年 9 月，FDA 批准添加甾醇的食品可采用“保健功能声明（Health Claim）”标签。2006 年，FDA 进一步允许在下列食品加入植物甾醇或植物甾醇酯：人造奶油、植物油涂抹制品、色拉调料、饮料（包括果蔬汁等）、类乳制品（豆奶、冰淇淋、奶酪、稀奶油及稀奶油替代品等）、焙烤食品、蛋黄酱、挂面类和调料等。植物甾醇或其等同折算物的可加入剂量范围为0.17~20g/100g食品。不建议在婴幼儿食品中添加植物甾醇或植物甾醇酯。2007年植物甾醇获我国农业农村部颁发的饲料添加剂新产品证书。2010年3月我国卫生部正式批准植物甾醇和植物甾醇酯为新资源食品，由此引起了我国食品行业对开发富含植物甾醇的食用油以及添加植物甾醇食品的重视。粮油企业益海嘉里也正式对外宣布推出国内市场上第一款植物甾醇玉米油——金龙鱼新一代玉米油。植物甾醇玉米油因对心血管有着重要的膳食调理作用而被业内视为一种新型健康油脂。目前，我国卫生健康委员会、FDA以及SCF推荐的植物甾醇摄入量为1.3~3.0g/d。植物甾醇及植物甾醇酯在多种食品中的应用呈现不断增加的趋势。

第三节　自然界中的植物甾醇

一、植物体中的植物甾醇

植物甾醇在植物的根、茎、叶、果实和种子中均有分布。植物甾醇可以游离态形式存在，也可与脂肪酸、阿魏酸和糖苷等形成酯。游离植物甾醇嵌于组织膜中，长度与一个磷脂单层分子大致相同。植物甾醇酯主要是甾醇与酰基供体酶催化酯化或酯交换合成的，具有亲脂性，可作为细胞膜组分，其吸收利用率远远高于游离型甾醇。最常见的植物甾醇酯主要有甾醇硬脂酸酯、甾醇乙酸酯和甾醇油酸酯。通常，植物油及相关油制品的甾醇含量最为丰富，其次为谷物制品及坚果类，少量来自水果和蔬菜。

调查研究显示，在不同植物中，不同植物甾醇的含量也各有差异，花类植物中菜油甾醇含量最高，草类和茎叶植物中豆甾醇的含量最大；同一植物的不同部位，甾醇的含量差异较大，植物的花中含量最高，其次为果实与种子。

二、食品中的植物甾醇

在膳食中，植物油及其加工制品为植物甾醇最丰富的来源，其次是谷物与谷物副产品，以及坚果、水果和蔬菜等。

1. 食用植物油中的植物甾醇

植物甾醇主要存在于植物油中。玉米油、菜籽油、米糠油和小麦胚芽油等植物甾醇含量较高，其中，玉米油甾醇含量为8.09~15.57g/kg，菜籽油甾醇含量为5.13~9.79g/kg，小麦胚芽油中甾醇含量为19.70g/kg。在米糠油中，甾醇的含量可高达32.25g/kg，而芥花油中甾醇的含量约为大豆油和葵花籽油的2倍。在我国居民食用较多的几种植物油中，植物甾醇含量最低的是山茶油，总含量仅为1.18g/kg。不同种类的植物油中甾醇的含量和比例各不相同，多数植物油中以β-谷甾醇为主，其百分含量在56.4%~81.2%，而茶油中植物甾醇以β-谷甾烷为主，占总甾醇的65%。

在精炼植物油时，脱胶产生的油脚和脱臭馏出物是制取植物甾醇的良好来源。玉米油、花生油、大豆油、菜籽油、葵花籽油、棉籽油的脱臭馏出物中一般含有10%~30%不皂化物，其中约有40%为植物甾醇。早期研究表明，每千克粗植物油含有1~5g植物甾醇，主要以游离态及脂肪酸酯的形式存在。游离甾醇主要存在于大豆油、橄榄油和葵花籽油中，所占比例为57%~82%，芥花油、乳木果油和玉米油中游离甾醇的含量占总甾醇的35%左右。植物甾醇通常与亚油酸、油酸结合成为脂肪酸酯，也有少量的植物甾醇与酚酸结合。而甾醇糖苷主要存在于毛油中，在油脂精炼过程中被除去。

2. 谷类食物中的植物甾醇

谷类食物是膳食植物甾醇的主要来源之一，植物甾醇主要分布于谷物的谷皮、糊粉层、胚乳、胚芽和谷壳中。谷物不同结构中植物甾醇的组分和含量差异较大，其中麸皮、胚芽和胚乳中含量最高，小麦麸皮中总甾醇含量为0.89~1.54g/kg，米糠中总甾醇为13.25g/kg。谷类食物加工越精细，植物甾醇含量越低，即全麦粉>标准粉>富强粉>饺子粉。面粉中各甾醇所占的比例基本一致，其中β-谷甾醇占总甾醇的50%以上，其次是谷甾烷醇和菜油甾醇，豆甾醇含量很低。大米中植物甾醇总含量在0.1~0.16g/kg，比面粉明显要低，植物甾醇的成分以β-谷甾醇和谷甾烷醇为主。黑麦、小麦、大麦和燕麦中总甾醇的含量分别是1.1、0.76、0.83和520g/kg。其他谷类食品中植物甾醇含量比较高的有紫米、薏仁、荞麦、青稞、小米和玉米等，含量均在0.6g/kg以上。

谷物中结合形式的甾醇主要以脂肪酸酯、酚酸酯和糖苷的形式存在；黑麦中甾醇酯占总甾醇含量的47%，甾醇糖苷所占比例为22%；大麦中甾醇酯和甾醇糖苷所占比例分别为45%和14%；小麦中的甾醇主要为游离形式，含量58%；燕麦中主要含甾醇糖苷，含量为41%；高粱作物中含有较多游离的豆甾醇和单甲基甾醇。

谷物的糊粉层中有大量的植物甾烷醇，谷甾烷醇、菜油甾烷醇常以阿魏酸酯的形式存在，在玉米中还有少量香豆酸酯形式的甾烷醇。谷物的种子中，甾醇酚酸酯的含量较高，以玉米的各部分组织为例，甾醇阿魏酸酯主要存在于最内层果皮组织，甾醇酚酸酯以谷甾烷醇和菜油甾烷醇的阿魏酸酯为主，还有极微量的谷甾烷醇和菜油甾烷醇的香豆酸酯，麸皮中曾鉴定出含有苯乙烯酸酯。大米中的甾醇主要分布于米糠中，由环阿屯醇、2,4-亚甲基环阿屯醇、菜油甾醇、谷甾醇和环阿屯烷醇的酚酸酯组成。小麦和黑麦中也发现含有谷甾烷醇和菜油甾烷醇的阿魏酸酯及少量谷甾醇和菜油甾醇的阿魏酸酯。脱壳小麦和大麦中也有同样发现，植物甾烷醇含量与品种有关。

3. 果蔬中的植物甾醇

蔬菜、水果中植物甾醇的含量相对较低。近年有研究发现，每千克新鲜蔬菜中总甾醇含量为50~370mg，若以干基计，甾醇含量为250~4100mg。人们日常生活中果蔬食用量较大，所以果蔬也是膳食中植物甾醇的主要来源。

常见蔬菜中，植物甾醇的总平均含量为0.13g/kg，多以β-谷甾醇为主，而在某些蔬菜中，豆甾醇的比例相对较高。各种蔬菜中甾烷的含量都较低，许多蔬菜的菜油甾烷含量低于检测限。花椰菜的总甾醇含量最高，油麦菜、豇豆、大葱、胡萝卜等蔬菜中植物甾醇含量也较高，冬瓜含量最低，总含量仅为0.012g/kg。

水果中甾醇含量为13~440mg/kg，平均160mg/kg，皮和籽中的甾醇含量高于可食用部分。各类水果中植物甾醇含量差异较大，橙、橘子、芒果和山楂等水果中植物甾醇含量较高，总含量超过0.2g/kg；瓜类（西瓜、香瓜等）植物甾醇的含量很低，如西瓜中植物甾醇总含量仅为0.02g/kg。水果中的甾醇以游离甾醇、甾醇酯和甾醇糖苷等形式存在，不同水果中，不同形式所占比例不同，受生长条件、成熟度、组织分布等诸多因素的影响。各类水果中均无茶油甾醇。

4. 豆类食物中的植物甾醇

豆类中植物甾醇的含量比谷类稍高，如黄豆中总甾醇的含量超过1g/kg，各甾醇所占的比例接近，且与大豆油中植物甾醇的分布基本一致。黑豆和青豆中植物甾醇的含量也较高，而芸豆、红豆等豆类中的含量相对较低，可能与豆类中碳水化合物的含量高低有关。碳水化合物含量高的豆类中，植物甾醇含量相对较低。通过对常见几种豆制品中植物甾醇的含量进行分析，结果表明，豆腐中植物甾醇总含量在0.3g/kg左右，豆浆中含量为0.72g/kg，豆奶粉中植物甾醇总含量仅为大豆的一半，这与加工过程中加入奶粉、糖等成分的稀释作用有关。

5. 其他

马铃薯和甘薯（红薯）是我国居民膳食中的主要薯类，部分地区作为主食或主要副食，食用量较大，因此可提供较多的膳食植物甾醇。马铃薯中平均含量为0.04g/kg，甘薯中含量较高，平均含量达0.13g/kg。薯类中植物甾醇的含量平均值为0.08g/kg。

坚果和种子类食物在我国的食用量较小，在膳食中不占主要地位，但其植物甾醇含量较高，总量变化范围很大，在290~2200mg/kg。美国农业部的相关资料表明，花生、腰果和杏仁中甾醇含量分别为2.20、1.58、1.43g/kg。开心果中植物甾醇含量超过4.8g/kg，其他如黑芝麻、核桃仁、葵花籽等含量也较高，但以淀粉为主的板栗中植物甾醇含量不足0.1g/kg。

此外，大多数花粉中都含有植物甾醇，含量较少，通常小于干重的1%。美国农业部的研究人员曾用10年时间，从225kg油菜花粉中提取出10mg植物甾醇样品。

根据2002年居民营养与健康状况调查结果，按城乡居民各类食物的平均摄入量计算，我国居民膳食植物甾醇的摄入量结果如表9-2所示。

表9-2　我国居民膳食植物甾醇的摄入量

食物种类	食物摄入量/（g/d）	植物甾醇平均含量/（mg/100g）	植物甾醇摄入量/（mg/d）	该类食物提供的植物甾醇占比/%
米及其制品	238.3	13.62	32.45	10.06
面及其制品	140.2	59.60	83.56	25.92
其他谷类	23.6	62.46	14.74	4.57
薯类	49.1	8.43	4.14	1.28
干豆类	4.2	57.49	2.41	0.75
豆制品	11.8	43.84	5.17	1.60
蔬菜类	276.2	13.42	37.07	11.50
水果类	45.0	14.34	6.45	2.00
坚果类	3.8	202.35	7.69	2.39
植物油类	32.9	391.29	128.73	39.93

由表9-2可算出我国城乡居民平均植物甾醇摄入量为322.41mg/d，其中谷类（包括稻

米、面、其他谷类）提供的植物甾醇量占总摄入量的 40.55%，植物油也是膳食植物甾醇的主要来源，提供 39.93%的膳食植物甾醇，水果、蔬菜中植物甾醇含量虽然较低，但由于食用量较大，其提供的植物甾醇占总摄入量的 13.5%；薯类、豆类、坚果类等食物仅提供少量植物甾醇。

第四节　植物甾醇生理功能

人类认识植物甾醇的功能作用最早是从发现它有降血脂功能开始，其后又逐渐发现它在抑制肿瘤、防止前列腺肥大、抑制乳腺增生和调节免疫等方面有重要作用，同时还具有抗炎和美容的功效。2000 年 9 月，FDA 发表声明，将含植物甾醇的人造奶油和色拉油列入功能性食品。在许多西方国家，植物甾醇已被广泛用于人群慢性病预防。

人体不能自行合成植物甾醇，只能从饮食中获取。植物甾醇在人体肠道中的吸收率较低（0.4%~3.5%），植物甾烷醇的吸收率更低，仅为 0.02%~3%。以酯的形式存在于生物体中的植物甾醇及甾烷醇更容易被吸收。有报道显示，植物甾醇及甾烷醇的吸收程度和速率取决于分子结构中侧链的长度及饱和程度。

（一）降胆固醇

胆固醇是人体和动物组织细胞不可缺少的重要物质，人体经由摄食或自身合成来调节其含量，从而维持正常的生命活动。如果胆固醇代谢失衡，则会引起人体的心血管疾病。1953 年首次报道了植物甾醇具有降低人体血清中胆固醇含量的效果。植物甾醇在人体内的吸收途径和胆固醇一样，通过胆固醇吸收蛋白协助吸收。目前普遍认为，植物甾醇通过抑制小肠对外源性胆固醇（从食物中摄取）以及内源性胆固醇（来源于胆汁）的吸收起到降低血清中胆固醇的作用。植物甾醇或甾烷醇与胆固醇分子相比，疏水性更强，因而可从混合分子团中取代胆固醇。该取代反应导致胆固醇分子团浓度降低，从而降低了胆固醇的吸收；同时，植物甾醇及甾烷醇可以降低肠道细胞胆固醇的酯化速率，使胆固醇以乳糜微滴的形式排出体外。近年来，植物甾醇以及植物甾醇酯常作为辅助降低胆固醇的膳食补充剂或功能性食品用于预防动脉粥样硬化和心血管疾病。

植物甾醇阻碍胆固醇的吸收，主要有 3 个方面可能机理：①植物甾醇在小肠内阻碍胆固醇溶于胆汁酸微胶束。胆固醇能溶解于小肠内的胆汁酸微胶束（主要由胆汁盐和磷脂组成）是其被吸收的必要条件，胆汁酸微胶束将胆固醇运送到小肠微绒毛吸收部位，完成机体对胆固醇的吸收过程。当有植物甾醇存在时，植物甾醇能将胆固醇替换出来，阻断胆汁微胶束对胆固醇的运送过程，进而阻止机体对胆固醇的吸收，而植物甾醇或甾烷醇本身的吸收率很低，即使有少量吸收也会以胆汁酸的形式重新分泌出来。②在微绒毛膜吸收胆固醇时，由于植物甾醇与胆固醇结构类似，两者之间存在竞争性。小肠微绒毛膜在吸收胆固醇的同时也吸收了植物甾醇，引起胆固醇吸收量的相对降低，因而阻碍了机体对胆固醇的吸收。③阻碍小肠上皮细胞内胆固醇酯化。植物甾醇和植物甾烷醇可以将小肠中的胆固醇沉淀下来，使其呈现不溶解状态，抑制了小肠微绒毛膜对乳糜微胶束的吸收，因而也抑制了胆固醇向淋巴输出。

有些理论认为，植物甾醇可以上调肠细胞三磷酸腺苷结合盒式膜转运体 A1（ABCA1）

的表达，促进胆固醇重新泵回到肠腔，从而降低胆固醇的净吸收水平。由于植物甾醇使肠源性胆固醇净吸收降低，机体细胞为了维持胆固醇自稳机制，会通过增加内源性胆固醇合成和增加低密度脂蛋白（LDL）受体表达两条途径进行补偿，但内源性合成水平不足以弥补肠源性吸收抑制量，同时，LDL受体表达增加，循环中的LDL清除增加，导致血中胆固醇浓度下降。

有研究表明，若Ⅱ型高胆固醇患者日服3~6g富含β-谷甾醇的植物甾醇，数月后其血中胆固醇浓度可下降10%。人体每天摄入1.5~3.0g植物甾醇可使LDL水平降低8%~15%。植物甾烷醇阻碍胆固醇吸收的机理与植物甾醇一样，但为何其阻碍作用更强，原因尚不清楚。

虽然植物甾醇脂肪酸酯和植物甾烷脂肪酸酯都已经在临床试验中被证明具有降低胆固醇的功效，但其起作用的部分很可能是游离态的、没有发生酯化的植物甾醇和植物甾烷醇，因为脂肪酸酯在肠道中大部分被水解了，植物甾烷醇酯在肠道中水解率达到90%。每天至少摄入1.3g植物甾醇酯或3.4g植物甾烷醇酯才可以起到降低胆固醇的功效。

对于糖尿病患者而言，补充植物甾醇能明显降低血液中总胆固醇（TC）和低密度脂蛋白的含量，而不降低高密度脂蛋白（HDL）和甘油三酯含量，使LDL/HDL比值降低，并且没有任何明显的副作用；补充不同剂量的植物甾醇可使TC降低10%，LDL降低13%左右，对防止动脉粥样硬化起到积极的作用。这种积极作用的原因目前尚不清楚，可能与糖尿病患者脂蛋白代谢紊乱有关。

同时，植物甾醇对高脂血症有辅助治疗效果，对降低心脑血管疾病有积极意义。此外，日服3g植物甾醇或饱和性植物甾醇可使心脏病发生率降低15%~40%。

天然植物甾醇安全性很高，无任何毒副作用。但在较高剂量下，一部分人可能会引起某些副作用，如腹泻、便秘等，其发生率很低。

（二）防治前列腺疾病

植物甾醇对良性前列腺肥大等慢性病具有较好的预防作用。β-谷甾醇可促进人类前列腺基质细胞生长因子β1（TGF-β1）的表达和增强蛋白激酶C-α的活性。在细胞培养液中加入β-谷甾醇可增加鞘磷脂循环中两种关键酶：磷脂酶D（PLD）和蛋白磷酸酶2A（PP2A）的活性，促进鞘磷脂循环，从而抑制细胞的生长。研究表明，患有前列腺增生的男性每天摄食20mg谷甾醇3次，可明显改善前列腺增生症状，临床表现为排尿量的增加，但不能使前列腺的体积缩小。每天摄食65mg谷甾醇提取物可达到类似的临床效果。

欧洲癌症预防期刊发表的一项研究结果显示，植物甾醇可以抑制前列腺癌细胞生长，降低前列腺癌的发病概率。亚洲男性前列腺癌发病率比西方国家低，这是由于亚洲男性在日常膳食中摄取大量植物固醇，西方人则喜欢食用含有大量胆固醇的食物。在欧洲，含谷甾醇的制剂已被用于前列腺增生的临床治疗。

（三）抗肿瘤

植物甾醇乙酸酯和植物甾醇油酸酯能明显抑制移植性肿瘤S-180的生长，使荷瘤小鼠免疫器官重量增加，红细胞内过氧化氢酶活性维持在正常水平。还有一些临床研究证明，β-谷甾醇对于治疗皮肤癌有明显疗效。此外，植物甾醇对乳腺癌、胃癌、肠癌等疾病的发生和发展也有一定的抑制作用。植物甾醇可延缓乳腺肿瘤的生长和扩散，根据一些体内外试验的结果证实，植物甾醇的抗乳腺癌作用可能与其具有某些雌激素活性有关。

胆固醇经肠道微生物产生的代谢产物，可能是引发大肠或直肠肿瘤等的原因之一。植物甾醇能促使胆固醇直接排出体外，从而降低微生物对胆固醇分解代谢的机会，因此可能达到预防肠道肿瘤的效果。植物甾醇能减少由胆酸引起的结肠上皮细胞增殖，β-谷甾醇可以阻止人类大肠癌细胞 HT-29 的生长。胆汁酸可能会引起结肠癌，植物甾醇通过降低胆汁酸分泌，间接控制结肠癌的发生。但是细胞生物学研究却表明，谷甾醇对结肠上皮细胞的增生具有防护作用，与胆汁酸的分泌无关。

研究证明摄入较多植物甾醇可降低胃癌发生的危险性，且植物甾醇的摄入量与肺癌发生率之间呈负相关。

（四）免疫调节

关于植物甾醇及甾烷醇对免疫功能的影响的相关研究报道较少，有研究表明植物甾醇及甾烷醇确实对免疫系统有积极的作用。例如，马拉松赛跑后适当摄取植物甾醇补充剂能够降低血清白细胞介素-6（IL-6）的浓度和皮质醇/脱氢表雄酮硫酸盐（Dehydroepiandrosterone Sulfate，DHEAS）的比值，降低炎症反应；另一项研究也发现谷甾醇可刺激淋巴细胞增殖。因此，植物甾醇可作为一种免疫调节因子。

（五）消炎

植物甾醇中的β-谷甾醇是一种应用安全的天然药物，其抗炎作用类似于氢化可的松和羟基保泰松，它不受脑垂体肾上腺系统制约，且无可的松类药物的副作用。另外，β-谷甾醇还具有类似阿司匹林（乙酰水杨酸）的退热作用，且副作用很低。一般临床应用的抗炎药物多具有致溃疡性，而β-谷甾醇的服用量高达 300mg/kg 也不会引起溃疡。

（六）美容

由于植物甾醇是 W/O 型的乳化剂，具有良好的乳化性、稳定性和保湿性，同时对皮肤有很高的渗透性，对皮肤具有较好的保护作用。此外，植物甾醇还具有调节和控制反相膜流动性的能力，可用作头发和皮肤调节剂、皮肤再生细胞促进剂和头发生长促进剂，也可作为皮脂腺调节剂和抗老化因子。

（七）类激素功能

关于植物甾醇的类激素功能国外已有诸多研究报道，国内对植物甾醇是否具有类激素功能争议较大，许多研究者认为，植物甾醇在体内能表现出一定的激素活性，并且无激素的副作用。植物甾醇的甾族结构类似于类固醇（甾体）激素，因而可能具有类激素的活性，在体内与靶细胞受体结合，激发 DNA 的转录活动，生成新的 mRNA，诱导蛋白质合成，从而调节生长及相应的生物反应。

植物甾醇的类激素功能主要表现为类雌激素作用，这种作用由浓度很低的谷甾醇在大鼠身上得到验证，即对大鼠皮下注射高剂量β-谷甾醇（每天 0.5~5mg/kg）时发现其在大鼠体内转化为类雌激素，且对子宫内物质代谢有所影响。植物甾醇还能诱导雄性个体卵黄蛋白原产生，说明植物甾醇在雄性个体内也具有微弱的类雌激素作用，氧化的植物甾醇可以提高血浆中的性激素水平，加速雄性个体精子产生以及增强雌性个体卵泡闭锁，说明氧化的植物甾醇具有类雄激素的作用。

植物甾醇的类雌激素作用在动物实验中已得到初步证明，目前尚无在人体中具有类雌激素作用的报道，但研究人员利用人类转基因 MVLN 细胞核的 HGELN 细胞研究了β-谷甾醇等 11 种化合物的雌激素或抗雌激素作用的潜力，结果表明β-谷甾醇具有雌激素作用，并倾向于与雌激素受体β结合。

研究发现，植物甾醇经机体吸收转化后，可以影响机体部分生化指标，如激素水平、酶活性、糖原含量和器官重量等。长期饲喂植物甾醇可提高物种的繁殖力，并对后代成熟过程中性类固醇激素水平有潜在影响。不同的给予方式也会影响甾醇在机体中作用发挥。研究表明，植物甾醇自身并不是直接具有类雌激素作用，可能需要代谢成某种特定产物之后才具有此类作用。

（八）抗病毒

研究人员研究了植物甾醇混合物对人类艾滋病毒（HIV）、人类巨细胞病毒（HCMV）和单纯疱疹病毒（HSV）的作用。发现组织与植物甾醇温育后可明显拮抗 HIV 诱导的细胞病理改变，在体外可阻断人类巨细胞病毒（HCMV）感染的细胞抗原的表达，并可在感染早期阻断与 HSV 有关的 VERO 细胞抗原的表达。

（九）延缓衰老

人体组织、机体的老化是导致衰老的主要原因。延缓衰老、提高人口寿命是人类追求的终极目标之一。人体组织和细胞的膜结构中包括磷脂、糖脂和甾醇三类脂质化合物，这些脂质化合物的异变直接导致生物组织、机体的老化。在膜结构中，甾醇起着关键性的支架作用，它可以限制脂肪酸烃基长链自由摆动，降低膜流动性，保持膜的完整性从而延缓膜的老化。当膜内甾醇比例降低时，双层膜脂肪酸烃基长链无法自由摆动，磷脂分子位置被固定，膜由于丧失柔软性变得僵硬，蛋白质会失去活性，最终细胞膜表现出老化或缺陷的特性，失去适应能力，大大损伤选择性和功能性。由于植物甾醇与胆固醇结构类似，可以在人体内起到部分替代胆固醇的作用，适量摄入植物甾醇，补充人体内细胞或组织内甾醇含量，可以起到延缓衰老的作用。

（十）抗氧化

有研究报道甾醇具有抗氧化的生理作用，是一种新型的天然抗氧化剂。甾醇分子结构中有亲水性羟基和碳碳双键，很容易被氧化，这种现象在一些植物油（如花生油等）中很常见。具有抗氧化功能的植物甾醇的共同特征是它们 R_3 侧链上都有一个亚乙基。带亚乙基的植物甾醇含量越高，其抗氧化性越强。

豆甾醇在特殊情况下，可以形成三价的自由基，但它不显示任何抗氧化活性。这可能是由于空间的问题，降低自由基形成的比例。已有报道称豆甾醇可以使细胞膜变得无序，且豆甾醇与其他甾醇在质膜中的摩尔比率随着衰老而不断增加。β-谷甾醇可抑制超氧阴离子并清除羟基自由基，在油脂中加入 0.08%植物甾醇能最大限度地降低油脂的氧化，且其抗氧化能力随着浓度的上升而增强，尤其是与维生素 E 或其他抗氧化药物联合应用时，可产生叠加抗氧化效果。植物甾醇的抗氧化作用在煎炸过程的初始阶段最明显，表明其具有良好的热稳定性。因此，添加植物甾醇的高级菜籽油在高温条件下抗氧化、抗聚合性能增强。

有研究发现米糠甾醇阿魏酸酯与维生素 E、丁基羟基茴香醚、丁基羟基甲苯并用，可以将后者的抗氧化能力提高 5~10 倍。甾醇或甾醇酯与甘氨酸联用后，可延长油脂自动氧化的诱导期。

最新研究表明，胆固醇氧化物（COPS）可能是造成动脉损害的主要原因，人们从食物中吸收过量的 COPS，会导致动脉粥样硬化、冠心病等病症，且胆固醇的环氧化物有诱导机体发生突变的可能。植物油中高含量的多不饱和脂肪比动物脂肪更容易使甾醇发生自由基氧化。植物油中不饱和脂肪酸的比例越高，产生的氧化物越多，说明脂肪酸的种类和性质可能影响油中甾醇的氧化。植物甾醇的氧化产物在毒性方面和COPS是相似的。研究表明，植物甾醇的氧化物为有害物，但其危害程度不及胆固醇氧化物严重。

（十一）其他生理作用

植物甾醇及甾烷醇能够嵌入细胞膜影响细胞膜的性质。谷甾醇对人体角化细胞膜的流动性无明显影响，但对自发性高血压大鼠的研究表明，植物甾醇进入红细胞膜后有可能会产生不良反应，且大鼠的寿命减短。可能是由于植物甾醇影响胆固醇的吸收，取代胆固醇进入红细胞膜，造成红细胞的可变形性减弱，脆性增强。在这种情况下，红细胞在毛细血管中的通透性减弱，高脆性的红细胞膜可能会压迫微脉管壁，诱发血管壁的损伤，植物甾烷醇对红细胞膜性质也有类似的影响。对于人体而言，植物甾醇及甾烷醇是否也会改变红细胞膜的可变形性目前尚不清楚。

第五节　植物甾醇应用

由于游离植物甾醇具有低脂溶性的特点，植物甾醇的直接利用受到了一定限制，目前市场上植物甾醇的应用大多以甾醇酯的形式存在于食品、制药等工业中。随着植物甾醇系列产品的开发，对植物甾醇酯的研究应用也越来越广泛、深入，植物甾醇酯与游离植物甾醇具有几乎同等程度或更优的降低血液总胆固醇和低密度脂蛋白胆固醇的效果。目前植物甾醇酯主要用于涂抹酱和沙拉调料中。另外，随着人们不断对植物甾醇酯及其衍生物进行深入的探索和研究，植物甾醇酯也被广泛应用于医药、化妆品等行业。

（一）在食品中的应用

1995年，芬兰Raisio公司首次生产出含植物甾烷醇酯的人造奶油贝尼科尔（Benecol），它既具有常规食品的特性又兼有降低胆固醇的功效。现在世界上有20个国家销售含Benecol的产品，如比利时的酸奶酪、饮料及面包，波兰的人造黄油，西班牙的乳饮料，英国、法国、意大利的酸奶酪饮料，希腊的面包伴饼干涂料等。1997年生效的欧洲联盟新食品法规对Benecol添加食品免检，2002年10月Benecol通过了欧洲食品科学委员会的安全评估。

随后McNeil公司推出添加Benecol的涂抹食品、休闲食品和酸奶，Lipton公司还有Take Control和PhytrolTM等产品相继问世，在美国、欧洲和加拿大进行的多个利用PhytrolTM的临床试验一致表明其具有降低胆固醇的作用。之后，美国P&G公司和日本花王公司分别推出添加植物甾醇酯的烹调油，植物甾醇酯的添加量为5%左右。美国布迪兰斯大学生物学教授用大豆油加工回收植物甾醇获得成功，并将植物甾醇加入烹调油中，生产能降低密度脂蛋白的玉米片，并申报了专利。2001年日本花王公司推出了健康植物油“埃可纳”，它是添加植物甾醇（4%）的特定保健食用油。日本利巴公司推出添加了植物甾醇酯的人造黄油“浦洛·阿克替浦”，该产品约含植物甾醇12%，既可以涂面包，又可以在制汤和炖焖食品中使用。

植物甾醇在食品领域主要是作为预防心血管疾病的功能性活性成分。以前大多数含有植物甾醇或植物甾醇酯的功能食品都是以高脂含量的载体将活性成分带入人体，而现在已有专利技术可以使植物甾醇有效地分布在低脂食品中，也有将植物甾醇酯微胶囊化后应用于蛋白饮料中。目前，已开始建立植物甾醇添加量、组成与食品主体成分（如脂肪酸的组成、含量）的关联。

谷甾醇能促进血纤维蛋白溶源激活因子，阻止胆固醇的吸收和血脂的积累，起到“血管清道夫”的作用，长期饮用可软化血管，增加血管的弹性，减少心血管疾病的发病率。

美国可口可乐公司开发生产出添加植物甾醇成分的100%柑橘汁产品，英国TESCO集团于2006年2月推出了降胆固醇乳制品，该产品含有从松树中提取的植物甾醇和植物甾烷醇酯。美国嘉吉公司于2006年3月在上海国际食品添加剂展会期间推出了Coro-Wise植物甾醇和植物甾醇酯，表明其能添加到饮料、果汁、酸奶等食品中，有益于心脏健康，并允许在食品包装上使用FDA规定的“有助于减少冠心病危险”的声明。意大利EI公司于2006年初推出了一款含植物甾醇的益生菌饮料。佐藤食品公司推出添加植物甾醇的包装米饭“萨托健康米饭”，添加了植物甾醇，使得米饭相容性好，还能防止米饭粘连，改善口感。

目前，除中国允许植物甾醇和植物甾醇酯作为新资源食品在食品中添加外，包括欧盟、美国、澳大利亚、新西兰、巴西、阿根廷、墨西哥、韩国等近20个国家与地区均允许植物甾醇和植物甾醇酯在食品中应用。近年来，由于植物甾醇的热稳定性及其抗氧化、抗聚合能力，煎炸油工业也已引入植物甾醇作为防止煎炸油劣变的抗氧化剂。

（二）在医药方面的应用

早在1951年人们就发现了植物甾醇降胆固醇的功效，人体每天摄入1.5~3.0g植物甾醇可使低密度脂蛋白水平降低8%~15%。除此之外，植物甾醇还具有抗癌、抗动脉粥样硬化、抗氧化和抗炎等功效。

美洲蒲葵产于美国佛罗里达州，是一种广泛用于治疗前列腺肿大的药物，其成分包括植物甾醇（主要是β-谷甾醇）、维生素A、维生素E等；美国的Young Again Nutrition公司生产的防治前列腺肥大药物Better Prostate，其主要功效成分也是β-谷甾醇。有证据表明，与安慰剂组比较，植物甾醇可以在很大程度上改善良性前列腺增生（BPH）患者泌尿系统症状，其效果与非那司提（治疗良性前列腺增生药物）相同。欧洲各国传统民间疗法中，自古以来即有采用以含植物甾醇萃取物作为治疗前列腺肥大症的药剂。近年研究显示，虽尚未明确β-谷甾醇的作用机制，但认为β-谷甾醇具有抑制前列腺肥大、改善膀胱收缩等功效。德国已确认植物甾醇可作为治疗前列腺疾病的用药，摄取量为25~250mg/d，日本也有许多临床研究支持该结果。临床研究证实，摄取不同剂量的植物甾醇均有抑制前列腺肥大和改善膀胱收缩的效果，对夜间尿频、膀胱受迫、排尿障碍症状有明显的改善效果。

植物甾醇可作为胆结石形成的阻止剂，通过细胞培养发现，β-谷甾醇能促进血纤维蛋白溶酶原激活因子产生，可作为血纤维溶解触发素，对血栓症有预防作用。植物甾醇能作为胆结石形成的阻止剂，因为它可转变成胆汁酸参与人体的新陈代谢。

植物甾醇还可用于合成调节水、蛋白质、糖和盐代谢的甾醇激素，这一特点可用于制作高血压药和口服避孕药等几乎所有的甾体类药物。豆甾醇可用于多种甾体皮质激素药物的制造。

（三）在化妆品中的应用

植物甾醇的结构特殊，既含有亲水基团，又含有亲油基团，是一种W/O型乳化剂，其乳化性能较好而且稳定，具有调节和控制反相膜流动性的能力。特别是β-谷甾醇，对皮肤有很高的渗透性，可以增强脂肪酶活性，防御红斑，抑制皮肤炎症，保持水分，防止老化。因此，植物甾醇常被用作头发和皮肤调节剂、皮肤再生细胞促进剂与头发生长促进剂，也可以作为皮脂腺调节剂、抗老化因子、伤口愈合剂和非离子乳化剂。此外，植物甾醇亲和性弱，在洗发护发剂中起调节剂的作用，使头发变强劲，不易断裂，保护头发。在化妆品中，植物甾醇或其衍生物的用量一般为安全量的2%～5%；在乳脂等化妆品中其含量较高，为3%～5%；作调节剂使用时以3%比较合适。

谷甾醇能防止足底、膝盖及手掌等部位的皮肤干燥及角质化，并能预防和抑制鸡眼的形成，改善皮肤触感。此外，植物甾醇在浴用化妆品中可以起到稳定泡沫的作用。

（四）用于饲料添加剂

含植物甾醇的动物生长剂可用作混合饲料或饲料添加剂，或通过注射由动物皮下吸收，或作为养殖池水添加剂，或表面喷雾经皮肤吸收。含植物甾醇的动物生长剂不仅适用于蚕和鱼的养殖，也适用于虾、鸟、家禽、家畜。日本在家畜、虾、蚕等方面已广泛使用了此种生长剂。

过去人们所用的吲哚乙酸、赤霉素等植物生长激素作为动物生长剂虽然也有一定效果，但由于它们是一种极不稳定的化合物，不仅在生物体外，进入生物体内也容易分解，往往在发挥其生理作用之前就变成不活泼的物质而逐渐失去效力。尤其是温度的影响较大，环境温度和动物本身的体温都会对这些生长激素产生影响，这一点是植物生长激素在使用过程中最大的弱点。含植物甾醇的动物生长剂不受温度和动物体内酶的影响，与动物体内的脂质（能在水中形成分子膜）结合，生成植物激素-植物甾醇-核糖核蛋白。这种含有植物甾醇的核糖核蛋白具有促进动物性蛋白质合成的功能，可作为一种新型的动物生长激素，增加原植物激素对环境温度、动物体温和体内分解的稳定性。

20世纪60年代初，日本发现植物甾醇对家蚕具有显著的促进咀嚼和吞咽的作用，并兼有一定的促进摄食的作用，开始将甾醇添加于正在开发的人工养蚕饲料中并获得成功。由于桑叶逐年减少，又受自然气候影响较大，改用混合饲料代替桑叶进行人工饲养是一项稳产而省力的养蚕革新技术。目前日本人工饲养比例超过全国养蚕总数的40%。混合饲料中蛋白质一般用脱脂大豆粉，加入植物甾醇后，蚕的食欲增加，为人工养蚕开辟了一条新的途径。

畜禽饲养业在许多国家和地区都是重要产业之一，但近年来该产业因家畜、家禽的肝部疾病导致的经济损失较为严重。如泌乳初期产奶量高的奶牛，其产奶所得的营养量超出了摄入的营养量，作为能量补充，机体便大量动员体内脂肪，结果导致脂肪肝，引起代谢方面的障碍和某些感染病症。在妊娠后期，肥胖的奶牛分娩后容易引发脂肪肝等肝功能障碍，抑制卵巢活动，使发情、排卵和受孕延迟。另外，由于饲喂营养价值过高的饲料，使家禽肝代谢负担加重，导致肝功能障碍，产蛋量下降；肝脏脂肪蓄积进而引起肝脏黄色化等现象，造成经济损失。以植物甾醇作为肝功能改善剂，不但可改善受损害的肝功能状况，同时还可作为肝功能障碍的预防剂，且具有毒性低的特点。改善剂的有效剂量，因家畜家禽的种类、体质量、年龄、性别、给药时间、植物甾醇的种类、肝功能损害的程度等不同而异。

（五）其他用途

由于植物甾醇在溶剂中具有流动性好、分散作用强等良好的化学特性，在轻工业生产领域中也有广泛应用，如在纸张加工中作为铺展剂，在印刷业中作为油墨颜料的分散剂，在纺织业中作为柔软剂，还可用于墨水、油漆、热塑树脂的着色剂。在农业方面，植物甾醇可以作为大规模合成农业除草剂和杀虫剂的原料等。在光学领域，多晶的类固醇衍生物可用于液晶的制造。

第六节　植物甾醇制备

食用油、谷物制品和豆制品等是植物甾醇最重要的来源。植物甾醇的提取方法有多种，根据原料组成、物化性质及生化反应等方面的差异而选择不同的分离提取方法。植物甾醇主要从植物油精炼后的下脚料，特别是脱臭馏出物中提取。由于脱臭馏出物中游离脂肪酸的含量较高，先酯化除去游离脂肪酸，再充分利用植物甾醇易结晶的特性来提取植物甾醇。脱臭馏出物因植物油的品种不同，所含的甾醇种类和含量也不一样，大部分都含有β-谷甾醇、菜油甾醇、豆甾醇及菜籽甾醇等。

从脱臭馏出物中提取植物甾醇的一般方法主要包括 3 个步骤：①皂化，使植物甾醇脂肪酸酯转化为游离的植物甾醇；②游离脂肪酸的酯化；③蒸馏回收植物甾醇。植物甾醇最后的分离纯化有 3 种萃取方法，物理萃取——植物甾醇结晶分离，化学萃取——用溶剂提取植物甾醇，物理化学萃取——通过加成化合物的形式使植物甾醇和添加剂结晶分离。在实验室中，植物甾醇的回收通常在罐中干燥以减少水分或将其粉碎增大萃取的交换表面。溶剂浸出通常采用醇（甲醇、乙醇、异丙醇、丁醇）和氯化物混合物（氯仿、二氯甲烷）作为溶剂在索格利特装置中萃取，即萃取物放入含醇的皂液后，用脂溶性试剂进行液-液萃取。

（一）溶剂结晶法

该法为现今油脂工程专业教材中的提取方法，可用于直接分离，操作较为简单。其工艺流程如图 9-2 所示。

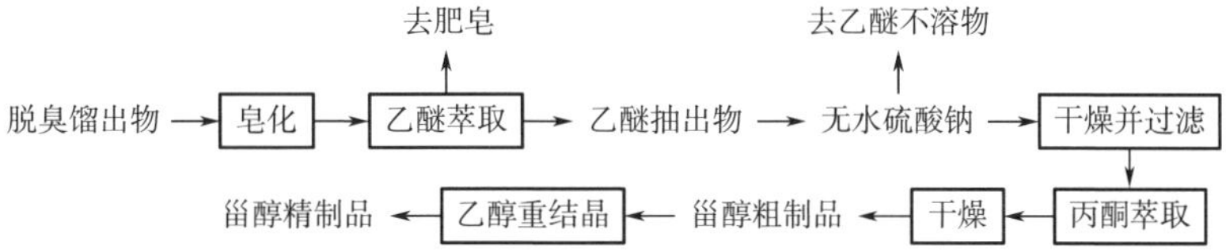

图 9-2　溶剂结晶法工艺流程

早在 19 世纪 70~80 年代就有植物甾醇相关的生产专利，大部分为β-谷甾醇的富集，所用溶剂多为乙醇及乙醇、丙酮、水等溶剂的混合物，甾醇纯度在 70%~95%。此工艺操作便捷，适合实验室采用，可用于实验室中甾醇的定性定量分析。缺陷在于所用溶剂过多，回收困难，得到的产品中甾醇含量不高，难以工业化生产，且混合植物甾醇各组分的结构相似，不易分离单体。但其处理方法及其中一些工序仍值得探索新工艺的人们参考和借鉴。

（二）络合法

络合法为美国、日本等国家工业化生产植物甾醇的方法。针对谷维素生产旧工艺中提取谷甾醇困难、繁复的缺点，我国少量米糠甾醇的工业化生产也采用该方法。络合法工艺流程如图 9-3 所示。

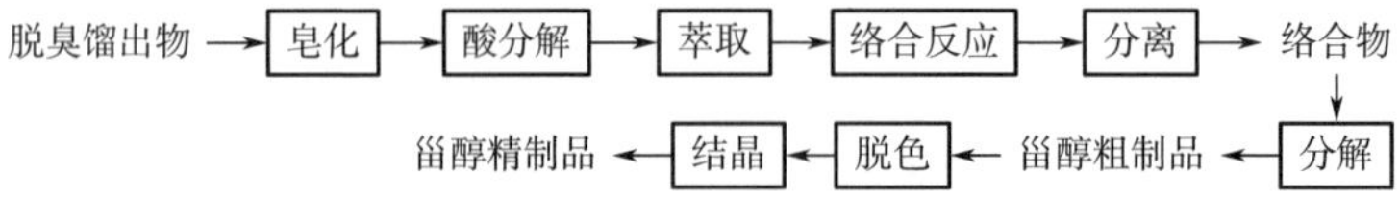

图 9-3 络合法工艺流程

络合法所用的络合形成剂可以是有机酸、卤酸、尿素和卤素碱土金属盐。一般用卤盐络合，有氯化钙、溴化钙、氯化锌、氯化镁、溴化镁、氯化亚铁等。对于络合反应溶剂，可采用石油醚或异辛烷，反应温度各异。该方法得到的产品纯度高，回收率也较高，但是溶剂回收困难，生产成本较高。可考虑在不严重影响收率的情况下，用水相皂化代替醇相皂化，减少溶剂回收的麻烦，降低生产成本。

（三）分子蒸馏法

这种方法特别适用于实验室中甾醇的精制，也可用于工业化同时分离提取甾醇和维生素 E。工艺流程如图 9-4 所示。

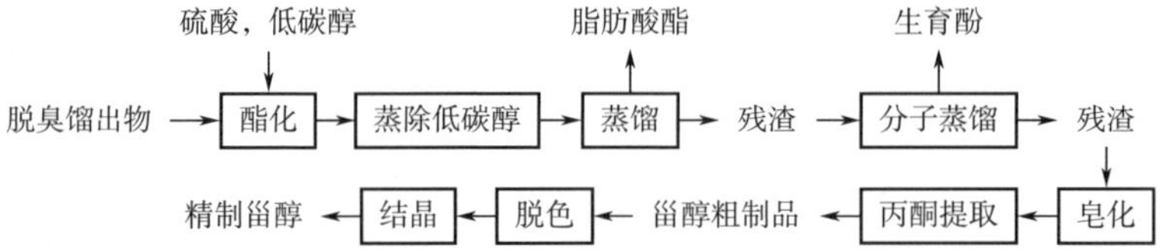

图 9-4 分子蒸馏法工艺流程

此工艺中，分子蒸馏在 0.13~1.33Pa 下反复进行，以便更好地分离出维生素 E 和脂肪酸酯类，有利于植物甾醇的萃取。用甲醇对脱臭馏出物（含甾醇 5%~15%）进行转酯化作用，在一个薄层蒸发器中对混合物进行分子蒸馏，得到的主要馏分中甾醇含量可达 50%。若先将脱臭馏出物进行脱气，使其中的甾醇与脂肪酸发生酯化反应，再通过两次蒸馏除去脂肪酸、脂肪酸酯和生育酚，可分解甾醇脂肪酸酯得到植物甾醇。

（四）干式皂化法

皂化法是在提取过程中加入碱液使其与被提取物质发生皂化反应，然后再用有机溶剂萃取、分离获得植物甾醇的一种方法（图 9-5）。而干式皂化工艺用熟石灰或生石灰在 60~90℃进行皂化，形成膏状物，再用机器粉碎，避免了干燥操作过程的繁琐步骤。除此之外，若采用乙醇作为抽提剂进行低温浸出，一方面可节省大量乙醇，另一方面生产过程安全无毒。

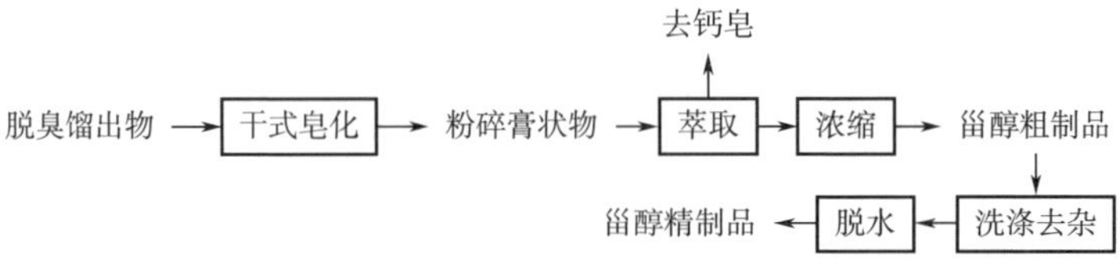

图 9-5 干式皂化法工艺流程

（五）柱色谱分离法

柱色谱分离法可从含甾醇的原料中商业化生产提取甾醇。这些原料为动物或植物油脂的皂化物和重酯化物，色谱柱填充物为硅酸铝、硅酸镁或硅胶，可分离出至少一种甾醇。溶剂和洗脱剂组成相同，主要是芳香烃、脂肪烃和环脂烃的混合物。

对于胆甾醇，原料为羊毛脂皂化后的醇混合物或用碳数更低的醇重酯化后的酯混合物，原料量是填充剂的40%，填充剂为硅胶，室温下色谱分离后（重结晶前）纯度可达67%以上。

洗脱剂为 C_6—C_9 脂肪烃和碳原子更少的脂肪酮或酯，其中烃类占总体积的80%~98%，如95%的庚烷和5%的丙酮，最后对洗脱物进行重结晶，可使甾醇达到药用纯度。

（六）高压流体吸附法

亚临界或超临界流体（如 CO_2）能够溶解甾醇-脂类混合物，配合吸附法从脂类中分离提取植物甾醇，如从黄油中提取胆甾醇（图9-6）。这种高压且对目标产物生理活性具有很好保护作用的流体主要为一种高压液体、亚临界气体或超临界气体（30~60℃）。流体与原料形成的高压流体混合物通过吸附，使无脂甾醇离开高压流体，选择性地被留在吸附剂上，其中吸附剂主要为氢氧化钙、氧化钙、碳酸钙、碳酸镁或氢氧化镁。甾醇的脱附需通过另一种高压流体，或一种有机溶剂，从吸附后的高压流体中回收脂类则可以提高温度或者降低流体压力。这种方法制备得到的甾醇纯度较高。

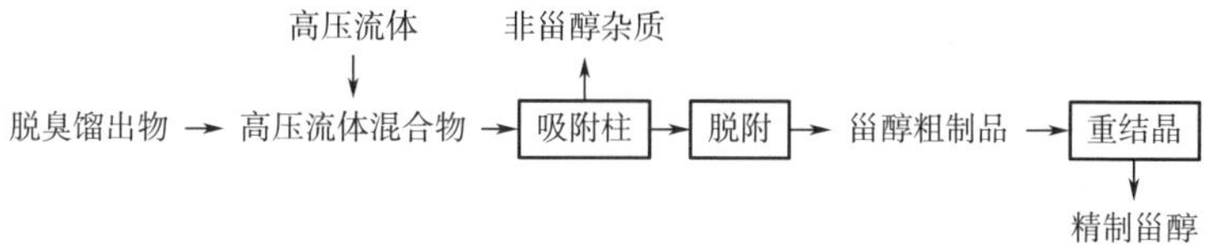

图9-6　高压流体吸附法工艺流程

（七）酶法

采用非特异性脂肪酶对脱臭馏出物进行催化酯化，脂肪酸甲酯的转化率高达96.5%，提高了维生素E和甾醇的比例。其处理过程如图9-7所示。

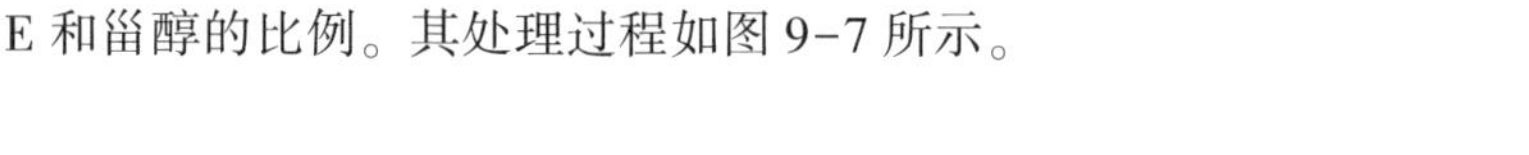

图9-7　酶法工艺流程

用溶剂浸出、化学处理及分子蒸馏法等方法提取维生素E和甾醇，但维生素E和甾醇回收率低，该方法可回收原料中90%以上的甾醇和维生素E，而且酶处理条件温和，原料也不需任何预处理，是从油料中提取甾醇和维生素E的一个新的发展方向。

（八）超临界 CO_2 萃取法

从脱臭馏出物中提取甾醇的方法会耗费大量有机溶剂，且操作过程繁杂，存在安全隐患和环境污染问题。超临界 CO_2 萃取法分离油脂脱臭馏出物中的植物甾醇，其纯度可达到50%~95%，回收率可达41%~85%。

超临界 CO_2 萃取法多采用间歇式操作，利用脱臭馏出物中脂肪酸、甘油三酯和植物甾醇

等成分在 CO_2 中溶解度的差异，逐步分级萃取，脱除其他杂质，再经过分离纯化即可获得植物甾醇精制品。超临界 CO_2 萃取法是一种新型的分离提取技术，具有操作简单、无毒、无污染、安全性高及生产费用低等优点，保存了植物甾醇的完整性，适合植物甾醇等天然产物的提取。

（九）微生物发酵法

通过微生物发酵法分离脱臭馏出物中的植物甾醇。原料经过热带假丝酵母发酵后，通过冷却使得残存脱臭馏出物凝固而分离除去，再根据植物甾醇不溶于水而溶于有机溶剂的特性，将发酵液与正己烷进行混合，4℃静置数小时后，白色晶体状的粗甾醇即析出。该方法最高甾醇释放率为44.1%，证实了微生物发酵法分离提取脱臭馏出物中植物甾醇的可行性，为植物甾醇的绿色清洁生产提供了新的途径。

（十）植物甾醇酯的合成

植物甾醇酯一般采用化学法合成，将晶体植物甾醇在高温下（100℃以上）熔融，再与脂肪酸反应缩合生成植物甾醇酯。化学法合成植物甾醇酯的缺点是产品含较多的副产物，后期分离纯化成本较高，且许多脂肪酸在高温条件下易受到破坏。

有机相酶催化酯化反应是一个崭新的研究领域。与化学合成法相比，酶催化合成有许多优点：一是反应选择性高，反应过程中副产物很少，产品容易分离纯化；二是反应条件比较温和；三是产品具有绿色、环保等特点，可以解决化学方法难以解决的问题。因此，有机相酶催化酯化法合成植物甾醇酯广泛应用于食品、化妆品、医药工业。目前，国内外在该领域的研究基本上是以油酸、亚油酸等不饱和脂肪酸多醇为主体的混合植物甾醇酯为研究和应用对象，缺乏对其他各种饱和单脂肪酸甾醇酯的深入研究报道。

思考题

1. 简述天然植物甾醇的结构、种类及物理性质。
2. 甾醇具有哪些生理功能？
3. 分别描述从油脂脱臭馏出物中通过溶剂结晶法、络合法和分子蒸馏法提取植物甾醇的主要步骤。

第十章

CHAPTER 10

磷脂

本章学习目标

1. 掌握磷脂的种类、化学结构和理化性质。
2. 了解自然界中磷脂的分布和特点。
3. 了解分离提纯不同级别磷脂产品的工艺流程。
4. 掌握天然磷脂的化学改性的原理和工艺特点。

第一节　概述

磷脂（Phospholipid），也称磷脂类、磷脂质，是一类含磷酸根脂类的总称。磷脂被认为是“构成生命的四大基本物质”之一，是动植物中细胞膜、核膜、质体膜的基本组成成分。磷脂按来源分为植物磷脂和动物磷脂，植物磷脂源主要为大豆，而动物磷脂源主要是蛋黄。目前的商品“卵磷脂”一般是由大豆提取的多种磷脂的混合物。磷脂具有重要的营养和医用价值，被称为“头脑补助食品”“天然精神安定剂”和“天然利尿剂”等。

磷脂最早是1812年由法国化学家让·约瑟夫·乌韦克林在人脑中发现的，1844年第一次由法国药剂师和化学家戈布利从蛋黄中分离出来，1850年按照希腊文Lekithos（蛋黄）被命名为Lecithin（卵磷脂）。随后研究者们又陆续从很多动植物中发现并分离出磷脂。大豆磷脂于1930年被发现，是目前最为丰富的磷脂。20世纪30年代德国开始对磷脂进行深入的研究，20世纪60年代以后在某些国家实现磷脂的工业化生产，并开始广泛应用于食品、医药、化妆品、饲料和工业助剂等领域。自此，磷脂在全世界范围内备受关注，特别是在美国、西欧和日本，人们对磷脂的重视程度仅次于维生素。目前，磷脂的研究工作已经深入到生物化学、脂质化学、化学工程及设备、分析测试、精细有机合成、化工工程分离技术、化工机械、配伍技术等各个领域。

第二节 磷脂种类与结构

一、磷脂的种类及化学结构

磷脂按化学结构可分为两大类：一类是甘油磷脂，另一类是神经鞘磷脂。甘油磷脂是甘油与磷酸和脂肪酸的衍生物，甘油的两个羟基被脂肪酸酯化，第三个羟基被磷酸酯化，并且在磷酸上连有其他基团。甘油磷脂主要包括磷脂酰胆碱（又称卵磷脂，Phosphatidyl Choline，PC）、磷脂酰乙醇胺（又称脑磷脂，Phosphatidyl Ethanolamine，PE）、磷脂酰肌醇（又称肌醇磷脂，Phosphatidyl Inositol，PI）、溶血磷脂酰胆碱（Lysophosphatidyl Choline，LPC）、磷脂酰丝氨酸（又称复合神经酸，Phosphatidyl Serines，PS）、缩醛磷脂（Plasmalogen，PLs）和磷脂酸（phosphatidic Acid，PA）。甘油磷脂按照分子中磷酸基团处于丙三醇的1-位或2-位，可分为 α-磷脂和 β-磷脂。自然界中天然存在的磷脂一般都是L-α-型（2-位上的RCO基与1-位，3-位的基团处在甘油碳骨架两边），其结构式如图10-1所示。

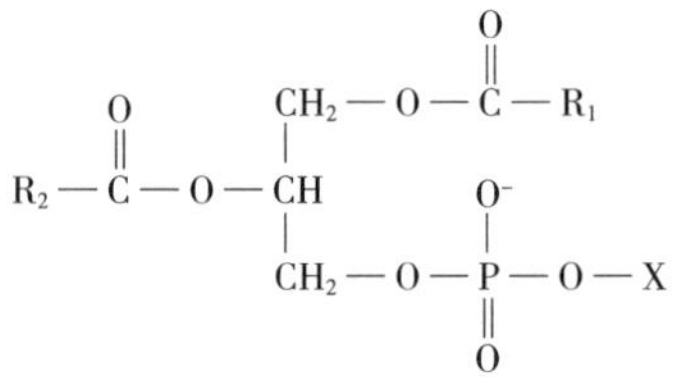

图 10-1 甘油磷脂的结构式

1. 磷脂酰胆碱

磷脂酰胆碱的结构式如图10-2所示。磷脂酰胆碱是由甘油三酯的一个酯酰基被磷酸胆碱基团取代形成，而磷酸胆碱连接的位置不同又产生 α 和 β 两种异构体，磷酸胆碱连接在甘油的 S_3-位则称 α 型，连接在 S_2-位上则称 β 型。另外，磷脂酰胆碱分子中，不同碳位上连接的脂肪酸的饱和度也不同，一般 S_1-碳位连接的几乎都是饱和脂肪酸，而 S_2-碳位连接的一般都是亚油酸、亚麻酸、花生四烯酸等不饱和脂肪酸。

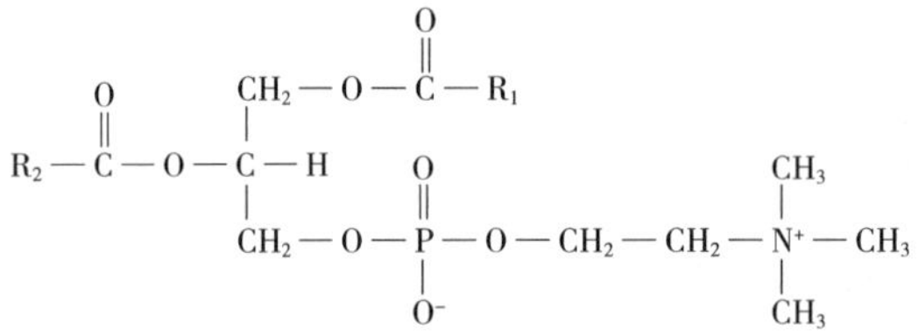

图 10-2 磷脂酰胆碱的结构式

2. 脑磷脂

磷脂酰乙醇胺，俗称脑磷脂，分子结构式与磷脂酰胆碱相似，不同的是以氨基乙醇代替了胆碱，有 α 和 β 两种构型，连接磷酸基团的羟基为甘油的 S_1-碳位则称为 α 型，若为甘油的 S_2-碳位则为 β 型。脑磷脂充分水解后可得到甘油、脂肪酸、磷酸和乙醇胺。脑磷脂与磷脂酰胆碱共同存在于动物脑、神经、心和肝等组织中，其中，脑磷脂在动物脑组织中最多，约占脑干物质总质量的4%~6%。

脑磷脂结构式如图10-3所示。

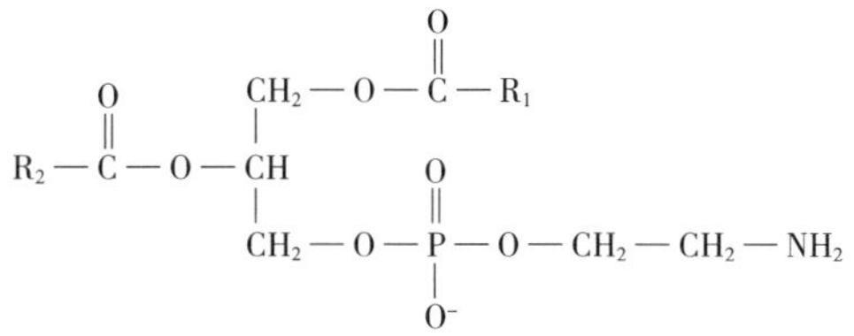

图10-3 脑磷脂的结构式

3. 肌醇磷脂

肌醇磷脂又称磷脂酰肌醇，是由磷脂酸与肌醇构成的磷脂，磷脂的极性基团部分有一个六碳环状糖醇（肌醇），除一磷酸肌醇磷脂外，还有1,4-二磷酸肌醇磷脂和1,4,5-三磷酸肌醇磷脂。肌醇磷脂存在于多种动植物组织中，常与脑磷脂共同存在。

肌醇磷脂结构式如图10-4所示。

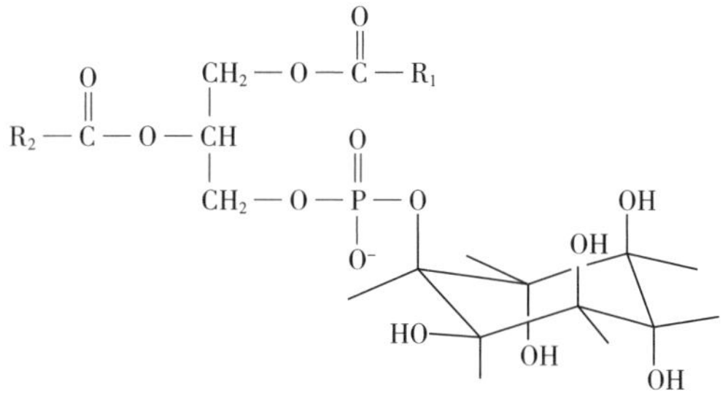

图10-4 肌醇磷脂的结构式

4. 磷脂酰丝氨酸

磷脂酰丝氨酸，又称复合神经酸，是由磷脂酸与丝氨酸构成的，其结构式与前3种甘油磷脂相似。磷脂酰丝氨酸是细胞膜的活性物质，尤其存在于大脑细胞中。其功能主要是改善神经细胞功能，调节神经脉冲的传导，增进大脑记忆功能。由于其具有很强的亲脂性，吸收后能够迅速通过血脑屏障进入大脑，起到舒缓血管平滑肌细胞、增加脑部供血的作用。

磷脂酰丝氨酸的结构式如图10-5所示。

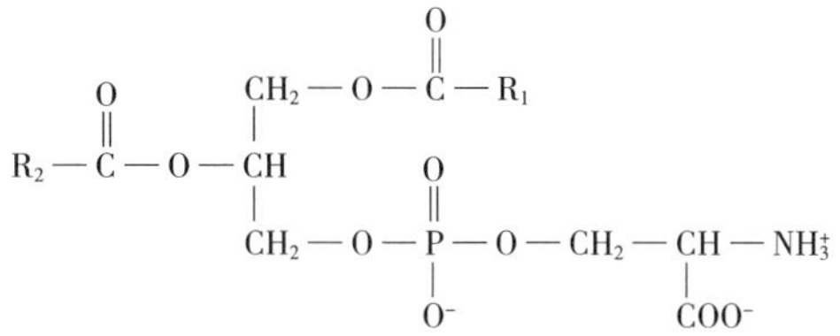

图10-5 磷脂酰丝氨酸的结构式

5. 神经鞘磷脂

神经鞘磷脂是与甘油磷脂相对的另一类磷脂，这类磷脂不含甘油基团，由神经酰胺与磷酸直接相连，磷酸再与胆碱或者乙醇胺连接而成的酯类，其结构式如图 10-6 所示。

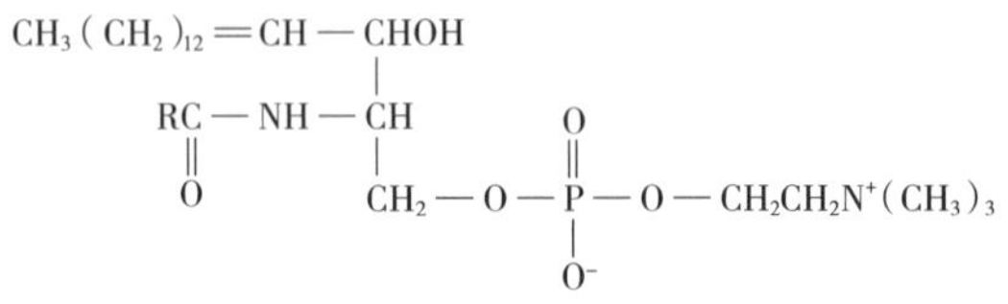

图 10-6 神经鞘磷脂的结构式

平时所讲的磷脂一般都是指甘油磷脂类。在本书后文所讲的磷脂的性质和化学改性也都是指甘油磷脂类。

二、磷脂酰甘油的脂肪酸组成及其在甘油中的位置分布规律

动植物内所含的磷脂种类中，甘油磷脂的含量较高。甘油磷脂又称磷脂酰甘油，其分子结构通式如图 10-7 所示。

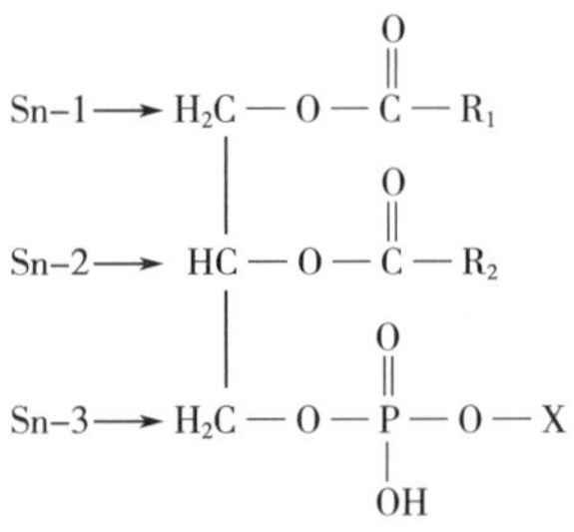

图 10-7 磷脂酰甘油的结构式

式中 R_1、R_2 为各种不同的脂肪酸残基，X 为氨基醇残基。R_1COOH 称为 Sn-1 位脂肪酸，或称为 C_1 位配位脂肪酸，R_2COOH 称为 Sn-2 位脂肪酸，又称 C_2 位配位脂肪酸。在不同来源的磷脂中 R_1、R_2 可以相同也可以不同；R 可以是饱和的也可以是不饱和的；R 可以有一个或多个双键；其中双键可以是隔离的也可以是共轭的。R 的不同决定了各种来源的不同磷脂在组成和性质上的差异。

1. 植物类磷脂酰甘油的脂肪酸组成及分布

存在于油料种子中的磷脂，其脂肪酸成分基本上和甘油三酯中的脂肪酸相似，但磷脂中通常含有某些高度不饱和的 C_{20} 脂肪酸、C_{22} 脂肪酸。同时，油脂与磷脂中的各种脂肪酸含量的比例也有较大差别。

植物来源的磷脂酰甘油的脂肪酸的组成因物种不同而存在差异。例如，在大多数一年生草本植物中 C18：1 脂肪酸的含量占总脂肪酸的含量小于 10%，在一些常绿木本植物叶片中磷脂酰甘油含大量的 C18：1 脂肪酸，占磷脂酰甘油总脂肪酸含量的 10%~31%，但在落叶木本植物如银杏叶片中，这种脂肪酸含量却很低。

2. 蛋黄磷脂酰甘油脂肪酸的组成及分布

从磷脂的甘油骨架上 Sn-1 位和 Sn-2 位配位脂肪酸分布来看，蛋黄磷脂与大豆磷脂配位

的脂肪酸不同。蛋黄磷脂 C_1 位一般是饱和脂肪酸，C_2 位为不饱和脂肪酸，而大豆磷脂 C_1 位和 C_2 位是饱和与不饱和脂肪酸混合配位。蛋黄磷脂的脂肪酸大多是棕榈酸、油酸，其次是硬脂酸、亚油酸，并且还含有微量的花生四烯酸（AA）和二十二碳六烯酸（DHA）及奇数碳脂肪酸，如十七烷酸等。但蛋黄磷脂的脂肪酸组分因鸡种和饲料内脂肪酸组分变化而发生变动，尤其是 C_{20} 以上多不饱和脂肪酸易受饲料组分的影响。因此，近年工业上已采用增强饲料中不饱和脂肪酸含量的方法强化蛋黄中不饱和脂肪酸含量。大豆磷脂中亚油酸约占50%，几乎不含 C_{20} 以上不饱和脂肪酸（表 10-1）。

表 10-1 蛋黄磷脂、大豆磷脂和蛋黄油中脂肪酸组分 单位：%

脂肪酸	蛋黄磷脂 A	蛋黄磷脂 B	大豆磷脂	蛋黄油
肉豆蔻酸（14：0）	0.23	0.14	0.90	0.35
棕榈酸（16：0）	26.85	26.58	15.35	26.03
棕榈油酸（18：1）	1.80	0.87	0.11	2.58
十七碳酸（17：0）	0.18	0.31	—	0.20
十七碳烯酸（17：1）	0.09	0.15	—	0.16
硬脂酸（18：0）	11.94	16.79	—	11.82
油酸（18：1）	35.17	26.11	17.86	39.67
亚油酸（18：2）	14.19	15.61	54.84	13.73
亚麻酸（18：3）	0.22	0.12	6.31	0.30
花生四烯酸（20：4）	3.73	6.03	—	0.81
二十二碳四烯酸（12：4）	0.89	1.43	—	0.50
二十二碳六烯酸（12：6）	1.11	3.54	—	0.50
其他	4.76	2.32	0.86	2.89

一般而言，蛋黄磷脂与大豆磷脂相比，其突出特点是磷脂酰胆碱含量很高，因此，蛋黄磷脂除具有磷脂的一般生理活性外，还具有许多与磷脂酰胆碱相关的生理活性，特别是在调节脂质代谢方面，具有重要的生理功能。

第三节 磷脂性质

一、磷脂的物理性质

磷脂在常温下为白色、无味的固体。市场上的普通磷脂依加工和漂白程度不同而呈乳白、浅黄或棕色蜡状固体或呈黏稠状。磷脂易吸水呈黑色胶状物，同时易氧化，在空气中放置一段时间后颜色逐渐加深，最后呈棕黑色，这主要是因为分子中大量不饱和脂肪酸被氧化所致。磷脂不溶于丙酮、水等极性溶剂，但易吸水膨胀为胶体，这是油脂精炼过程中水化脱胶的理论依据。磷脂易溶于乙醚、苯、三氯甲烷、正己烷等有机溶剂，但是不同的磷脂在不同的有机溶剂中的溶解度不同，这是用溶剂法将不同的磷脂分离的理论依据，如根据卵磷脂溶于乙醇而脑磷脂不溶，可将卵磷脂与脑磷脂分离。磷脂在高温下不稳定，当温度超过150℃时磷脂气味变差并逐渐分解。

二、磷脂的化学性质

磷脂由于其特殊的结构，可以与多种物质进行多种反应。

1. 催化加氢

磷脂分子结构中有两个脂肪酸基团，若含有不饱和键则可催化加氢使其变饱和，加氢后的磷脂性质稳定。

2. 水解反应

磷脂分子中存在酯键，可以发生水解反应。

3. 碱解

磷脂与碱在水溶液中一起加热即可发生水解反应，生成甘油磷酸盐、氨基化合物、羟基化合物、皂化物和甘油等。

4. 酸解

在强酸的作用下，磷脂酸解生成游离脂肪酸、甘油、磷酸和肌醇等。

5. 酶解

目前已发现有多种酶可分解磷脂，并且不同的酶在磷脂上作用的化学键不同，如有的酶作用于甘油酯键，有的酶作用于磷酸酯键。

6. 羟基化

在酸存在的条件下，以含羟基（—OH）的化合物为羟化剂，可使脑磷脂中的不饱和脂肪酸的双键上连接上羟基，羟基化后其亲水性和氧化稳定性增强。

7. 乙酰基化

用醋酸酐或乙酸乙酯等酰化剂可使脑磷脂中的氨基酰化，使其游离的氨基接上酰基，酰化后可使乳液稳定性增强。

8. 磺化

使用磺化剂可使磷脂的不饱和双键和 α-碳上发生磺化，在磷脂分子中引入磺酸基，大大增加其亲水性。

三、磷脂的表面性质和生理活性

1. 磷脂的表面性质

磷脂具有疏水的脂肪酸基端和亲水的磷酸及有机胺端，因此具有两亲性质，属于表面活性剂，具有乳化能力。乳化性是磷脂最重要的性质之一，可使水和油溶性物质形成稳定的乳化液。乳化剂在体系中的乳化作用与其亲水-亲油平衡值（HLB 值）有关，HLB 值是用来表示表面活性剂亲水或亲油能力大小的数值，HLB 值越大代表亲水性越强，HLB 值越小代表亲油性越强，一般而言 HLB 值在 1~20。磷脂的 HLB 值通常在 4~10。HLB 值为 3~6 有利于形成油包水（W/O）型乳化液，HLB值为8~18有利于形成水包油（O/W）型乳化液。磷脂中各组分含量的多少对其乳化性质有一定的影响，如PC含量高，有利于形成O/W型乳化体系，而PI含量高则有利于形成W/O型乳化体系。但是天然的磷脂乳化性不强，为了提高磷脂的乳化稳定能力，可以将磷脂进行改性，或者与其他表面活性剂配合使用。

2. 磷脂的生理活性

磷脂可以与神经系统、心血管系统、免疫系统和脂质代谢的相关器官相互作用，在高血压、动脉粥样硬化、心脏病、肥胖症、糖尿病、心肌梗死、脑血栓以及癌症等的防治方面具有重要作用，补充磷脂能对这些疾病有一定的缓解和治疗作用。磷脂还具有抗衰老、健脑作用，并对胎孕和生殖健康等有一定作用。磷脂的主要生理活性如下。

（1）磷脂具有乳化油脂的作用，防止血液中的血脂和胆固醇含量过高，可改善血清脂质，使血液中的胆固醇及中性脂肪（主要是甘油三酯）含量降低，从而降低血液黏度。

（2）磷脂有明显的促进巨噬细胞吞噬功能的作用，可使巨噬细胞应激性增强，从巨噬细胞数目增加和吞噬功能增强两个方面起作用。

（3）提高血清磷脂含量可增加血红蛋白，改善机体营养状况，并对力竭性运动后血红蛋白的恢复有良好作用。

（4）磷脂可增强纤毛运动、肌肉力量，加速表皮愈合，增强胰岛素功能和骨细胞及神经细胞功能。

（5）磷脂可降低自由基对生物膜的过氧化损伤，保护细胞器的正常结构和功能。

（6）磷脂可增加红细胞对低渗溶液的抵抗力，避免红细胞在低渗溶液中的溶血作用。

（7）神经鞘磷脂能有效降低皮肤水分散失，提高皮肤角质层的水分含量，维持皮肤的正常渗透屏障，保护皮肤健康。

由于磷脂的这些重要生理活性，可对人体的健康起到极大的保护作用。人体缺乏磷脂会引发一系列的疾病，因而磷脂被人们称为“血管的清道夫”“细胞的保护神”等。

第四节　自然界中的磷脂

磷脂是所有生物细胞结构和功能的基本物质，几乎所有的动植物都含有磷脂。物种不同，所含磷脂的种类和含量不同。同一物种的不同部位所含磷脂的种类和含量也不同。植物油料中的磷脂主要存在于种子中，其含量与蛋白质的含量成正比，而与油含量关系不大。如大豆中蛋白质含量高，磷脂含量也高，蛋白质是磷脂的主要来源，椰子的含油量高但蛋白质含量低，磷脂含量也低。

一、粮食中的磷脂

磷脂种类的50%在玉米和小麦淀粉及非黏性稻米淀粉中都能找到。各种谷物中的磷脂含量无太大差异，类脂物大部分存在谷物胚中。对于小麦粉，除面粉等级外，小麦的播种时间对磷脂的成分也有较大影响。磷脂在粮食中的分布如表10-2所示。

表 10-2 粮食及其相关产品中总类脂物和磷脂含量

产品名称		总类脂物/（g/100g）	总磷脂/（mg/100g）	PC/（mg/100g）	PE/（mg/100g）	PS/（mg/100g）	PI/（mg/100g）	PA/（mg/100g）	PG①/（mg/100g）	LPC/（mg/100g）	LPE/（mg/100g）
全大麦		3.0	488	258	45	29	8	痕量	3	145	—
全玉米	杂交种	3.7	195	139	15	—	26	3	2	10	—
	直链淀粉种	8.0	334	70	28	—	36	51	7	127	15
	LG-11玉米	4.2	295	58	15	—	21	7	3	178	13
胚乳	直链淀粉种	1.8	188	21	5	—	6	8	4	130	14
	LG-11玉米	1.2	240.4	3	1	—	3	1	0.4	216	16
胚	直链淀粉种	41.6	1013	331	153	—	201	293	17	8	10
	LG-11玉米	38.3	1166	658	171	—	217	68	32	20	—
淀粉	直链淀粉种	0.9	175	—	—	—	—	—	—	—	—
	LG-11玉米	0.6	214	—	—	—	—	—	—	—	—
去皮燕麦		5.8	1499	430	213	46	—	57②	136	294③	—
稻谷	糙米	2.1	70.5	29	333	—	—	3	2	0.5	—
	糠	17.9	328	153	148	23	—	—	4	痕量	痕量
	胚乳	0.4	46	17	22	1	—	—	3	2	1
	非黏性淀粉	0.9	273	69	60	9	—	—	—	106	29
	黏性淀粉	0.8	117	7	5	—	4	—	—	99	2
黑麦	全粒粉	3.1	743	273	90	184	—	—	—	196	—
	胚乳	1.2	192	37	60	38	—	—	—	57	—
	胚	16.5	970	346	132	230	—	165	97	—	—

续表

产品名称		总类脂物/(g/100g)	总磷脂/(mg/100g)	PC/(mg/100g)	PE/(mg/100g)	PS/(mg/100g)	PI/(mg/100g)	PA/(mg/100g)	PG①/(mg/100g)	LPC/(mg/100g)	LPE/(mg/100g)
黑小麦	全粒粉	3.4	938	321	186	206	—	—	—	225	—
	胚乳粉	1.7	493	135	125	78	—	—	—	155	—
全小麦	软质麦	2.5	667	49	19④	—	—	18	—	476	53
	硬质麦	2.5	1060	164	56④	—	—	10	—	408	64
小麦粉	高级秋麦	1.0	147	47	10	—	—	—	—	78	12
	高级春麦	1.1	206	76	13	—	—	—	—	102	15
	低级秋麦	1.4	156	65	13	—	—	—	—	68	10
	低级春麦	1.5	198	84	16	—	—	—	—	88	10

注：①PG 表示甘油磷脂；②PI+PA；③LPC+LPE；④PE+PG。

二、蔬菜、豆类、种子和果实等食物中的磷脂

蔬菜、豆类、种子和果实等食物中的总类脂物和磷脂含量分布情况如表 10-3 所示。

表 10-3 蔬菜、豆类、种子和果实等食物中的总类脂物和磷脂含量

食品	总类脂物/(g/100g)	总磷脂/(mg/100g)	PC/(mg/100g)	PE/(mg/100g)	PS/(mg/100g)	PI/(mg/100g)	PA/(mg/100g)	PG/(mg/100g)
紫花苜蓿籽	12.6	460	300	84	—	96	—	—
海芋块茎	0.2	35	17	12	—	6	—	—
果酱	0.09	38.8	21	10	0.4	6	0.6	0.8
白蚕豆	1.5	510	320	90	—	100	—	—
红蚕豆	1.5	773	577	97	—	99	—	—
胡萝卜	0.28	54	23	15	3	5	2	6
木薯叶	3.02	—	痕量	—	—	—	—	—
豌豆	0.8	576	357	103	—	116	—	—
花生	48.5	495	270	50	—	150	25	—
胡椒	0.4	7.46	0.7	0.2	0.3	痕量	0.2	—
松子	51.0	950	540	110	—	300	—	—

续表

食品	总类脂物/(g/100g)	总磷脂/(mg/100g)	PC/(mg/100g)	PE/(mg/100g)	PS/(mg/100g)	PI/(mg/100g)	PA/(mg/100g)	PG/(mg/100g)
马铃薯	0.15	74.4	38	22	1	12	0.4	1
油菜籽	44.5	1156	747	127	—	282	—	—
大豆	20.8	1913	917	536	—	287	102	71①
菠菜	0.3	147	38	36	—	11	14	49
葵花籽	57.4	934	385	142②	—	265	142	—
甘薯	0.44	105	28	43	5	22	2	5

注：①PG+PS；②PE+PG+PS。

三、几种主要油料种子中的磷脂

几乎所有的油料种子中都含有磷脂，只是含量有所差别。在同一种种子中的不同部位磷脂的含量也不相同，通常胚中的磷脂含量最高。例如，某一品种的大豆整粒种子磷脂含量为1.95%时，胚中的磷脂含量达3.15%，子叶为2.09%。在几种常见的油料种子中，大豆和棉籽的磷脂含量最高。几种主要油料种子中的磷脂含量如表10-4所示。

表10-4　　几种主要油料种子中磷脂的含量

油料种子	磷脂含量/%	油料种子	磷脂含量/%
大豆	1.2~3.2	棉籽	1.23~1.75
油菜籽	1.02~1.20	向日葵籽	0.60~0.84
亚麻籽	0.44~0.73	花生仁	0.44~0.62
蓖麻子	0.25~0.30	大麻籽	0.85

油料种子中存在的磷脂种类主要为卵磷脂、脑磷脂、神经鞘磷脂和不含氮的磷脂，在个别的种子中（如大豆），肌醇磷脂的含量也很多。部分磷脂在几种主要油料种子中的组成如表10-5所示。

表10-5　　几种主要油料种子中磷脂的组成　　单位：%

油料种子	卵磷脂	脑磷脂	其他磷脂
大豆	30.0	30.0	40
向日葵籽	38.5	61.5	—
油菜籽	20.0	60.0	20（溶于热乙醇的物质）

续表

油料种子	卵磷脂	脑磷脂	其他磷脂
花生仁	35.7	64.3	—
棉籽	46.2	53.8	—
芝麻	52.2	39.4	7.2（溶于热乙醇的物质）

在油料种子中，磷脂主要集中于亲水胶体相内，以游离或结合状态存在，结合磷脂是指磷脂与蛋白质、糖等物质结合而成的复合物。结合状态存在的磷脂占大部分，例如，在向日葵中大约有30%的磷脂以游离状态存在，在棉籽中仅有10%左右的磷脂以游离状态存在。

油厂在精炼油脂时产生的油脚含有15%~20%的磷脂，是提炼磷脂的宝贵资源。但以前由于制油工艺及残油回收工艺不够成熟，使其中的磷脂变质、分解而无法利用，并且成为严重污染环境的污染物。现在已成功探究出能从油脚中提取磷脂的方法，使油脚从黏稠难闻的污染物变成宝贵的磷脂原料。棉籽油中含有棉酚，菜籽油的脂肪酸中含有较高的芥酸，而大豆油脂具有质量好、含量高、加工易、成本低等优点，而且大豆是世界性的主要粮食和油料作物，分布广、产量大，因此现在主要是从以大豆为原料的油脚中提取磷脂。大豆磷脂的组分一般为：磷脂酰胆碱占36.2%，磷脂酰乙醇胺占21.4%，肌醇磷脂占15.2%，磷脂酰甘油占16.1%，磷脂酸占3.6%，其他磷脂占7.5%。

四、乳品中的磷脂

乳品是人类补充营养最好的食物之一，它除了含有丰富的蛋白质、维生素和矿物质外，还含有较丰富的磷脂。乳品实际上是水包油（O/W）型乳浊液，磷脂存在于脂肪球膜中。磷脂在乳品中的种类、分布及含量如表10-6所示。

表10-6 乳制品中的总类脂物和磷脂含量

产品名称	总类脂物/（g/100g）	总磷脂/（mg/100g）	PC/（mg/100g）	PE/（mg/100g）	PS/（mg/100g）	PI/（mg/100g）	SPH/（mg/100g）	LPC/（mg/100g）	LPE/（mg/100g）
牛乳	3.66	34.2	12	10	1	2	9	—	0.2
羊乳	7.00	52	15	18	2	2	15	—	—
印第安水牛乳	6.89	28.5	8	8	1	1	10	0.2	0.3
脱脂乳	0.03~0.94	10~160	—	—	—	—	—	—	—
灭菌乳脂	37.50	150~160	—	—	—	—	—	—	—
奶油	81.10	140~250	—	—	—	—	—	—	—

五、肉类中的磷脂

不同动物肉中的磷脂含量不同，同种动物的肥肉与瘦肉的总类脂含量差别也是较大的，但其构成的比例大体相近。总类脂物在小牛组织中的含量比成年牛的低。测定人体、牛、鼠和蛙的肝肾及脾脏的磷脂分布后发现，脊椎动物的器官大部分亚细胞微粒的磷脂分布差别不大或根本无差别。表 10-7 列出了成年牛、小牛及猪的磷脂含量。

表 10-7　　肉类总类脂物和磷脂含量　　单位：g/100g

肉类名称		总类脂物	总磷脂	PC	PE	PS	PI	SPH	LPC
成年牛	脑	12.1	5.31	1.31	1.95	0.87	0.24	0.94	—
	腰肌	4.1	0.66	0.41	0.21	—	—	0.05	—
	腕拉伸肌	1.5	0.59	0.37	0.17	—	—	0.05	—
	肥腿二头肌	7.4	0.83	0.38①	0.15	0.08②	0.04	0.06	—
	瘦腿二头肌	2.3	0.85	0.36①	0.16	0.06②	0.04	0.10	—
	肥背部肌	12.4	0.69	0.34①	0.12	0.10②	0.03	0.04	—
	瘦背部肌	1.7	0.60	0.26①	0.11	0.05②	0.04	0.07	—
	肥筋腱	3.8	1.16	0.59①	0.29	0.14②	0.04	0.05	—
	瘦筋腱	4.6	1.12	0.44①	0.28	0.12②	0.07	0.07	—
小牛	脑腱	1.33	0.87	0.33①	0.17	0.10②	0.04	0.05	—
	背部肌	1.13	0.85	0.32①	0.20	0.10②	0.05	0.06	—
	大腿二头肌	1.05	0.90	0.35①	0.18	0.10②	0.05	0.04	—
	里脊肉	2.58	0.59	0.30	0.17	0.06③	—	0.03	0.03
猪	浅色肌肉	7.2	0.73	0.45	0.20④	—	—	0.08	—
	深色肌肉	4.4	0.81	0.47	0.28④	—	—	0.08	—
	肾	2.90	1.08	0.84	0.40	0.16	0.7	0.33	—
	肝	3.70	2.68	1.69	0.62	0.04	0.21	0.13	0.06
	肺	2.00	1.38	0.80	0.19	0.13	0.08	0.19	—
	脾	2.45	1.00	0.41	0.17	0.16	0.02	0.24	—

注：①PC+LPC；②PS+PA；③PS+PI；④PE+PS+PI+LPC。

家禽鸡和火鸡大腿肉的总类脂物和总磷脂含量比胸肌肉的高，具体数据如表 10-8 所示。由表 10-7 和表 10-8 可知，磷脂成分的分布在浅色肉和深色肉中是相似的；器官的磷脂含量比肌肉组织的高；鸡和火鸡的同类器官有相似的磷脂成分，成熟的鸡的类脂物含量较高，这是由于中性贮藏类脂物增加所致。

表 10-8　　家禽组织中总类脂物和磷脂含量　　单位：g/100g

	组织名称	总类脂物	总磷脂	PC	PE	PS	PI	SPH
鸡	胸肌	1.12	0.73	0.39	0.19	0.10	痕量	0.06
	大腿肉	3.26	1.30	0.66	0.35	0.19	痕量	0.10
	皮	13.73	0.77	0.32	0.25	0.08	痕量	0.12
	胃	2.54	0.99	0.35	0.37	0.10	痕量	0.16
	心	3.20	1.61	0.68	0.51	0.23	痕量	0.19
	肝	5.60	2.39	1.12	0.83	0.15	痕量	0.29
火鸡	胸肌	0.73	0.40	0.23	0.09	0.03①	—	0.04
	大腿肉	2.48	0.51	0.28	0.14	0.03①	—	0.05
	肝	6.02	2.88	1.66	0.82②	—	—	0.40
	胃	1.35	1.00	0.42	0.46②	—	—	0.11
	心	2.93	2.12	1.12	0.65②	—	—	0.36

注：①PS+PI；②PE+PS+PI。

六、蛋品中的磷脂

在动物各种组织中，磷脂含量最高的是动物的卵。各种蛋品的总磷脂含量和含磷成分的分布大致相同，如表 10-9 所示。

表 10-9　　蛋品的总类脂物和磷脂含量　　单位：g/100g

蛋品种类	总类脂物	总磷脂	PC	PE	SPH	LPC	LPE
鸡	11.15	3403	2687	578	82	56	—
鸭	13.77	3527	2766	605	90	66	—
鹅	13.27	3230	2455	624	100	51	—
鹌鹑	11.09	3463	2923	382	107	51	—
火鸡	11.88	3468	2885	457	74	52	—

由表 10-9 可知，蛋制品是卵磷脂、鞘磷脂（SPH）和溶血磷脂酰胆碱（LPC）的理想来源，类脂物绝大多数存在于蛋黄中。因为在蛋品中含磷脂最丰富的是蛋黄，蛋黄磷脂是以蛋黄油为原料除去油内甘油三酯和胆固醇等中性脂质提高磷脂含量后制得的复合脂质。作为原料的蛋黄油脂质基本是以脂蛋白形式存在的，其中最主要成分为甘油三酯，约占 65%，磷脂约占 30%，胆固醇约占 4%。鉴于蛋黄油本身含有磷脂 30%，根据日本官方食品添加剂相关规定，蛋黄磷脂制品内磷脂含量应在 60%以上。

蛋黄磷脂的主要组分为磷脂酰胆碱，其他组分有磷脂酰乙醇胺、溶血磷脂酰胆碱、神经鞘磷脂、微量的溶血磷脂酰乙醇胺（LPE）和缩醛磷脂等。与大豆磷脂相比，蛋黄磷脂最引人关注的特点是卵磷脂含量较高，可达 70%~80%，卵磷脂对人体具有较强的生理活性。但蛋黄磷脂基本不含磷脂酰肌醇和磷脂酸，并且蛋黄磷脂的组分含量常随鸡蛋品种的不同而异。蛋黄磷脂与大豆磷脂的组分对比如表 10-10 所示。

表 10-10　　蛋黄磷脂与大豆磷脂的组分对比　　单位：%

组分	蛋黄磷脂	大豆磷脂	组分	蛋黄磷脂	大豆磷脂
磷脂酰胆碱	73.0	38.2	磷脂酸	—	8.4
溶血磷脂酰胆碱	5.8	1.5	磷脂酰丝氨酸	—	0.5
磷脂酰乙醇胺	15.0	17.3	神经鞘磷脂	2.5	—
磷脂酰甘油	—	1.2	缩醛磷脂	0.9	—
溶血磷脂酰乙醇胺	2.1	0.4	磷脂酰肌醇	0.6	17.6
N-酰基磷脂酰乙醇胺	—	2.0	—	—	—

第五节　磷脂功能及其应用

磷脂作为一种细胞代谢的基础物质，具有不可替代的营养功能，1997 年 5 月在美国西雅图举行的磷脂国际会议上，磷脂被美国食品及营养委员会推荐为人体每天应补充的营养素。同时磷脂作为一种结构特殊的天然化合物在食品加工过程中又可发挥重要的加工特性，如乳化、润湿、抗氧化、发泡、晶化控制等。另外，磷脂还具有降血脂、健脑、抗衰老、提升免疫应答等功效。磷脂还可添加到化妆品中，不仅可使皮肤持久保水，起到保持皮肤湿润的作用，同时还具有提高化妆品的分散性，促进起泡等功效。因此，磷脂的功能及特性相当繁多且复杂，决定了其应用领域十分广泛。

一、食品工业中磷脂的功能及其应用

磷脂被世界各国列为安全的、多用途的食品添加剂，在食品中应用广泛。在食品中添加磷脂不仅可以起到乳化、湿润、脱模、降低黏度、分散、增溶等作用，还能与淀粉及蛋白质结合改善食品的纹理结构，并起到营养强化的作用。磷脂不仅可提高食品的质量，改善食品的口感，延长货架期，还可增加食品的营养，因此，磷脂被认为是食品工业中价格低廉、用途广泛、不可缺少的原料。

1. 用作乳化剂

磷脂分子中同时具有亲油（极性）和亲水（非极性）基团，使磷脂具有两亲性，能在两种非互溶的液体交界面共同作用，使它们相互混合，产生油水均质化的乳化液。

亲水-亲油平衡值（HLB 值）反映了乳化剂对某一特定乳浊液的稳定能力，其数值范围为 1~20。HLB 值低的乳化剂最适于油包水（W/O）型乳化剂，HLB 值高的则是一种很好的水包油（O/W）型乳化剂。例如，当磷脂的 HLB 值≤4 时，可作为油包水食品系统的乳化剂，当 HLB 值>6 时，可作为水包油系统较好的乳化剂；当 HLB = 7 时，由于具有均衡的亲水亲油性，其实用性最广泛。天然磷脂的 HLB 值一般在 4 左右，改性的磷脂 HLB 值为 4 ~ 12，脱油粒状磷脂的 HLB 值更高。磷脂单独使用时，它的乳化效果受到乳浊液本身粒度大小的限制，因此，它主要与其他乳化剂和稳定剂（常用甘油二酯）结合使用。但是，采用机械方法（如高速剪切）降低粒度后的微粒乳浊液，单独使用磷脂就可取得较好的乳化效果。而且，机械能输入得越多，磷脂的使用量就越少。另外，磷脂的乳化性能对周围的离子环境条件较敏感，当盐浓度>5%，pH<4 时，磷脂的功能特性有所降低。

2. 发泡作用

发泡是气体在液态介质中的扩散作用。脱油的磷脂产品在大多数含水食品中具有良好的发泡作用，如食品外部的奶油辅料，冰淇淋和糖果等。在油炸食品中，卵磷脂是最佳的乳化剂，其优点是能在较长时间内保持所需的发泡能力，能防止食物粘连和焦化，使油脂介质发泡而不发生喷溅等。

3. 速溶食品分散剂

所谓速溶就是既要使产品颗粒分散得很细，又要使产品的固体颗粒在连续相中迅速地润湿和分散。现今的技术通常是采用“附聚”的方法来增加颗粒状产品的速溶性。附聚作用能使细致的粉末颗粒黏附成具有多孔特性的粗糙颗粒，而磷脂化处理则能把磷脂这一表面活性剂覆盖在颗粒表面，增强颗粒的可润湿性，得到具有速溶效果的产品。

磷脂的处理并不改变产品本身的溶解性，而主要是在于改进干性颗粒的润湿性和分散性，使其能更快地分散于液体中。亲水性强的粉末在添加到水中时会迅速湿润，形成外湿内干的块状。若添加极性低，HLB 值小即亲油性较好的磷脂（如天然磷脂），可使润湿和分散速度太快的粉末在液体中的水合作用减弱，降低粉末的润湿速度，使其在混合时不会结块。而添加极性高、HLB 值大的即亲水性较好的磷脂，则可改进疏水粉末的润湿速度和分散度，消除脂肪与水之间的相互排斥，使产品能迅速地润湿和分散于液体中。例如，可可粉本来在水中难以分散，当其表面涂有磷脂后就会易溶于水。

不管是天然磷脂还是磷脂改性产品，均能应用于各式各样的粉状食品和速溶食品中。典型的速溶产品包括奶粉、婴幼儿食品、可可粉、蛋白质混合料、汤料和调味料等。在生产中，应根据速溶产品的不同特性选择不同的磷脂。水溶性的底物，如蛋白粉，需要一种低极性的亲油磷脂，因为在吸水湿润时它能减缓并控制产品的水解速率，避免形成阻碍粉末继续溶解的外湿内干团块。表面为油质的产品，如巧克力、高脂肪奶粉，需要高极性的亲水磷脂，以促进脂肪表面吸水湿润。

4. 食品加工中防粘剂和脱模剂

脱模剂是一种防止糕点粘连在烤盘或模具上的加工辅料。将脱模剂喷在模具上，就会在模具表面形成一层均匀的膜，使糕点更易脱出，并且可减少用油量。

防粘剂能使产品与加工机械、产品与产品或包装之间不至于粘连，减少产品破损，并有助于加工设备的清洗，同时还能减少食品在加工过程中吸附的油脂。传统的防粘剂是油脂，但是后来发现，磷脂的防粘功能比植物油脂更好。这是因为天然磷脂具有特殊的界面性质，可改善油脂与食品之间的界面条件，防止食品与铁板、食品与食品、食品与包装的直接接触。就防粘作用来讲，天然磷脂优于油脂和合成磷脂，改性磷脂优于一般磷脂。

5. 黏度调节剂

磷脂可调节产品的黏度，特别是细小颗粒的悬浮系统。目前，磷脂可降低黏度这一特性主要被应用于糖果制品，尤其是巧克力产品的生产中。磷脂可大大降低巧克力浆的黏度，使巧克力料具有良好的流动性，更便于加工，从而降低可可脂的用量。例如，在生产巧克力时加入 0.3%的磷脂可降低 50%的黏度，有利于原料混合，同时节省 30%~50%的可可脂。

6. 抗氧化剂

磷脂的抗氧化作用很早就为人所知，特别是其中的 PE 和 PC。然而磷脂自身的抗氧化作用较弱，与其他抗氧化剂如维生素 E 复合时其抗氧化性会明显提高。磷脂的抗氧化性目前主要在油脂生产中得到应用。实验表明，磷脂在油中含量≥0.2%时可显著提高菜籽油、葵花籽油和大豆油的抗氧化性，在 60℃下可保存 8 个星期。磷脂中的磷脂酰胆碱含有氨基，加热时易产生褐变和异味，将磷脂用磷脂酶水解去除氨基基团，这种分子中不含氨基的磷脂用于生产油炸食品时食品不易烤焦，不会产生异味，使食品具有良好的品质和感官，同时还能降低油炸食品的吸油率。

7. 微胶囊化载体

磷脂最新的应用是作为食用香料的微胶囊化载体，因为风味物质能与脂质体形成稳定的微胶囊。通常，这种微胶囊风味剂可用于巧克力、饼干等食品。在微胶囊制作中，硬磷脂和软磷脂的比例一般为 4∶9~1∶1，这样使得风味成分的释放温度为 28~40℃，可达到入口即化、香味立即释放的目的。增加硬磷脂的比例可使释放温度提高。

8. 水果保鲜剂

磷脂对水果有很好的保鲜防腐作用。磷脂可单独使用，也可与多菌灵等配合使用，制成复方磷脂，对于苹果、香蕉、柑橘、荔枝等有良好的保鲜效果。

二、医药及保健品工业中磷脂的功能及其应用

磷脂是人体细胞结构的主要成分之一，是维持人体正常生理功能必不可少的物质。充足的磷脂能增强细胞活力，对促进造血、加快伤口愈合、提高脑神经功能和增进消化能力等方面有重要作用。此外，磷脂还具有较高的营养价值，它能供给人体甘油、脂肪酸、磷酸、胆碱和氨基醇等成分。因此，磷脂是目前保健食品市场中极具生命力的产品，风行欧、美、日等国家和地区。目前磷脂最大的用途是用作营养补充剂。现代研究发现，磷脂具有多种药用价值，其保健功能主要有以下几个方面。

1. 调节代谢，增强体能

人体的肌肉细胞靠磷脂膜来进行信息和物质传递以获得所需的能量和营养，并排出代谢废物。在这个生理循环过程中，磷脂会被大量地分解和消耗，所以必须及时补充足够的磷脂，人体肌肉才能持续获得能量和营养。除此之外，神经醇磷脂能参与神经元生长，维持神经系统的激动性，维持表皮细胞的通透性，增强皮肤障碍功能，参与细胞代谢调控，刺激细胞增生。磷脂还能有效地增强细胞功能，提高细胞的代谢能力，增强细胞消除过氧化脂质的能力，及时给人体提供所需的能量。这就是人体食用磷脂后会感觉到精力充沛、身体轻松、不易疲劳的主要原因。

2. 健脑、补脑，提高记忆力

磷脂存在于每一个细胞中，人体组织器官中含磷脂最高的是大脑，占大脑干重的 30%。

大脑中磷脂类物质在人类智力活动中承担着信息传递的重要功能。医学界认定，大脑内磷脂的含量的高低直接关系到人的记忆力的好坏。

磷脂能提供磷酸，是构成三磷酸腺苷（ATP）的主要材料，而三磷酸腺苷又是大脑细胞能量代谢不可缺少的高能物质。磷脂还含有丰富的胆碱，胆碱是乙酰胆碱的前身，乙酰胆碱是神经细胞间信号传递的重要物质。当胆碱进入人体，随血液循环进入大脑，在体内乙酰化酶的作用下与体内的乙酰辅酶 A 反应，生成乙酰胆碱。

另外磷脂中的卵磷脂和脑磷脂也是大脑记忆功能的必需物质。脑磷脂在脑神经组织中的含量很高，可促进神经细胞的活化，增强大脑机能。人体长时间用脑思考或处于紧张状态时，磷脂的消耗会明显增加，此时若不及时补充足够的磷脂，久而久之就可能因记忆力衰退而出现健忘、精神状态不稳定和抑郁等问题。

补充磷脂可修复生物膜、脂蛋白结构，溶解清除过氧化脂质，从而改善人体神经化学功能和大脑机能，减缓脑细胞的退化和死亡。20 岁左右的人脑细胞以每日 10 万个的速度死亡，同时大脑也在产生新的细胞，年龄越大，脑细胞损失速率越快。适时补充磷脂能减少脑细胞的净损失量。

3. 降低胆固醇，调节血脂，防止动脉粥样硬化

医学界认为，血液中磷脂含量的多少直接关系到人是否患高血脂、动脉粥样硬化、冠心病、脂肪肝、胆结石等疾病。所以，磷脂已被用作药物的活性成分用于治疗肝脏脂肪代谢障碍、高胆固醇血症和动脉粥样硬化等疾病。

（1）降胆固醇和降血脂作用　胆固醇在血管内沉积会使血管硬化变脆，弹性减弱，容易破裂，产生一系列的相关症状。造成血管胆固醇沉积的原因与人体脂质代谢有密切的关系。相关研究报道称，磷脂与胆固醇在血液中应保持一定的比例，磷脂发挥乳化剂的作用，减少胆固醇在血管中的沉积，并降低血脂的浓度。

（2）防止动脉粥样硬化作用　体内脂肪代谢不正常时，血液中的胆固醇和甘油三酯浓度升高。高血脂可能造成脂蛋白以脂蛋白乳糜的形式沉积于血管，使血管硬化，也会使血液的流通性降低，血压升高，威胁心脏功能。磷脂分子结构中含有亲水的磷酸酯基团和亲油的脂肪酸基团，具有两亲性，可溶解血液中和管壁上的脂溶性甘油三酯和胆固醇硬块，使之变成微小颗粒，增加血液的流动性，降低血液黏稠度，从而减少因脂肪和胆固醇沉积而造成的动脉粥样硬化。磷脂在胆固醇的运送、分解、排泄过程中起着“清道夫”的作用。大量医学研究表明，增加人体中磷脂的含量可使对人体有益的高密度脂蛋白含量上升，降低血液中的胆固醇和甘油三酯，从而有效防止动脉粥样硬化。

4. 保护肝脏，防治脂肪肝

肝脏是人体内最大的脏器，占体重的 2%~3%，平均质量达 1500g，是人体代谢的中枢。肝脏一般含 4%~5%脂类，其中磷脂占 2%~3%，胆固醇占 0.3%~0.5%。其组分较为固定，但脂肪含量会发生变动，脂肪过量时能形成脂肪滴而蓄积在肝脏内。脂肪在肝内的蓄积除了会影响肝脏的正常生理功能外，还可能造成肝细胞破裂，使肝组织被无功能的纤维结缔组织取代，进而引起肝硬化。胆固醇和卵磷脂的比例失调是致肝炎和肝硬化的主要原因。如果两者的比例适当，两者就会形成流质体，否则就会结晶硬化。肝内的脂肪以脂蛋白的形式转运到肝外，而磷脂酰胆碱是合成脂蛋白所需的物质，所以，若体内胆碱不足就会造成脂肪在肝脏内蓄积，逐渐形成脂肪肝，甚至发生炎肿，阻碍血液流通，造成肝细胞坏死。磷脂食品中

含有较多的胆碱成分，适量补充磷脂不但可防止脂肪肝形成，还能促进肝细胞再生。所以，磷脂对防治肝硬化有一定的辅助疗效，对保护肝脏健康有重要作用。

5. 防治胆结石

胆结石是指人体的胆道有结石形成，胆结石是由胆固醇、胆色素、钙盐等构成的复合球状物，坚硬如石，会引起剧烈腹痛。

当人体胆汁中磷脂含量过低时就会造成胆囊内胆固醇沉淀，逐渐形成结石。胆固醇是人体所必需的物质，但是过多就会附着在血管壁上而发生沉淀，胆结石90%的成分是胆固醇。若摄入足够的磷脂，磷脂可将多余的胆固醇乳化，使胆汁中的胆固醇保持液体状，防止胆结石的形成。

6. 延缓衰老

国外学者研究表明，人从40多岁就开始衰老，皮肤褶皱增加，头发变白，脱发，眼耳聪敏度下降，内脏和各器官机能下降，组织开始老化萎缩。生理学研究表明，衰老的主要原因是体内过氧化脂质与蛋白质结合，在脑、心、睾丸、内脏等处沉积，使部分细胞萎缩死亡。年轻或老化都与细胞的状态息息相关，所谓老化即细胞死去的速度大于新生的速度。人体老化过程的一个标志是细胞膜的明显老化，所以要延缓衰老就要维持细胞的活力，让细胞有旺盛的代谢机能。研究表明，老化细胞膜中胆固醇含量比年轻细胞膜中胆固醇含量要高很多，胆固醇比例高的后果就是膜的硬化，膜硬化后细胞的物质交换阻力增大，导致细胞的老化甚至死亡，从宏观上看就是导致整个机体的老化。这不是导致机体老化的唯一原因。增加磷脂的摄入量可修补细胞膜及膜蛋白和酶的结构，调整细胞中磷脂和胆固醇的比例，改善细胞膜的硬化程度，延缓细胞的老化。另外，磷脂本身具有乳化性，可溶解、清除过氧化脂质，调节内分泌系统，延缓衰老进程。所以，不管是从细胞膜或脂蛋白结构方面，还是从内分泌调节方面，都可以证明磷脂具有延缓衰老的作用。

7. 治疗便秘

便秘可能是大肠器质性疾病的首发症状，如结肠肿瘤、肠粘连等；另外，静脉瘀血、肝功能障碍也可能导致便秘。卵磷脂固有的亲水性和乳化作用，可以活化肠细胞，增强肠的蠕动能力，促进肠道微循环，促进毛细管的畅通，从而可治疗便秘。

8. 预防癌症的发生

近年研究发现，慢性病及癌症都是细胞受到自由基攻击的结果。因此，许多抗氧化剂被逐渐发现与重视，而强化细胞膜功能也是避免细胞受到自由基破坏的一种方法。研究发现，抗氧化剂如超氧化歧化酵素和卵磷脂共同强化的细胞，对自由基的抵抗力更强。卵磷脂可改变细胞膜的组成，增强细胞机能，使生物体维持自我稳态。据报道，国外以磷脂为主，与脂类配成的乳剂用作抗癌注射药颇具疗效。

三、饲料工业中磷脂的功能及其应用

磷脂作为油脂加工副产物，国外很早就将其用作禽畜和水生物的饲料营养添加剂，我国也曾利用廉价的粗菜油磷脂（油脚）作为饲料添加剂。近年来油脂工业技术的发展促进了磷脂的开发，磷脂已成为重要的饲料添加剂。在饲料中，磷脂主要起乳化脂肪的作用，强化饲料的物理性质，其中包括增强膳食营养成分的消化与同化作用，促进代谢，提高产卵率，改善乳分泌，提高脂肪吸收率，防止脂质过氧化作用，改善饲料口感。

1. 提高饲料的营养水平

从磷脂的化学构成来看，磷脂由甘油、脂肪酸、磷酸、胆碱和肌醇等构成。磷酸、胆碱、肌醇等是动物生长所必需的营养成分，甘油和脂肪酸可以给动物补充能量。因此，粗磷脂添加到饲料中除可提高饲料能量之外，还可提供营养成分，对动物的生长发育有非常重要的作用。磷脂的主要功能和作用如下。

（1）作为油脂替代品，提高饲料能量　磷脂的热能比较高，尤其是改性磷脂。热含量达 31.81MJ/kg，接近植物油脂的热含量 37.68MJ/kg。

（2）提供胆碱、肌醇、磷酸等营养素，提高饲料的营养价值　提高禽类的产蛋率。磷脂中含丰富的胆碱和肌醇，可使母鸡产蛋率增加约 7.4%，饲料消耗减少 5%，蛋的质量增加 3.2%。提高猪的生长速度。按照 1kg 体重 1g 磷脂的用量喂养 15d 到 4 个月的小猪，与不喂磷脂的小猪对比，结果发现加磷脂组体重增加的速度比对照组高 14.7%。还有研究表明，添加磷脂的饲料可提高奶牛的产奶量，加快鱼类的生长速度。

2. 提高免疫力

磷脂是构成生物膜的主要成分，对细胞膜的形成有促进作用。磷脂的不饱和脂肪酸中的必需脂肪酸作为组织细胞不可缺少的组成成分，可以增强组织器官功能，提高巨噬细胞的吞噬功能，促进 T 淋巴细胞增殖，增强动物机体免疫系统活力，增强抗应激能力和抗病能力。

3. 促进脂肪代谢，预防脂肪肝

磷脂中的胆碱、肌醇、亚油酸等能促进脂肪的消化吸收、转运和合成，消除肝脏中多余的脂肪。研究证明，磷脂对鸡有预防脂肪肝并发症的作用。

4. 抗氧化作用，延长饲料的保质期

磷脂产品有抗氧化作用，添加于饲料中，可对饲料中的不饱和脂肪酸有一定的保护作用，延长保存期。

5. 作为脂质体的包埋剂

利用磷脂的双层膜质膜结构，对饲料中的水溶性和脂溶性营养物质进行包埋，可增加饲料的稳定性。

6. 增加饲料适口性

磷脂中含丰富的油脂，添加到饲料中可改善饲料的适口性，增强其诱食性。经过改性和脱胶处理的磷脂这一作用更明显。

7. 降低饲料成本

饲用磷脂的价格低于各种植物油，而且除胆碱、肌醇和不饱和脂肪酸外还有丰富的油脂，可提高饲料的能值和饲料转化率。

8. 作为乳化剂

磷脂的乳化性能在快速制备液体饲料时可加快脂肪的分散，提高脂肪利用率。在制备小牛和仔猪的人造乳时，添加磷脂可使脂肪分散效果好且形成稳定的乳化液，从而利于脂肪的消化吸收。对于幼虾，饲料中添加磷脂可弥补其因缺乏胆汁而造成的脂肪消化能力低下，降低幼虾的高死亡率。

9. 作为悬浮剂

磷脂不仅对分散在水中的脂肪起乳化作用，而且对悬浮在乳状液中的不溶组分也有分散作用，防止不溶组分在液体饲料中产生沉淀。添加磷脂的球形饵料，易悬浮在水中，方便鱼虾取食，提高饲料的利用率。

10. 作为润滑剂

在生产颗粒饲料时添加磷脂，磷脂的润滑性可减少饲料在挤压成型时的损耗，减少饲料对设备的磨损，同时降低能耗，并使饲料因摩擦而升温的程度减小。因此，加入磷脂可使颗粒饲料迅速冷却下来，减小发霉的可能性，从而提高制粒产量。

11. 作为胶黏剂

以粗粉形式制备的饲料混合物，易产生粉末而造成损失。磷脂在饲料中可起到黏结的作用，防止饲料粉尘飞扬，防止饲料在水中飘散、沉底和对水质的污染，提高饲料的混合质量。改性后的磷脂常为流体状态，适宜作为胶黏剂使用。

磷脂在仔猪饲料中的应用示例。

在仔猪饲料中添加磷脂，有利于仔猪对脂肪的消化吸收和减少腹泻，提高仔猪成活率。这主要是因为磷脂在脂肪代谢中起着十分重要的作用。在肠道中，磷脂可起到油脂乳化剂和抗氧化剂的作用。另外，添加磷脂可提高仔猪的免疫力。

热带地区的仔猪食欲低下，养殖场不得不提高饲料能量浓度，一般是在日粮中添加油脂，然而6~7周龄的仔猪肠道发育不全，胆汁分泌不足，而且机体合成的磷脂不足，对脂肪的乳化能量较低，因而不易消化油脂，容易导致腹泻。为提高饲料的消化率，减少下痢，在日粮中添加一定比例的磷脂是较好的办法。饲料中添加磷脂有助于弥补体内磷脂的不足，能提高仔猪对脂肪的消化率，进而提高饲料转化率和促进生长。仔猪体重在15~17kg前，饲料中添加磷脂有利于增强体质，并可使断乳应激的仔猪快速生长，尽快适应断乳。仔猪饲料中磷脂推荐量如表10-11所示。

表10-11　仔猪饲料中磷脂推荐量　单位：g/(kg·d)

项目	纯卵磷脂	大豆磷脂
人工乳	2.0~4.0	3.7~7.5
断奶前	2.5~3.5	4.5~6.0
断奶后	1.5~3.5	2.7~4.5

仔猪常因断奶而出现生长停滞的现象，饲喂磷脂可刺激食欲而使生长情况得到改善。研究表明，在断奶仔猪日粮中添加0.2%脱油大豆磷脂，仔猪的日增重比对照组提高9.5%，料重比降低7.5%，0.6%的磷脂的添加组日增重提高17.1%，料重比降低12%。

国外研究表明，磷脂不仅能增强仔猪的食欲，减少腹泻，提高成活率，还可促进猪的生长发育，增强其免疫力；此外，磷脂还有增强种猪性功能的作用。

四、化妆品工业中磷脂的功能及其应用

磷脂是含磷酸的复合脂质，由于磷脂具有乳化性，能使泡沫稳定，分散性好，并且磷脂的渗透性能赋予皮肤油分，能产生保湿和抗氧化作用，很早就被用作化妆品的天然原料之一。磷脂既可改善化妆品的润湿效果、营养效果、涂抹效果及附着效果，又可改善皮肤的触

感，降低油腻性，提高保水性，是化妆品的重要添加剂。随着人们对磷脂的认识不断加深和科学技术的不断发展，磷脂在化妆品中的使用价值将越来越重要。

1. 皮肤的生理特性

表皮是由多层角朊细胞构成的最外层组织，表皮由内向外水分含量呈递减趋势。随着年龄的递增，从20~80岁，表皮的厚度减少1/3，细胞质中的天然保湿因子（NMF）也随之下降而造成皮肤水分下降，致使皮肤干燥并失去光泽。角质层并不是无活力、无功能的组织，而是有活性的，其独特的功能与特色的组织结构有关。有人提出“砖块-泥浆（Brick-Mortar）”模型以解释角质层的复杂结构和功能的关系。角质层作为表皮中的未分化细胞被包埋在富有脂质的细胞间质中，这些脂质形成膜状脂质双层（Lipid Bilayers）。皮肤含水量低于某一值时，脂质就会形成固态结晶。研究表明，水分是保持表皮角质层的塑性、柔软、平滑必不可少的物质，如果角质层蒸发损失的水分超过表皮下层补充的水分，皮肤就会脱水并失去柔韧性，皮肤含水低于10%时就会出现干裂和鳞片。脂质的屏障和角蛋白相连，角蛋白使水和皮肤结合，有助于防止水分散失。

2. 磷脂的护肤作用

磷脂易渗入皮肤，可软化和保护皮肤。磷脂是皮肤天然保湿因子的基本成分，具有吸湿性并易渗透皮肤，可束缚皮肤中的水分，防止皮肤脱水干燥，使正常皮肤保持良好的健康状态，或使已经缺水的皮肤尤其是角质层恢复水结合能力，从而达到使角质层柔软、再现并维持皮肤健康的状况。磷脂因其这一特性而被常用作保湿剂（Moisturizers-Humectants）。

在实践中发现，一般的保湿剂（如甘油、山梨醇）在周围相对湿度变化的情况下保湿性能不稳定，如在干燥的冬季，这些保湿剂不但不保湿，反而会从皮肤中吸取水分，或者与角质层的结合能力很弱，达不到理想的保湿效果。此外，这些保湿剂对皮肤的代谢会产生一定的影响，如干扰正常的呼吸、排泄和吸收功能等。理想的保湿剂是作用于角质层，通过结合水系统和有乳剂封闭作用以达到保湿效果。关键在于，不仅要保持水分还要维持水分作用的时间。近年来提出的“深层保湿”（Deep Moisturization）的新概念是指保湿剂渗入到真皮，参与复合维持吸水能力及障壁保水功能，以保持角质层的含水量而防止皮肤干燥。在研究保湿剂时发现，选用脂类可增强和延长亲水物的保湿作用。磷脂作为深层保湿剂，还有一定的亲水性，能为皮肤提供充足的水分，使皮肤变得光滑柔润。

磷脂还能促进汗液分泌，是一种天然的解毒剂，它能分解人体内的毒素，并经肝脏和肾脏排出体外，使脸上的青春痘和皮肤色素沉淀等消失，并减少和消除老年斑。

磷脂具有良好的成膜性，可改善洗涤剂对皮肤的脱脂作用。长期使用洗涤剂，皮肤中的磷脂被大量洗去，影响皮肤的吸水能力，致使皮肤粗糙干燥。但如果在洗涤剂中添加磷脂，就会在皮肤上形成磷脂的单分子膜或低聚分子膜，这些膜的胶体性质可保护皮肤不受洗涤剂脱脂的影响。

磷脂能参与细胞的代谢，活化细胞，抗衰老。磷脂是每个细胞不可缺少的物质，如果缺乏就会降低皮肤细胞的再生能力，导致皮肤粗糙并出现皱纹。所以，磷脂对于保护皮肤是重要且有效的物质。

3. 表面活性剂作用

磷脂分子的两亲结构使其具有一系列界面和胶体性质，如界面吸附、形成胶团、乳化作用、生成液晶和脂质体等。磷脂是天然的表面活性剂，不会对皮肤产生刺激作用，具有很高的安全性。

除乳化作用外，磷脂在化妆品中还可作为分散剂、润滑剂、洗涤剂等。所以，在化妆品中添加磷脂，能使产品的乳化性、泡沫稳定性、分散性得到改善，同时增强产品的渗透性、保湿性和抗氧化等功效。化妆品中磷脂的实际功效主要有以下几点。

（1）对乳液制剂有稳定作用　磷脂在水和油两相间形成一个界面，由于这个界面的存在降低了油水间的界面张力，使两个不溶相形成乳状胶，体系稳定性增强。

（2）脂质体包裹剂　在乳状液形式的化妆品中，磷脂不仅具有乳化和稳定体系的作用，而且在水中可以形成脂质体和多层囊泡，具有保持水分、渗入皮肤角质层、作为有效成分载体的作用。

（3）对香料和色素具有分散作用　加入磷脂可使化妆品中的颜料和其他颗粒均匀分散，产生光滑的表面，从而与皮肤黏附得更好，颜色更稳定。磷脂的这一特点常用于胭脂、眼影膏和粉饼等化妆品中，以保证不论是在化妆品盒里还是在皮肤上，化妆品的色彩均能自然真实。

五、纺织、皮革工业中磷脂的功能及其应用

1. 纺织工业中的柔软剂

在纺织品的加工过程中，织物经过各种化学助剂及燃料的作用和湿热加工，经受多种机械力，织物的组织结构和纤维形态发生了变化，天然纤维中的油脂蜡质、合成纤维上的油剂等均被除去，引起手感粗糙、僵硬。这需要使用柔软剂来降低纤维表面的摩擦系数，改善经纬纱直接的摩擦力，使织物保持顺滑柔软的手感。

磷脂作为表面活性剂，具有润滑、乳化、柔软等作用，因而在利用过氧化物对合成纤维进行脱色，对棉、绢进行煮沸、洗涤过程中，磷脂可作为纤维的保护剂使用，使纤维保持柔软性。

2. 纺织工业中的稳定剂

经退浆、煮炼后的棉织物，绝大部分的污垢杂质被清除，但为提高染色的鲜艳度和均匀性，还需用漂白剂对破坏色素等杂质进行漂白处理。漂白处理一般使用双氧水，而双氧水的分解速度对漂白效果影响很大。双氧水过早分解，不仅会造成漂白剂失效，而且还会损伤纤维，尤其是对纤维素和蛋白质纤维组成的织物。因此，为控制双氧水在漂白过程中的分解，避免损伤纤维，并获得良好的漂白效果，往往会加入稳定剂。由于磷脂具有抗氧化特性，可作为棉、毛、丝、合成纤维等漂白处理时很好的稳定剂。

3. 纺织工业中的分散剂

分散剂在染色中所起的作用是能均匀地分散染料和防止染料聚集，并能防止少量染料被破坏后聚集起来的低聚黏稠物对织物的污染。分散剂的重要应用是作为聚酯纤维用的分散染料的高温高压染色助剂。此外，分散剂还用于某些几乎不溶性染料，如分散染料、还原染料的研磨加工剂。其作用是使其颗粒分散，有助于颗粒粉碎，同时阻止分散染料离子的结晶成长，保证染料的分散性，而且能帮助染料向聚酯纤维内部扩散，防止染料焦化。此外，分散剂还有一定的缓染、均染性能。分散剂一般应具有较高的分子量。因磷脂或其改性产品均有较大的分子和良好的亲水性，所以可以在纺织工业中用作分散剂。

4. 纺织工业中的抗静电剂

对于合成纤维来说，由于纤维导电性能差、吸湿性小，容易产生静电。需要加抗静电剂来减少纤维与纤维之间、纤维与金属之间因摩擦而产生的静电。用磷脂产品处理合成纤维，其非极性亲油基团朝向纤维表面，极性亲水基团指向空气，在纤维与空气界面形成一个有吸湿性的定向吸附层，磷脂的亲水基与水分子通过氢键形成一层水膜，产生导电面而使聚集的电荷传导出去，起到抗静电作用。

5. 磷脂在皮革工业中的作用

磷脂对皮革的作用主要有润滑、增塑、增厚、疏水和丝旋光等作用。

（1）润滑作用　粗制磷脂组分中含有一定的中性油脂，对皮革起到润滑的作用，赋予皮革一定的柔软度。磷脂本身对皮胶原具有亲和力，在皮革纤维表面形成物理吸附膜和化学结合膜，既能起到润滑纤维的作用又能阻止油脂的氧化，具有表面保护作用。

（2）增塑作用　磷脂对蛋白质具有增塑作用，在皮革加工时磷脂可以作为蛋白质的软化剂（增塑剂）使用。通过提高对胶原纤维的增塑作用，使皮革的柔软性和弹性增加。

（3）增厚作用　皮革使用磷脂具有增厚作用，具体的机理不完全清楚，有用简单的物理的“填充作用”来解释，而用化学的“填充作用”来解释似乎更合理一些。磷脂为含磷酸根的表面活性剂，分子中除含有磷酸基团之外，还含有其他活性基团，因此，它可以与胶原纤维进行化学结合，形成复合体，从而增加皮革的厚度。

（4）疏水作用　用磷脂产品处理的皮革，其非极性的亲油基团指向空气，极性的亲水基团指向纤维表面，在皮革纤维表面形成一层具有斥水性的定向吸附层，使皮革具有防水作用。

（5）丝旋光作用　磷脂处理后的皮革纤维具有良好的丝旋光性能，人们称之为“丝光感”。

六、磷脂的其他应用

1. 农业中的应用

在农作物保护剂中添加磷脂，可增强活性成分的功效，降低活性成分的用量，保证含活性成分的水乳剂的稳定性。

磷脂是农药配方中的添加剂，起到乳化作用，还能改善杀虫剂的黏附性和渗透性。

2. 涂料、油墨、感光剂中的应用

磷脂在涂料、油墨、感光剂中可作抗氧化剂、增色剂、催化剂、改性剂、分散助剂、乳化剂、研磨助剂、涂敷助剂、润湿剂、稳定剂、黏度调节剂等。能使颜料均匀地分散，防止沉淀。使水性涂料稳定化，使干燥皮膜具有光泽，还能增加印刷油墨流动性。

3. 石油制品中的应用

在润滑油中添加 0.5%的浓缩磷脂，能防止胶质的形成，抑制黏度的增加和酸的形成，防止烷烃的残渣等析出物黏附在发动机上，延长其润滑寿命。燃料油中添加 0.1%~0.5%磷脂，可防止四乙基铅在汽油中发生浑浊现象和油对金属的腐蚀，并可防止碳粒堆积在汽缸及活塞表面。

4. 油漆中的应用

磷脂添加到油漆中，可缩短制造过程中的捏合时间，防止颜料沉淀，并可产生良好的色度，增进粉刷性能，使粉刷面平滑、柔美、光亮。

5. 音像材料中的应用

高纯磷脂是一种很好的录音、录像磁带、计算机磁盘和胶卷磁浆的乳化分散剂。

第六节 磷脂制备

磷脂在动植物体内广泛分布，目前工业生产磷脂都是以植物为原料，有工业利用价值的磷脂贮存在油料作物的种子中，在提取植物油的过程中进入油中，然后在植物油的水化工艺中作为油脚与植物油分离。油脚中除了含有磷脂外，还含有蛋白质、糖类、油溶性维生素(如维生素 E)、灰分、甾醇、油溶性色素、脂肪酸等，需要对油脚进行分离纯化。目前分离提纯磷脂产品有饲料级、食品级和药用级的，级别不同分离提纯的工艺也不同。

一、有机溶剂萃取法

根据磷脂不溶于乙酸甲酯、丙酮等极性溶剂，可溶于脂肪烃、芳香烃等有机溶剂，部分溶于脂肪族醇类溶剂的特点，可以利用这些溶剂将原料中的油溶性杂质去除。有机溶剂萃取法具有传质速度快、生产周期短、便于连续操作、容易实现自动化生产、分离效率高和生产能力强的优点，是目前磷脂产品生产中最主要的方法，适于从各种天然原料中提取磷脂。针对不同的原料和目标物，选取的溶剂稍有不同。

萃取溶剂的选择主要考虑的因素有：

(1) 萃取溶剂与被萃取的液相互溶度要小，黏度低，界面张力适中，对相的分散和两相分离有利。

(2) 溶剂的回收和再生容易，化学稳定性好。

(3) 溶剂廉价、易得。

(4) 安全性好，如闪点高（生产安全性），毒性低（食用安全性）等。

溶剂萃取工艺一般包括以下 3 个主要过程：

(1) 混合，料液与萃取剂密切接触；

(2) 分离，萃取相与萃余相分离；

(3) 溶媒回收，萃取剂从萃取相中分离回收。

根据料液与萃取剂的接触方式，萃取操作流程可分为单级萃取和多级萃取，后者又可分为多级错流萃取和多级逆流萃取。多级错流萃取是指料液经萃取之后分离出萃取液，将剩下的萃余液加入新鲜的萃取液再次萃取，依次重复多次萃取。多级错流萃取流程由多个萃取器串联组成，每一级萃取后将萃取液收集，萃余液依次流入下一级的萃取器，最后将每一级的萃取液混合到一起再做处理。假如有 n 个萃取罐，每次加入“一倍体积”的萃取剂，最终收集到的萃取相就有 n 倍“单位体积”。

多级逆流萃取同样是多个萃取器连用，但是不同的是，逆流萃取将萃取相进行多次利用，而不是萃取一次就回收，这样 n 个萃取器都进行一次萃取，最终总的萃取相也只有一倍体积而不是 n 倍。因为逆流萃取的特点是萃取剂与萃余相进入萃取罐的方式是逆向的，其过程为：萃余相在每个罐中被分离出后依次从第一个罐流向第 n 个罐，而新鲜的萃取剂从最后一个（第 n 个）罐开始流入，萃取相在每个罐中被分离出后依次流向前一个罐，在第一个罐中萃取完后收集萃取相。这样，萃余相中的目标物浓度依次降低，萃取难度加大，但是遇到的萃取剂是越来越新鲜的，在最后一个萃取罐中，目标物浓度最低，但遇到的是最新鲜的萃取剂，以此达到提高萃取率的目的。3 种萃取工艺中，综合考虑萃取得率和萃取剂用量等方面，以多级逆流萃取最优，成本更低，是工业上普遍采用的流程。多级逆流萃取流程图如图 10-8 所示。

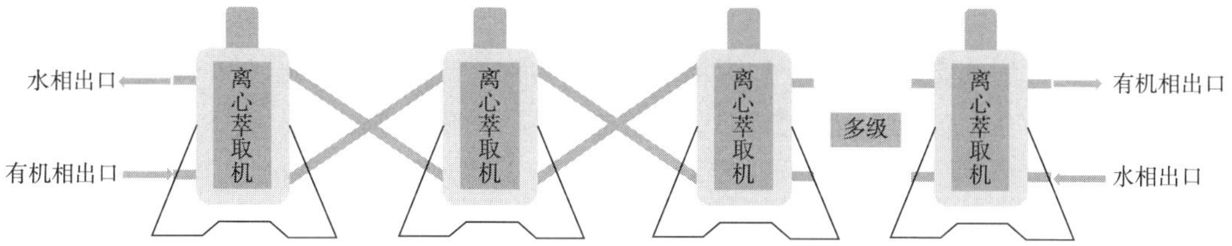

图 10-8 多级逆流萃取流程图

在磷脂组分中，PC 在醇中的溶解度比 PE 和 PI 高，故可根据溶解性的不同将它们分离。前者形成醇溶性 PC 富集部分，有很好的乳化性，适宜作 O/W 体系乳化剂，后者形成醇不溶性 PE 富集部分，适宜作 W/O 体系乳化剂。通常适宜的分离溶剂是 $C_1 \sim C_4$ 的低级醇类，如甲醇、乙醇、异丙醇、丙二醇等。用 90%的乙醇对 PC/PE = 1.2 的天然磷脂进行萃取，可得到 PC/PE = 8 的高 PC 产品。要得到更纯的产品可采用吸附剂分馏法或色谱分离法。

二、超临界流体萃取法

超临界流体萃取（Supercritical Fluid Extraction）又称稠密气体萃取、流体萃取、压力流体萃取等。超临界流体是指物质的状态处于高于临界温度和临界压力而又接近临界点的状态。超临界流体具有一些极特殊的性质，其具有和液体相近的密度，同样的凝聚力和溶解力，黏度虽高于气体但是明显低于液体，其扩散系数又接近于气体，是通常液体的近百倍，因此对物料具有很好的渗透性和很强的溶解力，对被选择的成分具有很高的萃取速度。另外该流体的性质随着温度和压力而连续变化，对物质的萃取具有选择性，而且萃取后分离也非常容易。目前超临界流体萃取技术在食品、化工、医药等领域应用日趋广泛，其中超临界 CO_2 是最常用的萃取剂。这是因为超临界 CO_2 密度大，溶解能力强，传质速率高；临界压力适中，容易实现：临界温度适中，分离过程可在接近室温条件下进行；具备无毒、无臭、无腐蚀性、无残留、不燃、防氧化、价廉等优点。超临界 CO_2 尤其适用于不稳定天然产物和生理活性物质的提取和分离。因 CO_2 是非极性分子，故主要用于萃取低极性和非极性化合物。向超临界 CO_2 中加入一定量的水、甲醇、乙醇、乙酸乙酯等极性物质或它们的混合物（称为夹带剂或提携剂），对分离物质的特定组分有较强的影响，对提高其溶解度、增加抽出率或改善选择性具有较大作用。夹带剂的使用可使超临界 CO_2 萃取更有效地对物质进行分离提纯，使用范围进一步扩大。

在超临界流体状态下将流体与物料接触，使其选择性地依次把极性大小、沸点高低和相对分子质量大小不同的成分萃取出来。超临界流体的密度和介电常数随着压力的增加而增加，极性也随着增加，利用程序升压可将不同极性的成分分步提取，然后通过减压、升温的方法使超临界流体变为气体，萃取物则被自动析出，达到分离提纯的目的，这就是超临界流体萃取的基本原理。影响超临界流体萃取效果的因素主要有萃取压力、萃取温度、萃取物颗粒大小、超临界流体的流量等。萃取压力是最重要的参数之一，萃取温度一定时，压力增加，流体的密度增大，溶剂的强度增加，溶剂的溶解度增加。萃取温度是另一重要因素，温度对超临界流体溶解能力的影响比较复杂，一方面，在一定的压力下，升高温度，萃取物的挥发性增加，增加了被萃取物在超临界气相中的浓度，使萃取数量增多；另一方面，温度升高，超临界流体密度降低，使被萃取物溶解能力相应下降，导致萃取数量减少。因此，温度对超临界流体的影响要综合这两个因素考虑。萃取物粒子的大小可影响回收率，减小样品的粒度可增加回收率。超临界流体流量的变化对超临界萃取有两方面的影响：一方面，当流量增加时，对一定的萃取器来说，导致萃取器内超临界流体流速增加，使超临界流体停留时间缩短，与被萃取物接触时间减少，不利于萃取能力的提高；另一方面，超临界流体流量的增加，增大了萃取过程的传质推动力，相应地增大了传质系数，使传质速率加快，提高超临界流体的萃取能力。因此，应综合考虑选取适当的流量。

利用超临界流体将原料中油脂等非极性或弱极性的物质除去就可得到高纯度的磷脂。萃取时操作压力为30MPa左右，操作温度仅40~60℃，磷脂不会因为温度高而变质。泄压后CO_2以气态逸出，不存在溶剂残留问题，而且CO_2没有毒性。超临界流体萃取技术提取磷脂与其他技术相比具有以下特点。

（1）萃取纯度高。

（2）产物不含有害的有机溶剂，更加安全。而化学法萃取的磷脂有很多有机溶剂，难以去除，容易造成残留。

（3）产品外观好，口味好，稳定性高。超临界流体萃取精制的蛋黄磷脂呈淡黄或金黄色，有蛋香味，稳定性强，不易受热分解，也不易变色。

（4）减少磷脂在萃取过程中的氧化或高温破坏。磷脂分子中含丰富的不饱和脂肪酸，它们与磷脂的生理功能有密切关系，但在有氧和高温的条件下易被破坏。而超临界流体萃取的整个过程是在CO_2环境中，且在常温条件下进行，对不稳定的物质破坏小。

（5）生产工艺不会污染环境。有机溶剂法使用大量的有机溶剂，有的易燃易爆，有的对生产工人有毒害作用。而超临界流体萃取对环境无污染、无毒无害、无致癌性、不残留。

（6）设备运作的成本低，但是前期的设备投资成本高。

三、膜分离法

膜分离是物质分离中很重要的一种技术，主要以压力为动力，利用半透膜将混合物中不同的组分分离。其最大的特点是无相变过程、不伴随大量的热能变化、无需再沸器和冷凝器等设施。在食品工业中可完好地保留色香味，而且营养成分不会被高温破坏。因而膜技术在世界范围内引起了人们的极大关注，被誉为重大的技术革命之一。

在磷脂的精制工业中，先将磷脂用有机溶剂溶解，再通过一定孔径的半透膜，根据磷脂不同组分相对分子质量的大小不同加以分离。该技术主要用于高纯度产品的生产。

四、色层分离法

色层分离法又称色谱法、层析法等，是一种高效的分离技术。色层分离法的优点是分离效率高，设备简单，条件温和，能适应各种不同的分离要求。其缺点是处理量少，难以连续操作。

按照分离过程中分子间不同的相互作用可分为吸附色谱、分配色谱和离子交换色谱。较常用的是分配色谱，其原理是利用混合物对吸附剂的吸附能力不同而将各组分分离。先将物料溶于适当溶剂中，使溶液经过装有吸附剂的柱子，由于各组分被吸附的强弱程度不同，形成一系列的色层带。吸附强的移动得慢，吸附弱的移动快。

利用色层分离法可对磷脂进行高纯度精制，制备药用级磷脂产品。例如，将粗磷脂溶于乙醇，再将溶液过氧化铝层析柱，卵磷脂被先淋洗下来而其他成分被淋洗掉，可获得丙酮不溶物含量达95%的卵磷脂。

另外，利用色层分离法可测定磷脂的组分和含量。经典的薄层色谱法（TLC）不仅设备简单、操作方便而且结果直观，适合于磷脂的分离分析。利用色层分离法和其他方法结合可分析磷脂及其改性产品的分子结构和相对分子质量。

五、有机溶剂沉淀法

有机溶剂如丙酮、乙酸乙酯等可使磷脂沉淀下来。原理是加入溶剂后溶液的介电常数降低，使磷脂分子间静电引力增大。由于磷脂的溶剂化，使原来与磷脂结合的水为溶剂所取代，因而降低了它们的溶解度。

将粗磷脂溶于乙酸乙酯中，将溶液温度降低到-10℃，然后离心分离沉淀，可得到高纯度的磷脂，其中卵磷脂含量达50%以上。由于乙酸乙酯是安全溶剂，用这种纯化技术得到的产品可用于食品、医药及化妆品等领域。

第七节 天然磷脂化学改性

天然磷脂虽然具有良好的表面活性，但是因其 HLB 值较低，应用范围受到很大的限制。例如，在速溶豆粉、大豆蛋白粉中添加磷脂时，直接添加浓缩磷脂很困难，需要用油溶解后才可用于造粒喷涂。粉末状磷脂的 HLB 值较浓缩磷脂有所提高，但是其生产技术复杂，生产成本高，市场销售价格昂贵，除少数高新技术行业及医药生产少量需求之外，其他行业应用较少。因此对于深度开发应用天然磷脂，除了要降低天然磷脂产品的生产成本外，还要进一步研究开发 HLB 值范围大的改性产品。这使得磷脂改性的研究成为国内外学者关注的热点问题。

从磷脂的分子结构可以看出，磷脂含有多种官能团（酯键、不饱和键等），这些基团使得磷脂可以进行水解、氢化、羟基化、乙氧基化、酰化、磺化、卤化、磷酸化和臭氧化等多种反应。现在工业上大规模应用的食用级改性产品主要是羟基化、酰化和酶水解产品。通过对磷脂进行改性，可使得磷脂具有特殊的功能和功效。

一、磷脂的水解改性

磷脂分子中存在的酯键，可以进行水解反应。根据催化剂的不同，可分为酶水解、酸水解和碱水解。用碱水解得到的最终产物是甘油磷酸酯，它不能被碱继续分解，要使甘油磷酸酯继续分解为甘油和磷酸，必须在酸性溶液中长时间煮沸。

将天然磷脂进行水解改性的主要目的是提高其亲水性。利用酸碱水解脱去疏水的脂肪酸残基，露出游离的羟基，从而大大增加磷脂分子的亲水性，同时还能提高磷脂分子的反应活性，为其他改性方法准备条件。磷脂被碱水解的程度取决于温度、碱量和浓度等条件。温度越高，碱量越大，磷脂水解的程度越大。然而，酸水解的条件很难控制，产物的颜色很深。用酶可以进行选择性水解，选择特定的某一种酶对某一特定的酯键或者磷酸酯键进行水解。

1. 酶水解

利用乙酰化、羟基化等化学手段改性的方法可改善磷脂的乳化性能，但是化学改性安全性不够好，不符合某些国家或地区的食品标准法规，应用受到限制。而酶法改性则具有反应物不需纯化，反应条件温和、速度快，副产物少，酶制剂作用部位精确，反应易控制等特点，更符合食用及药用方面改性加工的要求。

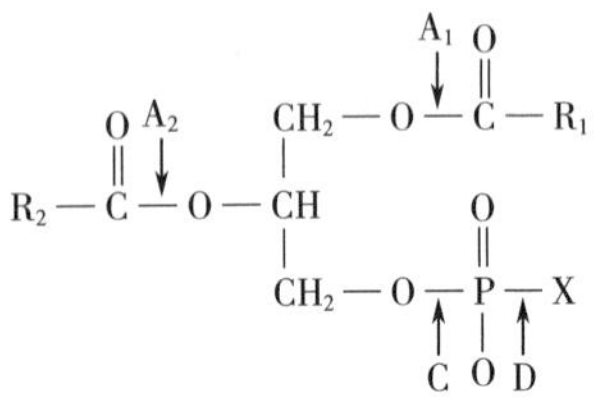

图 10-9 磷脂酶作用位点

根据酶在磷脂分子上作用的化学键，可将酶分为 A_1、A_2、C、D 四种，酶的作用位点如图 10-9 所示。

（1）酶的种类

①磷脂酶 A_1 和 1,3 位专一性脂肪酶：专一性水解磷脂的 Sn-1 位酰基的酶为磷脂酶 A_1，这种酶来源较少，较难大规模生产，成本高。具有 1,3 位专一性的脂肪酶也可以选择性地水解磷脂上的 Sn-1 位酰基，对 Sn-3 位磷酸酰基不会水解，这种酶较便宜，可以替代磷脂酶 A_1 使用。

②磷脂酶 A_2：磷脂酶 A_2 可专一性地催化水解磷脂的 Sn-2 位酰基，生产溶血磷脂和脂肪酸。磷脂酶 A_2 存在于蜂蜜、蛇毒、动物胰脏和一些链霉菌属微生物中。磷脂酶 A_2 催化磷脂水解的效率很高，在同等条件下是脂肪酶水解磷脂的 70 多倍。

③磷脂酶 C：磷脂酶 C 作用于磷脂生产甘油二酯和相应的磷酸化合物。磷脂酶 C 根据其专一性又分为多种，有的仅专一性地水解肌醇磷脂生产甘油二酯和磷酸肌醇，有的仅专一性地水解鞘磷脂，有的具有较宽的专一性可水解多种磷脂。一般认为磷脂酶 C 的水解作用是对磷脂结构的破坏，削减了磷脂的生理功能，所以对它的研究较少。

④磷脂酶 D：磷脂酶 D 作用于磷脂，脱下与磷酸基团相连的化学基团，生成甘油磷酸酯，可以将其他含羟基的物质连接到磷酸基团上，形成新的磷脂。这一性质可被用于磷脂的定向改性、药物的合成。而且磷脂酶 D 具有较广的底物特异性，能够广泛作用于多种磷脂及磷脂衍生物。

（2）酶水解的影响因素

①底物浓度对酶解速率的影响：在低的底物浓度下，酶解速率随着底物浓度［S］的增加而增加；但由于酶的量是一定的，当底物浓度较高后，酶被饱和，所有的酶分子有效地与底物结合，这时再增加底物的浓度对酶解速率无影响。

②温度对酶解速率的影响：温度从两方面影响酶解的速率。磷脂酶的水解是界面反应，磷脂在油水界面和酶结合而被分解。升高温度可降低体系黏度，提高扩散系数，增加底物分子的热能，有利于反应的进行，提高反应速率。但是如果温度过高，则会破坏酶分子的非共价键如氢键、范德华力等，导致酶变性，致使酶解速率下降。

③pH 对酶解速率的影响：每种酶都有其最适 pH，在此 pH 下催化反应的速率是最高的。pH 的微小偏离使酶的活性部位的基团离子化发生变化而降低酶的活力。pH 发生较大偏离时维持酶的三维结构的非共价键受到破坏导致酶蛋白本身的变性。

④Ca^{2+}浓度对酶解速率的影响：Ca^{2+}是酶反应所不能缺少的辅助因子，结合于酶的活性部位，不能被其他金属离子取代。适当的 Ca^{2+}浓度有利于反应的进行，一方面是 Ca^{2+}的辅助酶解作用，另一方面它会中和生产的游离脂肪酸而有利于反应的进行。但过高的 Ca^{2+}浓度势必增加体系的离子强度，使酶部分盐析而降低酶的活力。

2. 酸水解和碱水解

在强酸和强碱条件下，磷脂中的脂肪酸酯键被水解，脂肪酸被羟基取代，亲水性增强，分子的反应活性提高，可为其他的改性方法准备条件。磷脂用酸水解时生成游离脂肪酸、甘油、磷酸和肌醇等。但酸解产物颜色发暗，不如酶解效果好。用碱水解时，可用碱的水溶液或醇溶液，磷脂与碱液一起加热即可发生水解反应，生成皂化物、甘油磷酸酯、磷酸肌醇、氨基化合物和羟基化合物。但水解反应条件难以控制，水解时间过长，易生成脂肪酸、甘油磷脂和肌醇磷酸或它们的盐、氨基酸和糖类混合物，甚至进一步水解成为甘油、磷酸和肌醇。因为碱水解条件难以控制，水解产物的颜色也很深，现在已基本被淘汰。

二、磷脂的饱和改性

磷脂分子结构中的两个脂肪酸基团含有不饱和键，通过催化加氢可使其变为饱和，获得色浅、味淡、稳定的部分饱和的氢化大豆磷脂。氢化大豆磷脂可用于静脉注射，做血脂乳化剂，防止动脉粥样硬化。

催化加氢的工艺流程如图 10-10 所示。

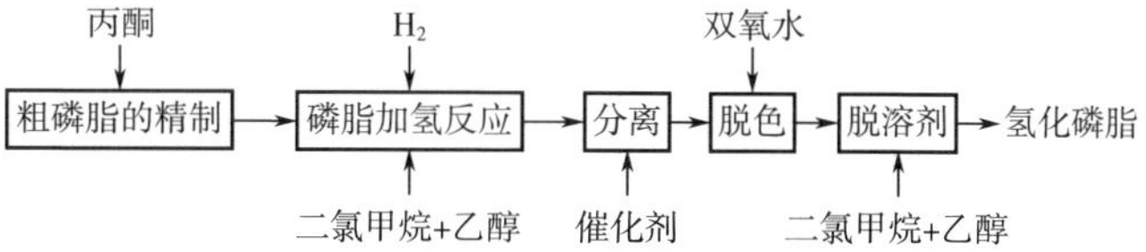

图 10-10 磷脂催化加氢工艺流程

粗磷脂中含有 30%~40%的大豆油和少量的脂肪酸、蛋白质等杂质，会影响产品的气味、颜色等，所以在氢化前要对磷脂进行精制处理。

三、磷脂的酰化改性

大豆磷脂中含有大量的脑磷脂，脑磷脂作为一种氨基物，在空气中易被氧化。用乙酸酐或乙酸乙酯等酰化剂可使脑磷脂中的氨基酰化，酰化后可使乳液稳定性和氧化稳定性增强，色泽风味改变不大，HLB 值增至 9~10，是良好的 O/W 型乳化剂。

磷脂经过酰化后，其流动性和水分散性得到极大的改善，成为多种食品配方有效的O/W型乳化剂。中度和高度酰化的磷脂具有耐热性，经多次升温冷却色泽保持不变。低度酰化磷脂主要用于婴幼儿食品、咖啡增白剂、肉酱与肉汁等。中度与高度酰化产品主要用于奶酪酱，可用于气溶胶配方的释放剂及起酥油。

四、磷脂的羟基化改性

羟基化是在乳酸或其他酸的作用下，磷脂与 H_2O_2 反应，使脂肪酸的不饱和键接上羟基的改性方法。用过氧化氢在酸催化下同磷脂进行反应，使磷脂分子中的双键连接上两个羟基，使其亲水性和氧化稳定性增强，流动性增加，颜色变浅，羟化后的磷脂即使在冷水中也能很好地分散。但是由于产品有肥皂味，酸价较高，且由于 H_2O_2 的安全性问题，使得羟基化磷脂使用受到限制。美国在1977年已批准羟基化磷脂用于食品中，欧洲食品法规中尚未允许其在食品中添加，但作为很好的添加剂可将其用于皮革处理、化妆品的制备或涂料中。

五、磷脂的磺化改性

向有机物分子中引入磺酸基的反应称为磺化。引入磺酸基的主要目的是使产品具有水溶性、酸性、表面活性，或对纤维具有亲和力。工业生产中常用的磺化剂是硫酸、发烟硫酸、三氯化硫、氯磺酸和氨基磺酸等。大豆磷脂的磺化主要发生在不饱和双键及 α-碳原子上，磷脂的磺化反应较缓慢。

在大豆磷脂中引入磺酸基，可大大增加其亲水性，使磺化后的大豆磷脂HLB值提高到12~16，再经中和、脱色等步骤，制成色泽浅淡、具有优良乳化性能和渗透性能的可生物降解表面活性剂。它不仅具有优良的乳化性能和渗透性能，而且与皮革的结合更加深入牢固，与皮革纤维的结合性能更好，性能稳定，可大量配用，具有很好的应用前景。

思考题

1. 简述磷脂的种类及结构组成特点。
2. 磷脂在食品工业中的主要应用有哪些?
3. 简述不同磷脂酶水解磷脂的作用位点及其产物。
4. 简述磷脂的几种改性工艺及产品特点。

第十一章

CHAPTER 11

二十八烷醇

本章学习目标

1. 掌握二十八烷醇的基本特性、分布来源和生理功能。
2. 了解二十八烷醇在食品工业中的应用。
3. 了解化学合成法和天然产物提取法制备二十八烷醇。

第一节　概述

二十八烷醇（Octacosanol，化学式为 $C_{28}H_{58}O$）是天然存在的一元高级醇，又称普利醇、蒙旦醇，主要以蜡酯的形式存在于自然界中。许多植物的叶、茎、果实或表皮中均含有二十八烷醇。外观为白色粉末或鳞片状结晶体，无味无臭，具有独特的生理功能，是一种理想的天然健康食品添加剂，属于高附加值的功能因子，在健康食品和保健品领域具有广泛的应用前景。

1926 年，人们发现小麦胚芽油可治疗牛的生殖疾病，但当时将此作用归因于维生素 E。自 1937 年，国外学者发现二十八烷醇对人体的生殖障碍疾病有治疗作用后，二十八烷醇才逐渐为人所知。二十八烷醇最早由美国伊利诺斯大学运动健康研究所从小麦胚芽油中提取出来，从 1949 年开始，该大学的学者花费 20 年时间，对 894 人、42 个项目进行了测试研究，确定二十八烷醇具有多种生理功能。二十八烷醇作为一种新型功能性食品添加剂，具有增强体力、精力和耐力，提高应激能力、反应灵敏性及机体代谢率，改善心肌营养、机体氧利用率，降低血清胆固醇和甘油三酯含量及收缩期血压等功能。尤其是古巴学者在由甘蔗蜡制取高级脂族伯醇混合物的方法及其药学应用的专利中，利用甘蔗制糖过程的废渣和滤泥，提取出甘蔗蜡作为制备二十八烷醇的原料，通过这一过程获取的二十八烷醇得到了 FDA 的认可。

因此，目前二十八烷醇作为天然健康食品添加剂和广谱天然药剂，已被广泛应用在运动饮料、保健品、药品和化妆品等领域。随着人们生活水平的提高和科技的日益发展，人们不再满足于吃饱，而是要吃得健康。因此，具有保健性能的二十八烷醇市场应用前景十分广阔。我国是农业大国，稻谷、甘蔗、蜂产品等产量都很高，对米糠、甘蔗皮、蜂蜡等农副产品进行综合利用，开展提取技术及制剂产品的研发工作，对促进天然二十八烷醇类健康产品的发展，提高农副产品资源的综合效益具有重要意义。不仅可以增加农副产品的附加值，还能同时满足人们对于功能食品的需求。本章将分别介绍二十八烷醇的结构与性质、主要来源、生理功能、在食品工业中的应用、制备以及检测方法。

第二节　二十八烷醇结构与性质

一、二十八烷醇的结构

二十八烷醇化学名为 1（或 *n*）-二十八烷醇，有 28 个碳原子，直链的末端连着羟基，分子式 $CH_3(CH_2)_{27}OH$，结构如图 11-1 所示。

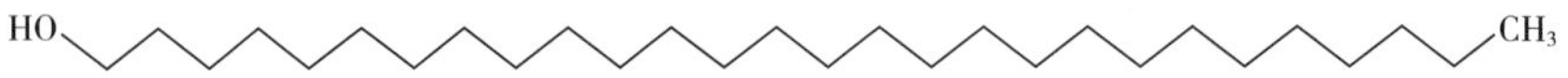

图 11-1　二十八烷醇结构式

二、二十八烷醇的性质

1. 二十八烷醇的物理性质

二十八烷醇俗名为蒙旦醇，相对分子质量为 410.77，白色粉末或鳞片状晶体，熔点 83.2~83.6℃（纯度≥97%），在 133.32Pa 下沸点 250℃，相对密度 0.783（85℃），溶于热乙醇、乙醚、苯、甲苯、二氯甲烷、氯仿、石油醚等有机溶剂，在水中溶解度低。对酸、碱、还原剂稳定，对光、热稳定，不吸潮。

2. 二十八烷醇的化学性质

二十八烷醇属于高级脂肪醇，是简单的饱和直链醇，由疏水烷基和亲水羟基组成，化学反应主要发生在羟基上，可发生酯化、卤化、硫醇化、脱水羟化及脱水成醚等反应。

3. 二十八烷醇的生物安全性

二十八烷醇的生物安全性极高，研究人员曾对小白鼠进行口服试验，证明二十八烷醇的 LD_{50} 为 18000mg/kg 以上。此外，对小鼠进行精子畸变实验、骨髓微核实验和细菌回复突变实验等，结果均呈现阴性。

第三节　二十八烷醇主要来源

二十八烷醇是天然存在的特长链脂肪族正构一元伯醇。此类高级醇极少以游离态存在，绝大部分以脂肪酸酯形式出现，在自然界存在极为广泛，几乎遍及一切生物。二十八烷醇即这类高级醇的典型代表，它一般以蜡酯形式存在于自然界中，苹果、葡萄、广枣、甘蔗、核桃楸叶、小麦和大米等的叶、茎、果实或表皮蜡中均含有二十八烷醇。富含二十八烷醇的蜡酯有：米糠蜡、甘蔗蜡、亚麻秆蜡、高粱蜡、豌豆表皮蜡、虫白蜡、蜂蜡、葡萄表皮蜡、小烛树蜡、巴西棕榈蜡、向日葵蜡、虫胶蜡、鲸蜡、鱼卵脂质、羊毛蜡等，其中以米糠蜡中的含量最丰富，其次为虫白蜡、蜂蜡、甘蔗蜡等。其在小麦胚芽中含量较高（10mg/kg），尤其在小麦胚芽油中含量更高（100mg/kg）。下面分别简单介绍二十八烷醇含量较高的物质，它们也是生产二十八烷醇的主要原材料。

一、甘蔗蜡

甘蔗中含有 0.18%～0.29% 的类脂物，由蜡状类脂物和脂肪状类脂物组成。在糖厂的压榨过程中，这些类脂物约有 60%残留于蔗渣中，40%进入混合汁后沉积于滤泥中。蔗泥是蔗汁经澄清后，由压滤机或真空吸滤机或离心分离设备所排出的残渣，每生产 1t 的蔗糖会产生 250kg 的蔗泥。蔗泥因含有一定糖分，放置过程中产生难闻的臭味，因此糖蔗加工厂产生的蔗泥一般都作为肥料处理给农户。甘蔗蜡就是从生产粗糖的副产物滤泥中提取出来的，为棕绿色至深褐色的固体，质硬而脆，熔点 70～84℃，比重为 0.96～0.99（15℃），酸值为 20～30mgKOH/g，皂化值为 65～96mgKOH/g。甘蔗蜡由长链的醇、醛、酸和烃组成，醇、醛、酸均以 C_{28} 碳为主，也有少量奇数碳原子同系物，烃类中主要为奇数碳原子。

二、米糠蜡

米糠蜡是米糠油加工中重要的副产品，在稻米加工中一般会产生约 5%～8%米糠。新鲜米糠的含油量一般在 16%～22%（w/w，质量比），与大豆相当。米糠油中含有 2%～4%的蜡质，主要是高级脂肪醇和高级脂肪酸组成的酯，为白色或淡黄色固体，有一定的硬度，没有黏性，熔点较高，常温下易沉淀析出。从米糠油精炼的副产物蜡糊中提取米糠蜡，要得到精制米糠蜡，必须除去粗糠蜡中的甘油酯、甾醇等物质。米糠蜡是多种脂类组成的混合物，以 C_{22}、C_{24} 和 C_{26} 的饱和脂肪酸与 C_{28}、C_{30} 和 C_{32} 的饱和脂肪醇的酯为主。其中二十八烷醇的含量占总醇的 11%～17%。

三、小麦胚芽油

小麦胚芽油是以小麦芽为原料制取的一种谷物胚芽油，胚芽中脂肪含量丰富，约占 10%，富含多种生理活性组分如亚油酸、亚麻酸、二十八烷醇等。相对其他植物蜡而言，小麦胚芽油中二十八烷醇含量较高，一般达 100μg/g 左右。

四、蜂蜡

蜂蜡是由工蜂腹部下面 4 对蜡腺分泌的物质。蜂蜡（蜜蜡）成分复杂，主要成分可分为 4 大类，即酯类、游离酸类、游离醇类和烃类，此外还含微量的挥发油及色素。其中酯类占 80%左右，有软脂酸蜂花酯、蜡酸蜂花酯等；在游离酸类中有蜡酸、褐煤酸、蜂花酸等；在游离醇类中有正二十八烷醇、蜂花醇；脂肪酸包括从 C_{24} 至 C_{34} 的偶数碳正脂肪酸，醇类包括从 C_{24} 至 C_{34} 的偶数碳伯醇。蜂蜡熔点为 61～65℃，酸值为 16～23mgKOH/g，酯值为 72～79，皂化值为 88～102mgKOH/g，碘值为 8～11g/100g，不皂化物占 52%～55%。

五、虫蜡

虫蜡是由昆虫产生的蜡。其中有重要经济价值的是中国虫蜡和印度虫蜡，中国虫蜡又名白蜡或川蜡，主要产于四川，是寄生在女贞或白蜡树上的白蜡虫分泌的物质，为白色或淡黄色固体，熔点为80~85℃；印度虫蜡是寄生于印度虫胶树上的昆虫分泌的一种胶状物，此胶状物脱蜡时，虫蜡可作为虫胶的副产物得到，粗品的熔点为72~80℃，精品的熔点为80~85℃。据报道，虫蜡富含二十八烷醇，含量为30%~45%，是制备二十八烷醇的优质天然原料。

此外，在水果的果皮蜡质中及果肉中也含有二十八烷醇，例如，苹果果皮中含有663μg/kg二十八烷醇，李子果肉中有1415μg/kg二十八烷醇，葡萄果肉中有708μg/kg二十八烷醇。

从二十八烷醇含量、原料来源、商品供应能力、商品价格、杂质分离难度、有效分离回收率与经济技术等方面综合考虑，作为生产二十八烷醇的原料，米糠蜡较佳，其次为虫蜡、蜂蜡、甘蔗蜡等。但由于从甘蔗蜡提取的混合高级醇中二十八烷醇的相对含量最高，而且经过大量的临床试验证明了其药用效果，甘蔗蜡是目前最易为市场接受的提取二十八烷醇的原料。表11-1列出了可供工业生产二十八烷醇的主要原料蜡以及优缺点对比。

表11-1　　可供工业生产二十八烷醇的主要原料蜡

种类	主要成分	总醇含量/%	二十八烷醇占总醇含量/%	优缺点
精制米糠蜡	脂肪酸单酯等	50~60	10~12	杂质少，但产物相对分子质量低
精制虫蜡	脂肪酸酯类混合物	40~45	40~45	难皂化，相对分子质量较大，且有支链物质
精制蜂蜡	主要是棕榈酸脂肪酸酯，此外还含有脂肪烃、游离酸、游离醇、色素、糖分等	20~25	13~20	易皂化，但产物相对分子质量低
精制甘蔗蜡	有约50%甘蔗蜡、30%甘蔗脂油和20%树脂状物质，也有少量烃类物质	20~30	60~70	产物相对分子质量大，但难于处理，国内目前没有高质量的蔗蜡供生产用

第四节　二十八烷醇生理功能

随着科学的发展，后期有大量的研究人员对二十八烷醇的功能性质进行了补充验证，经过归纳总结，其主要功能性质如下。

（一）增强耐力、精力和体力

二十八烷醇在增强人体运动机能方面表现尤其突出。动物实验表明，二十八烷醇可以显著增加小鼠的游泳时间。给力竭后的动物补充二十八烷醇，可有效降低实验对象心肌线粒体中的丙二醛（MDA）水平，阻止线粒体的脂质过氧化作用。二十八烷醇可有效地抑制力竭运动中 SOD、GSH-Px 活性的降低，从而保护力竭运动后心肌线粒体功能和防止心肌损伤。此外，还发现二十八烷醇能增强小鼠肌肉中 ATP 常数以及减少肌肉中糖原的含量。口服乳化二十八烷醇，对小鼠心肌及骨骼肌的 PFK、SDH、NADH-T、ATP 的酶活性均表现出一定的促进作用，其中对 ATP 酶活性的促进作用最强，因此可起到促进 ATP 高效利用的作用。研究发现，饲喂了二十八烷醇的小鼠，张口动作持续时间和注射异丙肾上腺素后密闭缺氧存活时间与对照组相比显著增加，提示二十八烷醇可以减少大脑氧耗，改善心肌缺氧。由此可见，二十八烷醇可有效地延长动物的能量供应时间，尤其是在短时间内缺氧导致无氧呼吸过程中，为大脑提供能量补偿，以达到增强耐缺氧能力的目的。人体临床试验结果也具有类似作用，而且在运动后表现出较低的血压和心率。二十八烷醇可能会提高肌肉内游离脂肪酸的转移活性，促进脂类分解产生能量，作为对运动的适应反应。

（二）增进高脂血症的脂质分解

人群试验中，服用二十八烷醇后，血清胆固醇水平、血清低密度脂蛋白胆固醇含量显著下降，而高密度脂蛋白胆固醇含量不变，而且肾周围的多脂组织重量显著下降，但细胞数目并未减少，表明二十八烷醇可抑制组织中脂质积累。二十八烷醇还可降低血浆中甘油三酯的含量，提高脂肪酸含量。用 8 周龄的 Wistar 系鼠进行动物实验，用含 0.3%二十八烷醇、30%脂肪的高脂饲料进行饲育，60 天处死取出脏器进行测定，结果表明，饲育期间实验组与对照组在体重上无明显差异，但肾脏周围脂肪组织差异明显，实验组脂肪组织明显减少。此外，与脂肪积累有关的酶活性也明显低于对照组，而脂肪合成体系中的葡萄糖 6-磷酸脱氢酶、乙酰 CoA 羧化酶在肝脏中没有变化，因此认为二十八烷醇的作用不在于影响脂肪合成，而在于影响脂肪的分解代谢。

（三）提高能量代谢率，消除肌肉痉挛

二十八烷醇可增强包括心肌在内的肌肉功能、降低收缩期血压、改善心肌缺血、减少心肌损伤的范围等，用于治疗冠状动脉心脏病。有研究表明，二十八烷醇可有效改善帕金森病患者的症状。

（四）抗凝血

研究发现二十八烷醇与阿司匹林合用，具有协同治疗大脑局部缺血和血栓作用，参与前列腺素和凝血素的代谢途径。研究人员等用 5～20mg/kg 的二十八烷醇经口喂养 SD 雄性大鼠，发现二十八烷醇可以抑制由胶原蛋白引起的血小板凝聚，即抑制血小板计数水平的下降，同时抑制血清中 MDA 浓度的增加。50～200mg/kg 剂量的二十八烷醇剂量可以抑制由 ADP 引起的血小板体外凝聚。

（五）保护肝脏

二十八烷醇对半乳糖胺和硫代乙酰胺所诱导的肝细胞毒害有明显的抑制作用，通过四氯化碳（CCl_4）诱发大鼠产生急性肝损伤，然后使实验对象口服 50mg/kg 的二十八烷醇，对比谷丙转氨酶（ALT）和谷草转氨酶（AST）活性及甘油三酯（TG）含量的变化，发现二十八

烷醇显著抑制了血浆中 AST 和 ALT 活性的升高和肝中 TG 含量的增加，表明二十八烷醇对 CCl_4 诱导的急性肝损伤也有明显的保护效果。

此外，二十八烷醇还具有抗溃疡、改善骨质预防骨质疏松的作用。

第五节　二十八烷醇在食品工业中的应用

在美国和日本，二十八烷醇已被广泛应用于功能性食品、营养制剂、医药、化妆品、高档饲料中，市场日趋扩大。尤其是日本，20 世纪 80 年代就开始对二十八烷醇进行了功能性应用研究，2001 年日本已有 10 余家厂商生产与二十八烷醇有关的保健产品。由于二十八烷醇具有特殊生理功能，其作为食品中非必需营养素在食品工业逐渐受到重视，作为功能性添加剂广泛添加在各种保健食品中，也被添加在如糖果、糕点、饮料等普通食品中。其中最引人瞩目的是针对运动员开发的运动产品及利用二十八烷醇功能开发的高能饮品，对于体能补充非常有效，具有广阔的市场潜力。下面分别对二十八烷醇在保健食品与普通食品领域中的应用进行阐述。

一、二十八烷醇在保健食品中的应用

二十八烷醇作为一种安全、高效的营养型补充剂，具有诸多生物学功能和临床应用价值。二十八烷醇在保健品中的应用价值主要源自其拥有多项保健功能，以上已经对其保健功能进行了详细的阐述。

日本和美国在二十八烷醇功能性食品开发和应用方面研究较早，开发产品也较系统化，胶囊、营养片、营养粒、液剂、粉剂等。美国于 1986 年开发出二十八烷醇粉剂（1.8mg 二十八烷醇/g 粉剂），1987 年开发出粒状产品，每粒含 2mg 二十八烷醇。二十八烷醇虽由美国人首先发现，但最早实现商品化的是日本。日本在 1985 年开发出了胶囊型二十八烷醇健康食品，1986 年日本吉原公司开发出了二十八烷醇胶丸，另一家公司开发出了由二十八烷醇、高丽参和大豆蛋白等组配而成的功能性食品，每克含 12.5mg 长链脂肪醇、1.5mg 二十八烷醇。另有液剂型、胶囊型、片剂型等制品，如由二十八烷醇、泛酸钾、维生素 C、维生素 B、柠檬酸、乙醇、果糖、卵磷脂等制成液剂品；由二十八烷醇、泛酸钙、维生素 C、维生素 D、卵磷脂等制成胶囊品；由二十八烷醇、泛酸钾、维生素 E、维生素 A、维生素 D、乳糖、山梨醇等制成片剂品等。1987 年，日本一种保健胶囊上市，配料为二十八烷醇、马卡达姆种子油、浓缩鱼油、月见草油、卵磷脂、维生素 E。1988 年，另有两种功能性食品上市，配料分别为二十八烷醇、大豆油、卵磷脂、中链酯和二十八烷醇、高丽参粉、卵磷脂、中链酯。1991—1992 年，又开发出含有二十八烷醇的运动型糖果、抗疲劳饮料等。

在以上产品中，日本大多是以米糠蜡为原料提取二十八烷醇，商品中二十八烷醇含量一般为 10%~15%，多系 C_{22}~C_{36} 长链脂肪醇混合物。而我国此类产品较少，仅有浙江粮科所研制的营养片，每片含 25mg（12%）二十八烷醇。此外，通过在饮品杏仁露中添加二十八烷醇，研究二十八烷醇对机体免疫功能和运动耐力的影响，取得了较好的效果。

二、二十八烷醇在普通食品中的应用

二十八烷醇作为功能性添加剂还被添加在如糖果、糕点、饮料、巧克力、饼干等普通食品中。如日本早在1991—1992年，就开发含有二十八烷醇的巧克力、饼干、普通糖果、饮料等产品。

第六节　二十八烷醇制备

天然动植物体内很少含有游离的二十八烷醇，大多以脂肪醇酯形式存在。制备二十八烷醇主要包括化学合成法和天然产物提取法，其中天然产物提取法又包括溶剂提取法、超临界流体萃取法、还原法、分子蒸馏法、超声波提取法、水解法、化学酯交换法等。

一、化学合成法制备二十八烷醇

1981年，美国科学家帕克在实验室首先以环十二酮为原料，通过与第二胺如吗啉反应得到烯胺，烯胺在缚酸剂的存在下和酰氯反应得到1,3-二酮，然后在碱性条件下1,3-二酮开环得到酮酸，酮酸经基斯内尔-沃尔夫-黄鸣龙还原反应得到高级脂肪酸，最后用硼烷二甲硫醚络合物（BH-MezS）还原得到二十八烷醇。国内研究人员在此基础上，先将高级脂肪酸酯化得到高级脂肪酸酯，然后用氢化锂铝或钠-乙醇还原得到二十八烷醇，总回收率为52%。

2005年乔治斯（Georgios）等首先将溴代正癸醇保护羟基，然后在四氯铜锂催化下与十八烷基氯化镁格氏试剂发生偶联反应，最后脱保护，经过三步合成了二十八烷醇，总回收率达到73%，纯度达到95%。

还有一些实验室通过多步骤反应合成二十八烷醇，如十八醇和癸二酸酯反应后，再经过脱水、加氢及还原等反应过程，最终合成二十八烷醇。

化学合成法固然可以制备大量的二十八烷醇，但其安全性仍受到质疑，在此方面，天然二十八烷醇具有不可比拟的优势。

二、天然产物提取法制备二十八烷醇

1. 溶剂提取法

溶剂提取法是先用醇相皂化，多次采用溶剂浸提，使蜡质分离脱净，然后用色层柱层析，把溶剂提取液分离，或蒸馏分离，层析反复次数越多纯度越高，最后把层析或蒸馏的溶液采用浓缩结晶法获得高纯度的制品。部分专利报道从甘蔗蜡中制备高级脂肪伯醇混合物的方法，将甘蔗蜡在碱性溶液中皂化或酯交换，经有机溶剂提取，用真空蒸馏或重结晶的方法制备高纯度（总醇纯度在90%以上）的二十八烷醇。

该方法存在工艺复杂、操作时间长、回收率低且污染环境等缺点，在提取甘蔗蜡过程中会消耗大量溶剂。目前国内还没有企业大规模用甘蔗蜡提取高级脂肪族伯醇混合物用于生产及制造相应产品。

2. 超临界流体萃取法

超临界流体（Super Critical Fluid，SCF）是物质处于其临界温度（*Tc*）和临界压力（*Pc*）以上的一种物质状态。流体在临界点附近，其物理化学性质与在非临界状态有很大区别，其密度、介电常数、扩散系数、黏度以及溶解度都有显著变化。

超临界流体萃取技术正是利用溶剂在超临界状态时既具有较强的溶解能力，又具有气体般的传质能力进行萃取分离的一种单元操作。在进行超临界萃取操作时，通过改变体系的温度和压力，改变流体密度，进而改变萃取物在流体中的溶解度以达到萃取、分离的目的。在各种可作为超临界流体的物质中，CO_2 最适于作为天然活性物质的萃取剂。

超临界 CO_2 萃取，一般经过两级分离，便可获得纯度较高的二十八烷醇产品。利用超临界 CO_2 萃取技术从甘蔗渣中萃取二十八烷醇，通过正交实验获得最佳萃取条件。萃出物气相色谱分析结果表明二十八烷醇的含量大于 24%。

这种方法无溶剂残留于产品中，工艺较简单，回收率比溶剂提取法高。从产品的安全性和天然性考虑，超临界 CO_2 萃取蔗渣中二十八烷醇有很大的应用前景。

3. 还原法

还原法是将长链脂肪酸低碳醇还原制备脂肪醇，但采用脂肪酸高碳醇还原制备高碳醇的报道比较少见。研究人员以虫蜡为原料，在乙醚中用 LiAH，在 70~80℃下还原 2.5h 后得到高磷醇混合物，经分子蒸馏纯化，回收率达 96%，其中二十八烷醇含量约为 16.7%。

4. 分子蒸馏法

分子蒸馏法是运用不同物质分子运动平均自由程的差别而实现物质的分离，是一种在高真空度下进行分离操作的连续蒸馏过程。分子蒸馏法的优点在于得到的高级脂肪伯醇混合物中二十八烷醇的含量高、产品用途广，其分离提纯方法工艺相对简单、回收率高，全过程对环境无污染。刘方波等采用分子蒸馏技术提高二十八烷醇的分离效率，薄膜蒸发器温度 170℃、分子蒸馏器温度 210℃，最终获得纯度为 52.6%的二十八烷醇产品。分子蒸馏技术应用于二十八烷醇的提取和纯化，可以实现二十八烷醇的连续化生产，提高分离效率，缩短分离时间，提高产品品质。研究者利用皂化的蜂蜡为原料，通过分子蒸馏技术获得二十八烷醇，其技术要点在于采用上一级的残液作为下一级蒸馏的原料，进行反复蒸馏操作。也有研究者以虫白蜡为原料，选用醇相皂化法制备长链脂肪醇，多级分子蒸馏技术纯化产物，使二十八烷醇的纯度达到 80.6%左右，显著优于常规的减压蒸馏法。

5. 超声波提取

在超声波强化提取条件下，高碳脂肪醇能够通过酯交换工艺从精糠蜡中提出。例如，以粗糠蜡为原料，经过精制，采用超声波水解精糠蜡，进行脂肪醇的提取。超声波水解反应比一般方法缩短 10h 以上，水解率提高了 2 倍。

6. 水解法

水解制取长链脂肪醇的方法在 20 世纪 50 年代就有文献报道，具体步骤为：采用含碱的乙醇溶液皂化鲸蜡，蒸馏除去乙醇后，残余物即为脂肪酸（或脂肪酸盐）与游离醇的混合物，再向反应体系中加入大量水后加热精制，然后加入 $CaCl_2$ 析出，就能得到包含十六烷醇在内的混合醇。我国采用水解法对米糠蜡进行二十八烷醇提取的研究报道较多，已有投产。

7. 化学酯交换法

化学酯交换法是将一种酯与另一种脂肪酸、醇、自身或其他酯混合并伴随酰基交换或分子重排而生成新酯的方法，可避免溶剂提取法的缺点。20 世纪 50 年代就已应用于食用油脂工业，它是改善油脂物理性质的重要方法。通过对影响米糠蜡酯交换反应提取高碳脂肪醇的相关因素进行研究，发现以正丁醇为酯交换溶剂，氢氧化钠作催化剂，在一定的溶剂、米糠比例和反应时间下，高碳脂肪醇得率最高，且以二十八烷醇和三十烷醇为主。

第七节　二十八烷醇检测方法

鉴于二十八烷醇属高级脂肪醇，因此最常见的检测方法是采用气相色谱法进行定性定量分析混合高级脂肪醇或制剂中二十八烷醇的含量。已有研究表明，采用气相色谱法可以实现二十八烷醇和三十烷醇的同步检测。

采用气相色谱仪-氢火焰离子化检测器可定量测定保健食品中二十八烷醇的含量，样品先经混合溶液提取，再利用衍生试剂对提取物进行衍生净化，然后用正己烷作为提取液，加水除杂，最后利用气相色谱仪的毛细管色谱柱和氢火焰离子化检测器（FID）对提取液进行分离和检测，二十八烷醇与杂质可以得到良好分离，该方法操作简便，灵敏度高，重现性和选择性好，分离效果良好。

当高级脂肪醇在混合脂肪醇中含量过低时，可采用毛细管气相色谱进行分析，以实现较好的分离分析效果。现已报道的有烟草提取物、青蒿提取物、糠蜡提取物中二十八烷醇的气相色谱测定方法，在 HP-5 柱上，二十八烷醇、三十烷醇与其他种类高碳脂肪醇和内标物三苯基苯之间有较好的分离效果。可采用毛细管气相色谱分析方法对天然产物中二十八烷醇的含量进行定量分析，此方法准确性、灵敏性和重现性都比较理想。采用气相色谱方法可分析天然高级烷醇混合物含量，以三氯甲烷为溶剂，二十六烷烃为内标物，采用毛细管色谱柱 SE-30 分析，该方法重现性好、精密度高，完全可以满足高级烷醇混合物的分析测定。

虽然气相色谱法已基本能够满足对二十八烷醇的分析要求，但由于二十八烷醇的沸点较高，易对分析操作过程造成影响，超高压液相色谱法为较好的分析方法，但目前利用超高压液相色谱检测二十八烷醇的相关研究较少。

思考题

1. 二十八烷醇主要来源于哪些植物源农副产品中？
2. 在国家大健康战略支持下，如何根据二十八烷醇的主要生理功能开发保健食品？
3. 简述从天然产物中提取二十八烷醇的方法。

第十二章 木酚素

CHAPTER 12

本章学习目标

1. 掌握木酚素作为植物雌激素的基本概念、理化性质和生理功能。
2. 了解木酚素在新药、保健品或化妆品中的研究与应用。
3. 掌握天然木酚素的提取与分离纯化工艺。

第一节 概述

植物雌激素（Phytoestrogen）是指一类非甾族、来源于植物的具有雌激素活性的化合物。木脂素（Lignan），又称木酚素，是一种与人体雌激素十分相似的植物雌激素。东南亚妇女患乳腺癌、心血管疾病等的风险明显低于西方国家妇女，究其根源，与这些地区妇女摄取较多富含植物雌激素（类黄酮、木酚素等）制品有关。近年来，木酚素已被众多科学研究者证明具有抗氧化、抗癌、预防糖尿病及动脉粥样硬化等生理活性。木酚素作为植物雌激素已引起食品化学家、营养学家和药物学家的广泛关注。

第二节 木酚素结构、性质与分类

木酚素是一类主要通过 p-羟基苯乙烯单体氧化偶合形成的低分子量植物产物，它们的单体主要是肉桂酸和苯甲酸的羟基以及羟甲基衍生物。肉桂酸类有肉桂酸、咖啡酸、香豆酸、阿魏酸和芥子酸等；苯甲酸类则包括苯甲酸、羟苯甲酸、绿原酸、香草酸和丁香酸等。木酚素是通过存在于高等植物的植物细胞壁中的两个松柏醇残基偶联形成的二酚化合物，多数以二聚体的形式存在，也有少数的三聚体和四聚体，具有多样结构和广泛的生物活性。开环异落叶松脂酚（Secoisolariciresinol，SECO）是亚麻籽中发现的最主要的木酚素（图 12-1），还有一些微量的木酚素及其衍生物，如马台树脂酚（Matairesinol，MAT）、异落叶松脂酚

(Isolariciresinol，ILC)、落叶松脂酚（Lariciresinol，LCS）和松脂酚（Pinoresinol，PRS）等。研究表明，SECO的前体是开环异落叶松脂酚二葡萄糖苷（Secoisolariciresinol diglucoside，SDG)，通常也被认为是亚麻籽木酚素的组成之一（图12-2)。亚麻籽木酚素为无色晶体，能溶于水、甲醇、含水乙醇和丙醇，并易被酶或酸水解。水解后的游离木酚素（SECO）偏亲脂性，难溶于水，能溶于苯、氯仿、乙醚和乙醇等有机溶剂。SDG和SECO在280nm处具有紫外光谱（Ultraviolet and Visible Spectrum，UV）的最大吸收值，这是木酚素的特征。

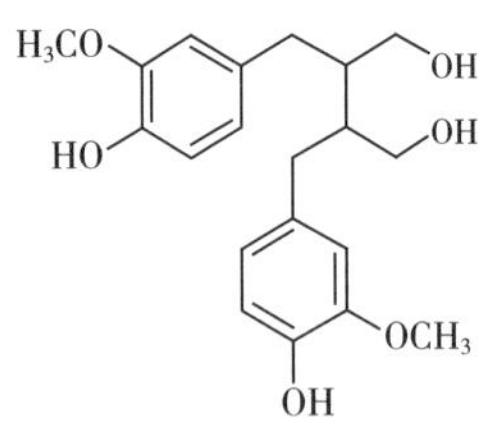

图12-1 开环异落叶松脂酚

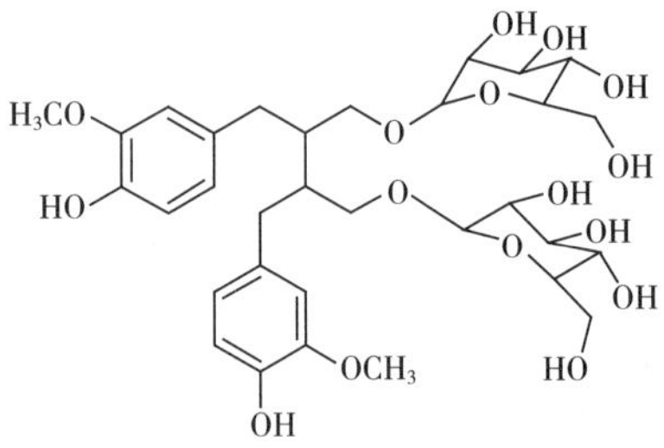

图12-2 开环异落叶松脂酚二葡萄糖苷

第三节 木酚素在植物中的分布及其含量

木酚素作为一些植物的微量组分，分布十分广泛，存在于大多数富含纤维的植物中。研究表明，油料作物种子、谷物、蔬菜和水果中都含有木酚素，但不同的报道结果有较大差异。除受不同的水解提取方法影响外，品种、产地、气候、播种时间、成熟期和储藏条件等都会影响天然植物中的木酚素含量，其中亚麻籽中的木酚素（SDG）含量最高，SDG在亚麻籽中的含量为1%~4%，其含量比其他66种植物性食品高出75~800倍。不同植物中木酚素的含量如表12-1所示。

表12-1 不同植物中木酚素的含量

植物来源	木酚素类别	含量/（mg/kg 干重）
亚麻籽	SECO	3699.0①
	MAT	10.9
	SDG	11900~25900②
芝麻籽	芝麻素	1457~8852③
	芝麻明酚	1235~4765③
谷类	SECO	0.1~1.3
	MAT	0~1.7
豆类	SECO	0~15.9
	MAT	0~2.6

续表

植物来源	木酚素类别	含量/（mg/kg 干重）
蔬菜	SECO	0.1~38.7
	MAT	痕量~0.2
水果	SECO	痕量~30.4
	MAT	0~0.2
浆果	SECO	1.4~37.2
	MAT	0~0.8
茶叶	SECO	15.9~81.9
	MAT	1.6~11.5

注：①通过酶或酸水解得到；②通过碱水解得到；③在油中。

第四节 木酚素生理功能

（一）抗氧化

由于木酚素的结构中具有易被氧化的芳香基团，推测其在动物体内能发挥抗氧化作用。大量的研究特别是对亚麻籽和芝麻中木酚素的研究证实了这一推测。芝麻中的芝麻醇（Sesamol）、芝麻酚素酚（Sesamolinol）、松脂酚（Pinoresinol）和芝麻明酚（Sesaminol）具有较强的抗氧化活性，在老鼠的肝脏和血液中与维生素 E 有协同作用，同时也发现芝麻明酚还具有捕捉超氧阴离子（$\cdot O_2^-$）的作用；芝麻醇和芝麻酚素酚对动物的过氧化损伤有较强的抑制作用，效果强于或相当于维生素 E。另有研究认为芝麻明酚可以抑制微粒体过氧化反应，清除过氧化氢自由基，并能有效地抑制低密度脂蛋白的过氧化反应；而芝麻醇、芝麻明酚、芝麻酚素酚、松脂酚抑制老鼠肝脏脂质过氧化的能力与 BHT 和 α-生育酚相当。动物体内的开环异落叶松脂酚二葡萄糖苷（SDG）、木酚素肠二醇（END）、肠内酯（ENL）3 种木酚素能有效地抑制脂肪酸的过氧化作用，而 END、ENL 还能有效地清除羟基自由基（·OH）；植物木酚素 SECO 和 MAT 有较强的还原能力，且强于动物木酚素 END 和 ENL（图 12-3）。有学者发现从五味子果实中分离出来的五味子乙素对原代培养的大鼠肝细胞脂质过氧化有较好的抵抗作用，使脂质过氧化产生的丙二醛或乳酸脱氢酶、丙氨酸转氨酶释放减少。

（二）雌激素效应

木酚素具有双向调节人体内雌激素水平的功能，显示弱的雌激素或抗雌激素的效应。当人体缺乏雌激素时（如妇女绝经期），木酚素可以与细胞上的雌激素受体作用，促进绝经妇女阴道细胞成熟，减轻妇女更年期综合征；但当人体内雌激素水平过高，存在引发乳腺癌的危险时，它能占据雌激素受体，抑制雌激素作用，并刺激肝脏合成雌激素结合蛋白（SHBG）加速雌激素的消除，预防和阻延乳腺癌的发生和发展。

研究表明，哺乳动物 END 和 ENL 含量在人类和猴子尿液中呈现周期变化，在黄体期和

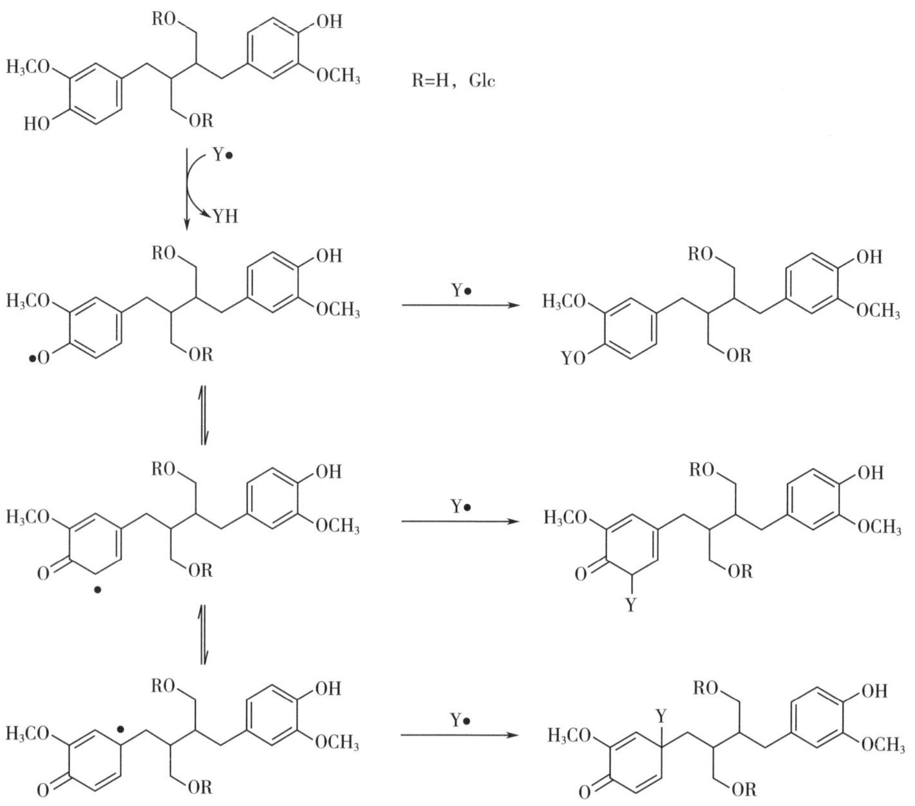

图 12-3 SECO/SDG 的抗氧化反应

怀孕早期分泌量最大，而且分泌物和雌激素含量呈负相关。END 和 ENL 能表现出雌激素活性，是因为它们的分子结构与17β-雌二醇极其相似（都具有两个芳香环），尽管两个芳香环连接的碳链不同，但它们能引起雌激素活性的羟基取代位置相同。

（三）抗心血管疾病

木酚素对心血管系统的作用，突出表现为抗动脉粥样硬化和降低急性冠心病发作的风险，但具体的作用机制有待进一步研究。SDG 有抗动脉粥样硬化能力，可能与其抗氧化能力及降低血浆中脂质的能力有关。因为 SDG 能降低血清中 TC、LDL-C、TC/HDL-C 比值水平，但对 HDL-C、TG、VLDL-C 则无影响。进一步的研究发现，SDG 通过降低血清 TC、LDL-C，抑制了脂质的过氧化，增加了 HDL-C 及抗氧化储备力，使高血脂性动脉粥样硬化率下降。

（四）抗肿瘤

关于木酚素抗癌作用的研究主要围绕乳腺癌和前列腺癌进行，此外还有少量关于木酚素通过胃肠道微生物作用来预防和抑制结肠癌、盲肠癌发生的报道。

亚麻籽木酚素在保护非恶性肿瘤肺细胞免辐射损伤方面具有一定作用。通过 γ-H2AX 标记和碱性彗星试验，评价 SDG 对抗辐射（IR）诱导的 DNA 双链和单链断裂的保护，结果显示，合成双酚 SDG 能有效防护辐射，防止 DNA 损伤，提高正常肺细胞的抗氧化能力。前列腺液中较高的肠内内酯水平与前列腺癌风险低的人群相关。在小型临床研究中，每天喂食 30g 亚麻籽的人，前列腺癌细胞增殖减少。虽然目前没有广泛评估，但是亚麻籽已经显示出其在细胞培养物和动物研究中抑制结肠癌和皮肤癌的作用。通过 10mg/kg 剂量，每周 3 次皮下注射亚麻籽木酚素，无胸腺小鼠的肠内乳酸减少，且结肠癌细胞的表达降低。亚麻籽可能是对抗各种癌症的有价值的食品原料。在临床环境中需要进一步的研究来支持亚麻籽木酚素在人群中预防癌症的作用。

（五）抗炎抗病毒

抗生素的发现和广泛使用为人类疾病的治疗做出了巨大贡献，但由于过多过快地使用多种抗生素，促使具有抗性的微生物不断产生，这对人类造成了很大的威胁，对临床治疗提出了巨大的挑战。植物中的许多次级代谢产物具有抗菌活性，为此科学家们对植物进行深入研究，特别是其次级代谢产物，以期找到更多、更有效的抗菌剂。

从缬草属植物 *Valeriana Laxiflora* 分离出了具有抗结核杆菌的木酚素，其最小抑菌浓度（MIC）为 127μg/mL，半数抑菌浓度（IC_{50}）为 91.0μg/mL。有学者从植物石梓中分离出具有抗真菌作用的木酚素（Gmelina Arborea）。还有研究表明，从植物中分离出的木酚素能够有效抑制烟曲霉（*Aspergillus Fumigatus*）、黄曲霉（*Aspergillus Uavus*）和白色假丝酵母（*Candida Albicans*）的生长。从植物蔓荆（Vitex Rotundifolia）中分离的木酚素不仅对甲氧苯青霉素（Methicillin）敏感的金黄色葡萄球菌（MSSA）有抗菌作用，也对抗甲氧苯青霉素金黄色葡萄球菌（MRSA）有抗菌活性。

研究发现，木酚素对由角叉胶诱导的大鼠爪水肿有明显的抗炎作用，也能缓解由乙酸诱导的小鼠疼痛。国内学者从三白草中分离的木酚素类化合物白三脂素-8 对由角叉胶诱导的大鼠急性炎症和棉球肉芽肿有抑制作用。也有研究表明，木酚素具有抗 HIV 病毒活性，如从五味子中发现了 7 种抗 HIV 病毒的木酚素。

（六）调节血浆胆固醇

芝麻中的芝麻素（Sesamin）能显著降低肝脏中 3-羟基-3-甲基戊二酸单酰辅酶 A（HMG-CoA）的活性，抑制血清和肝脏中胆固醇的吸收，阻碍胆固醇的合成。研究表明，在食物中含约 0.2%的木酚素能够降低血浆和肝脏中的胆固醇。亚麻籽中的木酚素 SDG 能降低血清中的总胆固醇、低密度脂蛋白，增加高密度脂蛋白。

（七）预防糖尿病

亚麻籽木酚素 SDG 能减少体内组织的氧化胁迫，从而防止 1 型和 2 型糖尿病的发生和发展。从亚麻籽中分离的 SDG 能够减少小鼠糖尿病和高血糖症。SDG 能够延迟雌鼠 2 型糖尿病的发展。研究表明，糖尿病的发展和较高的氧化胁迫有关，SDG 具有重要的抗氧化特性，SDG 治疗阻止可能是减少了氧化胁迫的生物标记。

第五节　木酚素应用

由于木酚素的生理功能和独特作用，以木酚素为主要原料，开发新药或保健品、化妆品成为当前研究的热点。截至目前已有多家国外公司分别就木酚素在食品、药品、化妆品中的应用申请了相关专利。

（一）木酚素在临床医学中的应用

由于木酚素具有抗病毒活性、抗有丝分裂活性、抑制真菌活性和强的抗氧化特性，它对减少激素依赖的癌症（如乳腺癌、前列腺癌、结肠癌）、心血管疾病（如动脉粥样硬化）及1型和2型糖尿病均有预防或抑制作用。它可以有效遏制促使癌生成的有害化学物质产生，抑制人体乳腺癌、结肠癌、前列腺癌细胞的生长，减小肿瘤的体积和减少其产生的概率，在临床上从亚麻籽中提取的SDG用于抗肿瘤，预防结肠癌、前列腺癌、胸腺癌、糖尿病、狼疮性肾炎、动脉硬化，特别是动脉粥样硬化以及1型和2型糖尿病、妇女激素紊乱包括绝经妇女出现的骨质疏松症、高血压、抑郁症、肥胖、潮热等症状的辅助治疗。国际上一些公司已申请用于生产预防和治疗神经变性疾病的含二苯并环辛烷木酚素衍生物的药物制剂、木酚素类化合物及其胺盐专利，用于治疗动脉粥样硬化。US5837256公开了SECO和SDG用于治疗狼疮性肾炎和患者免疫系统攻击其自身器官的自身免疫疾病。US6039955公开了木酚素去甲二氢愈创木酸（NDGA）用于治疗炎症。EP-A-906761公开了木酚素预防结肠癌、前列腺癌、胸腺癌，降低潮热，预防骨质疏松症，抗病毒活性，抗有丝分裂活性和抑制真菌活性的用途。所有这些研究为SDG在医学领域的应用提供了理论依据和实践基础。

（二）木酚素在化妆品中的应用

木酚素在化妆品方面的应用，主要依赖其具有强的抗氧化特性。木酚素作为化妆品中的媒介物或抗老化活性剂，在防止或治疗肌肤老化，特别是肌肤松弛、缺乏弹性，减少皱纹形成，使肌肤更富弹性以及防止或治疗肌肤干燥，保持肌肤润泽，改善皮肤外表的应用方面前景广阔。

（三）木酚素在食品中的应用

研究表明，由于木酚素特别是开环异落叶松树脂酚（SECO）和马台树脂酚（MAT）的一种或多种保健组分在生产具有抗炎或抗衰老的功能食品中的特殊用途，作为一种健康的食品，从亚麻籽中提取的木酚素以粉末、片剂或糖浆、果汁的形式作为蛋黄酱、冰淇淋、奶油代用品、含抗皱剂的保健饮料、运动饮料、巧克力、糖果、烘焙食品以及汤、谷物、调味料等的添加剂和作为食品表皮的抗皱剂包衣等。食品中加入木酚素不仅可使产品质量，特别是这些产品的稳定性（抗氧化性能）提高，同时还可改善食品的口味（固有风味）和物理结构（交联），使其营养价值也得到提高。木酚素在生产具有消炎或防衰老性能的食品中的用途已有多项专利申请，向需要摄取消炎或防衰老组分的人群提供含有木酚素的食品。WO99/07239提出将亚麻籽木酚素用于旨在减轻与绝经妇女有关问题的功能食品中。WO00/19842公开了富含木酚素的亚麻籽摩擦碎片用于食品中，可以改变该食品的口味、结构或色彩，同时可增加人体对纤维的摄取。可见木酚素在功能食品中的应用前景广阔。

第六节　木酚素制备

目前市场上的大多数木酚素类产品都是以天然植物为原料，经过提取、分离纯化而得到，但由于天然木酚素在自然界中的存在形式及其性质的影响，导致高纯度的木酚素产品较难得到，也有很多学者尝试通过化学合成的方式制备木酚素。

一、天然木酚素的提取、分离纯化

天然木酚素的提取一般以亚麻籽为原料，因为亚麻籽中含有丰富的木酚素（SDG），是其他植物的75~800倍。从亚麻籽中提取的木酚素的含量除了受品种、产地、气候、播种时间、成熟期和储藏条件等影响外，也受水解提取方法的影响。

1. 天然木酚素的提取工艺

（1）有机溶剂提取法　一般采用甲醇、乙醇等对亚麻籽或亚麻饼粕进行浸泡，得到粗提取物，然后根据需求进行后续步骤。该方法是亚麻木酚素提取最传统和常用的方法。

采用脂肪族醇有机溶剂从脱脂亚麻籽中提取木酚素，再通过过滤、浓缩、碱解等步骤使木酚素从细胞中释放，经过分离纯化，可得到纯度大于90%的木酚素，提取率达到20mg/g。研究者通过响应面分析法优化木酚素的萃取工艺，在一定萃取时间、萃取温度和搅拌速度时，其萃取率达92.75%。

有机溶剂提取法具有操作简单便捷、设备要求低等优点，但同时也存在着提取时间长、溶剂消耗量大、提取率较低等缺点，不利于工业推广应用。在有机溶剂提取的基础上，采取一定的辅助措施，可以极大改善提取效果。

①微波辅助提取：微波辅助提取法从脱脂亚麻籽壳中提取亚麻木酚素，在一定的乙醇体积分数、微波处理时间、微波功率条件下，与常规有机溶剂提取法相比，显著提高了亚麻木酚素的得率，大大缩短了提取时间，并节省了能耗。但目前微波辅助提取技术还存在设备上的不成熟和微波泄漏的风险。

②超声波辅助提取：超声波辅助提取亚麻木酚素克服了传统有机溶剂提取中有效成分因高温劣变的可能，可以加速有效成分的溶出，缩短提取时间，但是由于超声波功率较大，振动效应较强，会导致提取物中多种物质的溶出，为后续的纯化工艺带来一定的影响。

③乳化剂辅助提取：乳化剂辅助提取的原理是通过使木酚素在提取液中形成稳定的乳浊液而便于后续的分离、纯化，从而缩短提取时间，提高木酚素的得率。通过乳化剂与乙醇的协同使用，木酚素的提取率高达96%。乳化剂辅助提取选取食用级材料，可以避免其他工业试剂的添加，减少有机溶剂的消耗，安全高效。

④复合辅助提取：研究者以脱脂脱胶亚麻饼粕为原料，研究纤维素酶解-超声波辅助对木酚素提取效果的影响，通过优化酶解时间、加酶量、超声时间、固液比，获得最高得率的木酚素。通过2种或多种辅助方法结合对亚麻木酚素进行提取，可以克服单一的辅助方法有时不能达到理想提取效果的缺陷，但是提取参数难以控制，提取成本显著增高，因此技术有待改进。

（2）微生物发酵提取法　在亚麻籽中，亚麻木酚素并非全部以游离形式存在，部分亚麻木酚素以低聚体的形式存在于亚麻籽种皮中。亚麻籽种皮厚实，表皮层、纤维层和色素层紧密相连，阻碍了亚麻木酚素低聚体的释放。微生物发酵法以亚麻籽或亚麻粕为基质接种特定菌种，通过它们的代谢作用使亚麻籽发生深度的生理生化变化，以利于亚麻木酚素低聚体释放，同时，微生物发酵还具有降解生氰糖苷的作用。

微生物发酵提取法具有高效节能、提取条件温和等优势，但是反应条件难以控制，限制了其在工业上的推广应用。

（3）超临界流体萃取法　超临界流体萃取法是通过控制超临界流体（CO_2）在高于临界温度和临界压力时从目标物中提取有效成分，当恢复到常压和常温时，溶解在CO_2流体中的成分立即以溶于吸收液的液态与气态CO_2分开，达到提取的目的。超临界CO_2萃取法提取亚麻木酚素，在调节剂为70%乙醇，提取压力为30MPa，提取温度为60℃，提取时间为30min时提取效果最优。以乙醇为提携剂提取木酚素时，木酚素提取率优于传统工艺。

和传统的有机溶剂提取法相比较，超临界流体萃取法使用 CO_2 作为超临界流体，避免引入其他试剂，缩短了目标提取物的提取时间，提高了提取效率，保证了安全性。

虽然超临界流体萃取法得到了广泛的认可和稳步的发展，但是由于其设备投资成本过高，操作较为烦琐，至今仍未得到大规模推广使用。

（4）亚临界水萃取法　常温常压下水的极性较强，亚临界状态下，随着温度升高，亚临界水的氢键被打开或减弱，其性质由强极性渐变为非极性，可将溶质按极性由高到低萃取出来，这样可以通过控制亚临界水的温度和压力，使水的极性在较大范围内变化，实现天然产物中有效成分提取。

亚临界水萃取法作为一种新的样品预处理技术，与传统的预处理技术相比具有以下优点：设备简单、萃取时间短，通过改变萃取温度，可以改变水的极性，从而选择性地萃取样品基体中不同极性的有机化合物。同时它是采用纯水作为萃取剂，不用或很少用有机溶剂，因此对环境没有污染或污染很少。

（5）酶法提取　酶法提取是一种较为少见的提取方法。酶溶于提取溶剂中，不同于有机溶剂或者超临界流体，酶可以专一地破坏植物细胞壁和细胞膜的结构，使亚麻木酚素得以暴露并能快速溶解于提取溶剂中，这是其他提取方法都不具备的优势。常见的用于亚麻木酚素提取的酶有纤维素酶、果胶酶和多酶复合体。

酶法提取选择性较好，反应温和，不引入其他试剂，但是因其费用高且提取率较低等多种问题使得其在技术上有待改善。

2. 天然木酚素的分离纯化工艺

（1）色谱法分离纯化　有学者采用 C_{18} 填充柱色谱法、制备型 C_{18} 色谱柱、硅胶柱层析法和高速逆流色谱对亚麻木酚素进行分离纯化，都是选用不同流动相对其进行洗脱，收集亚麻木酚素含量多的洗脱液进行浓缩，得到较高纯度的亚麻木酚素。但是上述几种色谱法分离纯化亚麻木酚素，都需要使用不同有机溶剂进行洗脱，大部分溶剂价格高，毒性大，回收困难，安全性和经济性都存在问题，而且大部分亚麻木酚素都是添加到食品和药品中，存在着溶剂残留等问题。

（2）大孔吸附树脂法分离纯化　采用 AB-8 型大孔吸附树脂法可有效分离纯化亚麻木酚素。使用大孔吸附树脂法对其分离后，大孔吸附树脂可重复利用，提高了工艺安全性和经济性，为工业化分离纯化亚麻木酚素提供了理论依据，同时也避免了使用多种有毒有机溶剂对其进行分离，但是大孔吸附树脂法多数仅适用于样品的粗分离，如需含量更高的产品，应使用其他分离纯化方式对其进行再处理。

二、木酚素的化学合成

由于木酚素广泛的生物活性和其在植物中存在的含量较低，天然木酚素的化学合成也引起了化学家们及众多研究者的极大兴趣。目前国内对木酚素的化学合成的成功案例较少。

思考题

1. 亚麻籽中木酚素的主要存在形式是什么？
2. 简述木酚素的主要生理功能。

第十三章 亚麻籽环肽

CHAPTER 13

本章学习目标

1. 了解亚麻籽环肽的结构、命名及性质。
2. 了解亚麻籽环肽的生理功能、制备和检测方法。

第一节 概述

亚麻籽环肽（Cyclolinopeptide）是指亚麻籽特有的，以 8~9 个氨基酸组成的疏水性环状多肽。自 1959 年从亚麻籽毛油发现首个亚麻籽环肽以来，20 余种亚麻籽环肽陆续被发现，其中亚麻籽环肽 E，被证明为亚麻籽油不适苦味的物质来源。亚麻籽环肽拥有独特的疏水环状结构以及其极易被氧化的性质。近年来，随着对亚麻籽环肽系列化合物研究的深入，其抗氧化、抗癌、抗炎等诸多生理活性不断发掘，引起了广泛的关注。同时，亚麻籽环肽在亚麻籽油中含量与植物油中甾醇含量相当，为亚麻籽油特有的脂质伴随物，使其成为亚麻籽油产业中具有较大附加价值的副产物。

第二节 亚麻籽环肽结构、命名及性质

亚麻籽油中含有 10 余种环肽，总含量为 0.5~2.0mg/g，环肽是亚麻籽油重要的副产物，和普通直链小分子肽相比，环肽化学性质更加稳定，在体外具有广谱、高效的抗菌活性以及其他一些生理活性，如抗肿瘤、消炎、护肝等，应用前景广阔。亚麻籽环肽一般由 8~9 个氨基酸组成，其分子质量大约为 960~1100Da，目前亚麻籽油中较为常见的亚麻籽环肽的化学结构如图 13-1 所示。

自 1959 年发现首个亚麻籽环肽 A 以来，对于亚麻籽环肽的命名主要以发现的顺序，按照字母顺序进行命名。由于发现时间存在一定的时间差，存在部分环肽命名不同、重复等问

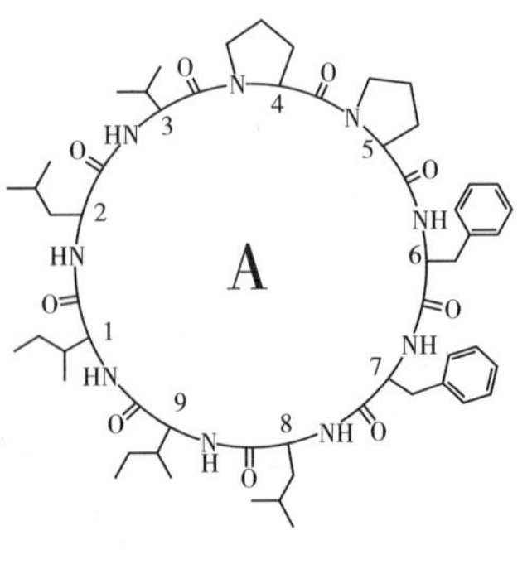
A

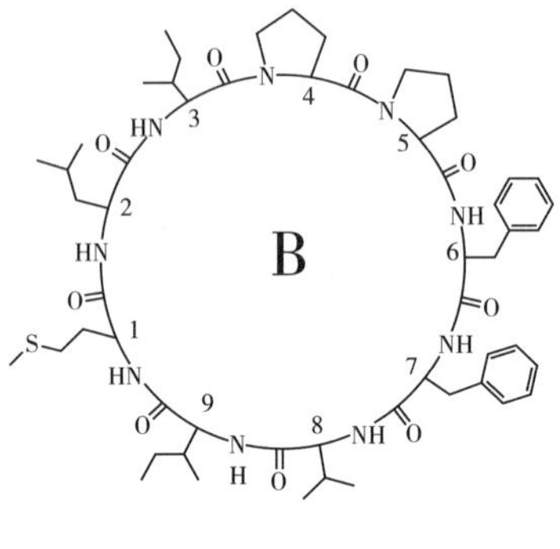
B

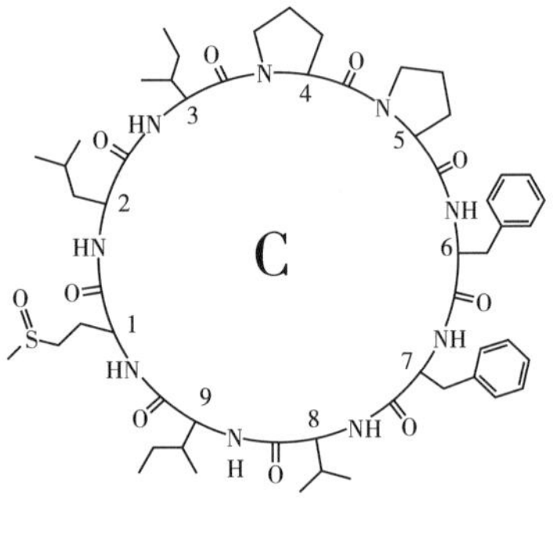
C

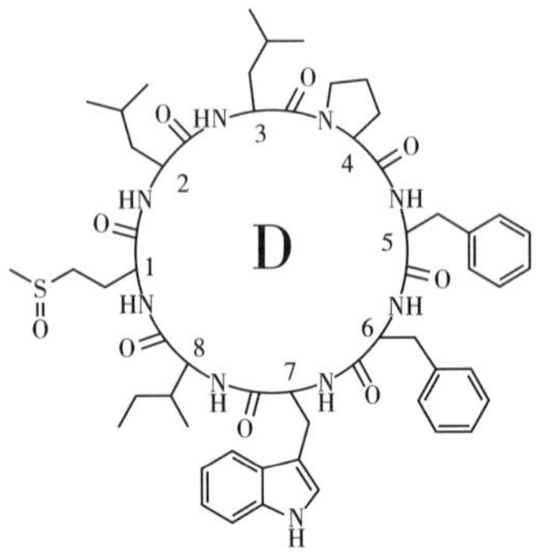
D

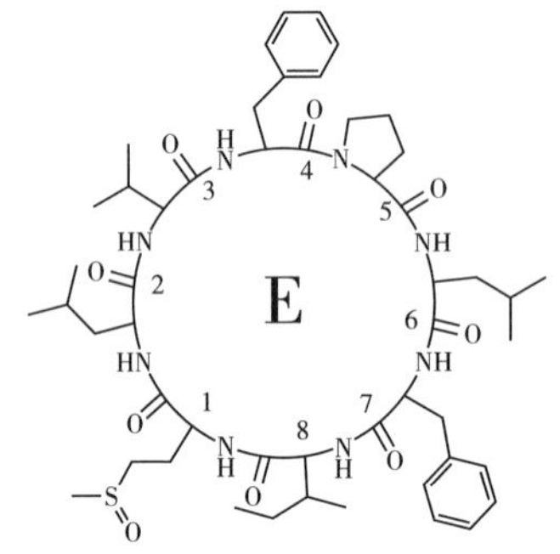
E

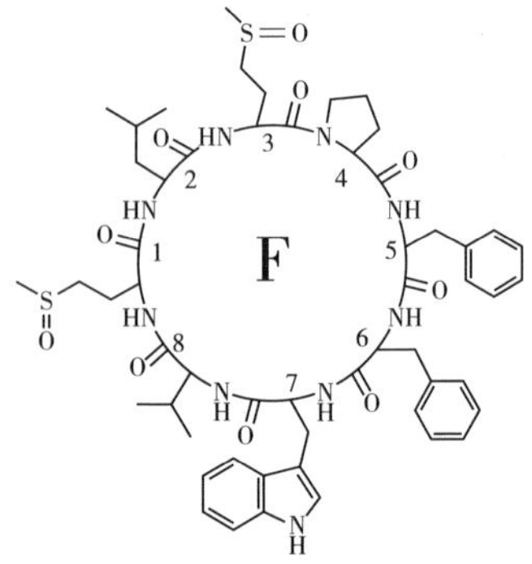
F

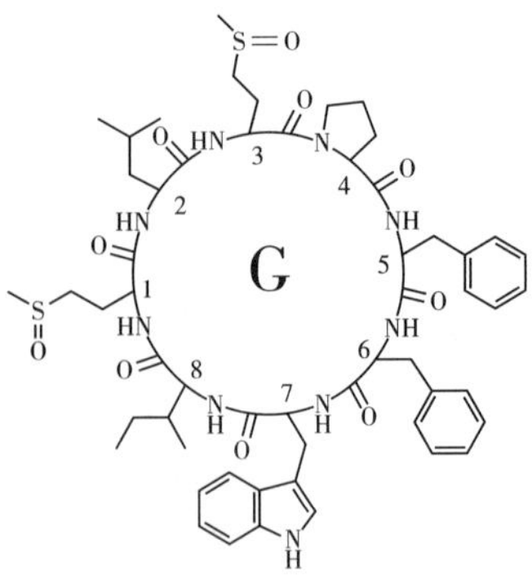
G

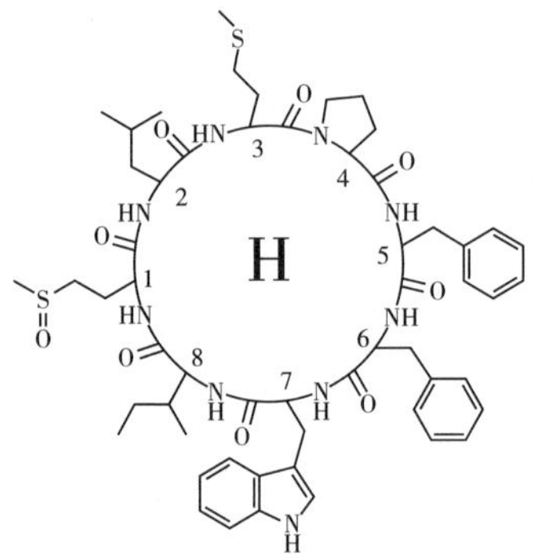
H

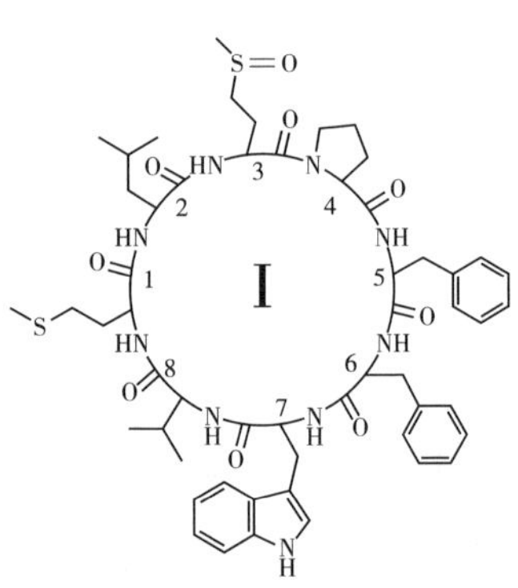
I

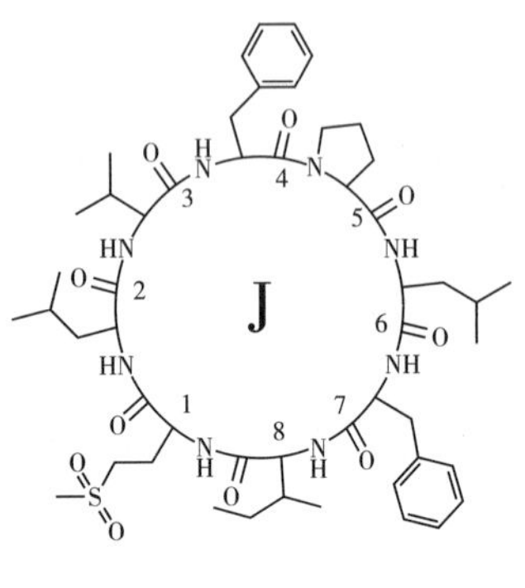
J

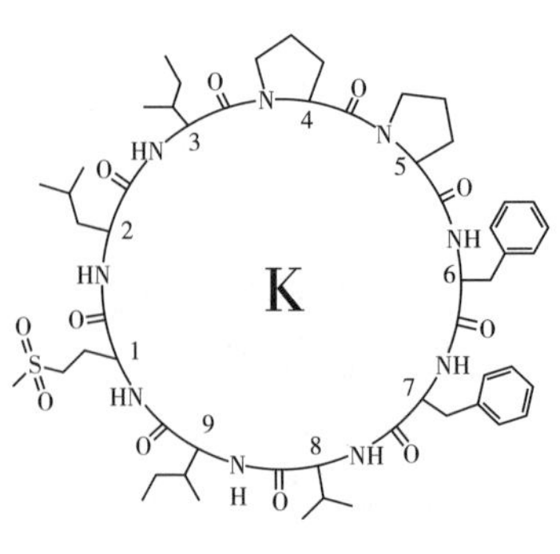
K

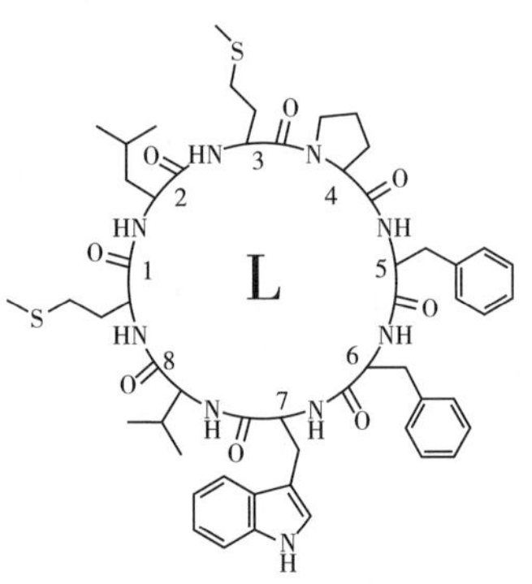
L

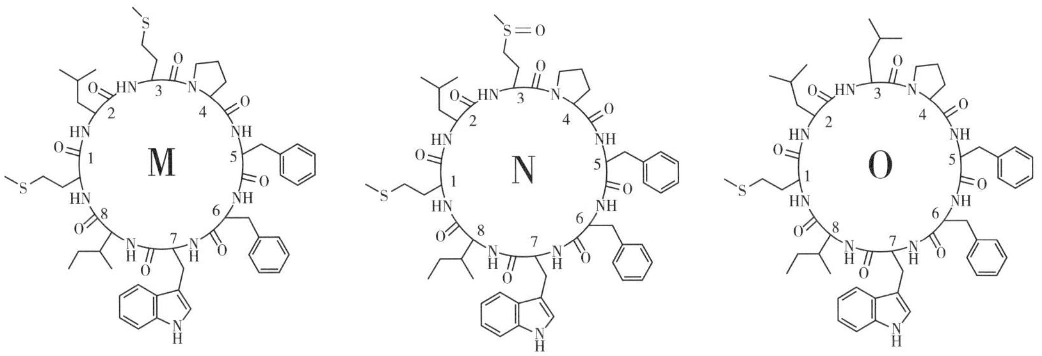

图 13-1　亚麻籽环肽的化学结构

A—O 为环肽按照发现顺序的命名方式

题。因此，加拿大研究者根据国际纯粹与应用化学联合会的命名规则，对已发现的亚麻籽环肽进行系统命名，具体命名如表 13-1 所示。

表 13-1　亚麻籽环肽的系统命名

	系统命名法	旧命名	氨基酸序列	化学式	质荷比/（*m/z*）
1	［1—8-NαC］-CLF	CLL	Met-Leu-Met-Pro-Phe-Phe-Trp-Val	$C_{55}H_{73}N_9O_8S_2$	1051. 50
2	［1—8-NαC］，［3-MetO］-CLF	CLI	Met-Leu-MetO-Pro-Phe-Phe-Trp-Val	$C_{55}H_{73}N_9O_9S_2$	1068. 35
3	［1—8-NαC］，［1-MetO］-CLF	CLT	MetO-Leu-Met-Pro-Phe-Phe-Trp-Val	$C_{55}H_{73}N_9O_9S_2$	1068. 35
4	［1—8-NαC］，［1,3-MetO］-CLF	CLF	MetO-Leu-MetO-Pro-Phe-Phe-Trp-Val	$C_{55}H_{73}N_9O_{10}S_2$	1084. 35
5	［1—8-NαC］-CLG	CLM	Met-Leu-Met-Pro-Phe-Phe-Trp-Ile	$C_{56}H_{75}N_9O_8S_2$	1066. 38
6	［1—8-NαC］，［1-MetO］-CLG	CLH	MetO-Leu-Met-Pro-Phe-Phe-Trp-Ile	$C_{56}H_{75}N_9O_9S_2$	1082. 38
7	［1—8-NαC］，［3-MetO］-CLG	CLN	Met-Leu-MetO-Pro-Phe-Phe-Trp-Ile	$C_{56}H_{75}N_9O_9S_2$	1082. 38
8	［1—8-NαC］，［1,3-MetO］-CLG	CLG	MetO-Leu-MetO-Pro-Phe-Phe-Trp-Ile	$C_{56}H_{75}N_9O_{10}S_2$	1098. 38
9	［1—9-NαC］-CLB	CLB	Met-Leu-Ile-Pro-Pro-Phe-Phe-Val-Ile	$C_{56}H_{83}N_9O_9S$	1058. 38

续表

	系统命名法	旧命名	氨基酸序列	化学式	质荷比/（*m/z*）
10	［1—9-NαC］，［1-MetO］-CLB	CLC	MetO-Leu-Ile-Pro-Pro-Phe-Phe-Val-Ile	$C_{56}H_{83}N_9O_{10}S$	1074.38
11	［1—8-NαC］-CLE	CLP	Met-Leu-Val-Phe-Pro-Leu-Phe-Ile	$C_{51}H_{76}N_8O_8S$	961.26
12	［1—8-NαC］，［1-MetO］-CLE	CLE	MetO-Leu-Val-Phe-Pro-Leu-Phe-Ile	$C_{51}H_{76}N_8O_9S$	977.26
13	［1—8-NαC］-CLD	CLO	Met-Leu-Leu-Pro-Phe-Phe-Trp-Ile	$C_{57}H_{77}N_9O_8S$	1048.34
14	［1—8-NαC］，［1-MetO］-CLD	CLD	MetO-Leu-Leu-Pro-Phe-Phe-Trp-Ile	$C_{57}H_{77}N_9O_9S$	1064.34
15	［1—9-NαC］-CLA	CLA	Ile-Leu-Val-Pro-Pro-Phe-Phe-Leu-Ile	$C_{57}H_{85}N_9O_9$	1040.34

由于存在易氧化的甲硫氨酸，部分亚麻籽环肽的性质较为不稳定。目前报道的研究显示，不同品种亚麻籽中环肽含量差别较大，这可能受到基因影响，也可能与环境有关。在储存过程中，含甲硫氨酸环肽含量有所降低，随之增加的是含有甲硫氨酸亚砜和甲硫氨酸砜环肽。亚麻籽产品如亚麻籽油、亚麻籽饼粕等在储藏期间短时间内都会快速发生氧化，环肽的氧化产物会影响亚麻籽油的品质，使其产生苦味物质。不同环肽之间通过氧化还原相互转换，在氧化过程中，环肽中所含的甲硫氨酸会被氧化成甲硫氨酸亚砜和甲硫氨酸砜，因此导致含有甲硫氨酸的环肽 B、M 含量明显减少，含有甲硫氨酸亚砜的环肽 C、E、G 增加。而在体外环境下，被氧化的亚麻籽环肽如环肽 E、环肽 C 等，可以在强酸条件下，用硼氢化钠和碘还原含有甲硫氨酸亚砜、甲硫氨酸砜环肽。常见环肽之间的氧化顺序如图 13-2 所示。

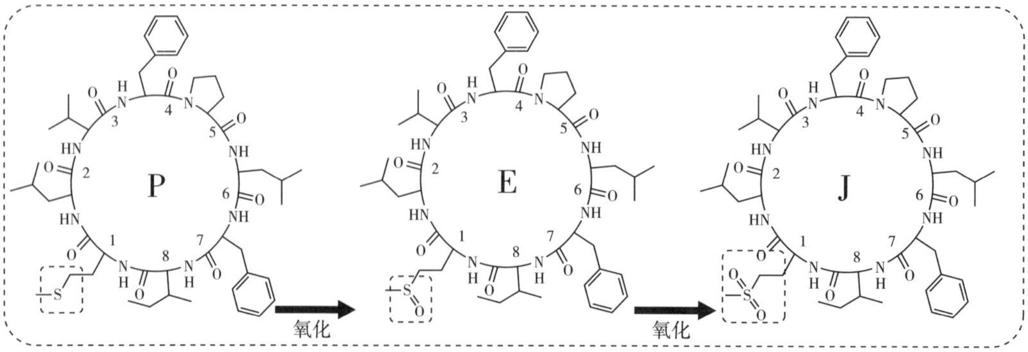

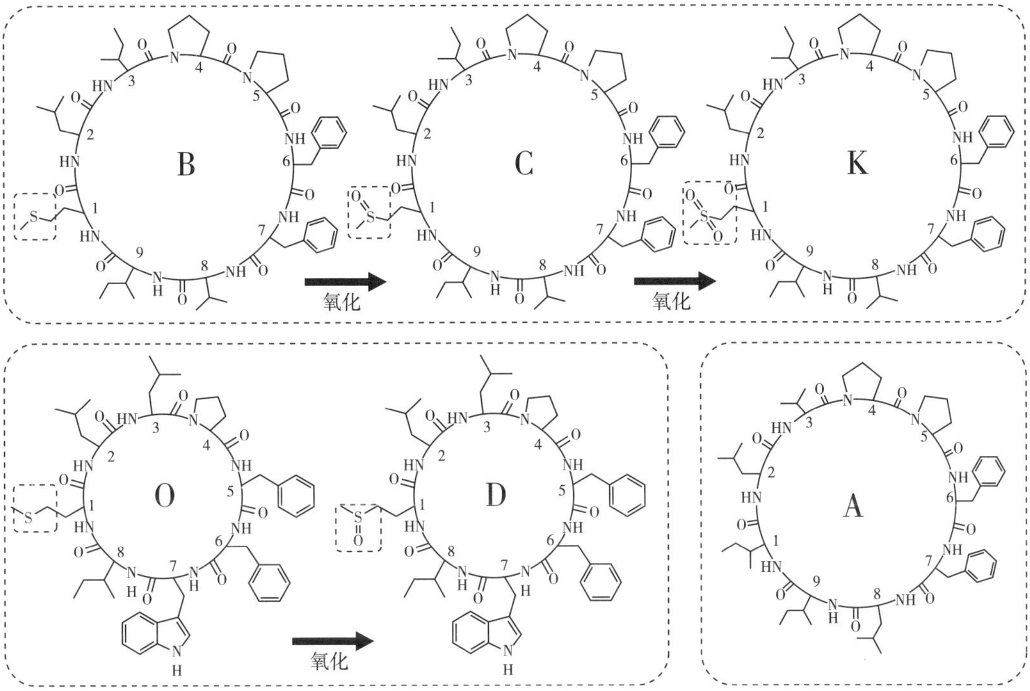

图 13-2　不同环肽之间的氧化顺序

第三节　亚麻籽环肽在亚麻籽中的分布及含量

亚麻籽是亚麻成熟的种子，其主要成分为脂肪、蛋白质、膳食纤维，其他成分还包括矿物质、α-亚麻酸、木酚素、亚麻籽胶、亚麻籽环肽等。其中亚麻籽仁约占全籽质量的 52%，亚麻籽壳约占全籽质量的 41%。亚麻籽环肽作为一种天然存在于亚麻籽和根茎中的环肽，由于其疏水性，在亚麻籽加工后，亚麻籽环肽大量溶解在油中。亚麻籽油中的环肽浓度为 500～1900mg/kg，含量与甾醇相当，远高于亚麻籽粕及未经加工亚麻籽中的环肽浓度。亚麻籽外皮水提得到的胶，多为极性多糖构成，存在疏水性环肽的可能性较小；在亚麻籽仁中的环肽含量约为 291. 9mg/kg，远高于亚麻籽壳中 123. 1mg/kg 的环肽含量。亚麻籽仁是种子储油的主要部位，因此可以解释亚麻籽子叶中的亚麻籽环肽浓度高的原因。在亚麻籽壳中也发现一定浓度的环肽，主要是由于紧贴亚麻籽壳中的胚乳含环肽（表 13-2）。

表 13-2　　亚麻籽各组分的环肽含量

组分	质量分数/%	环肽含量/（mg/kg）	组分	质量分数/%	环肽含量/（mg/kg）
亚麻籽胶	7	—	亚麻籽壳	41	123. 1
亚麻籽仁	52	291. 9	全籽	100	268. 3

在获取亚麻籽油的过程中，为了亚麻籽油的高品质，往往会进行脱胶和碱炼等精炼技术。压榨后得到的毛油环肽含量为 1894.6mg/kg，高于市面上销售的商品亚麻籽油的含量。因此推断出精炼加工会一定程度脱除环肽。脱胶过程中脱除的金属离子和磷脂可能对亚麻籽环肽有一定的助溶作用。有实验数据显示，不同的脱胶方法不同程度地降低了亚麻籽油中环肽的含量，其中通过添加1%（75%H_3PO_4）进行脱胶，几乎去除了亚麻籽毛油中的所有环肽（表 13-3）。

表 13-3 不同脱胶方法下的亚麻籽油环肽含量

脱胶方法	1%（75%H_3PO_4）	0.1%（75%H_3PO_4）	1%（50%H_3PO_4）	毛油
环肽含量/（mg/kg）	—	61.7	193.5	1894.6

在通过碱炼精炼亚麻籽油的过程中，强碱去除亚麻籽环肽的效果优于弱碱（表 13-4）。脂肪酸作为两性分子，有助于环肽在毛油中形成稳定的溶解体系；碱炼引入的金属粒子在一定程度上改变了环肽在毛油中的溶解度。碱炼程度越高，环肽的脱除率越高。因此，亚麻籽油在脱胶、碱炼等精炼过程中，其环肽含量远小于未经处理的毛油。

表 13-4 不同碱炼方法下的亚麻籽油环肽含量

碱炼方法	环肽含量/（mg/kg）	回收率/%	碱炼方法	环肽含量/（mg/kg）	回收率/%
NaOH	271.5	14.3	$NaHCO_3$	438.5	23.1
KOH	316.6	16.7	K_3PO_4	551.7	29.1
K_2CO_3	373.2	19.7	Na_3PO_4	746.4	39.4
Na_2CO_3	394.7	20.8	毛油	1894.6	100

第四节　亚麻籽环肽生理功能

一、抗氧化

亚麻籽中高含量的不饱和脂肪酸有助于人体健康，但是其化学结构使其容易被氧化。亚麻籽油在不当的加工和储存过程中会发生氧化降低营养价值，并导致不良风味的产生。尽管亚麻籽油特别不稳定，但它产生的内源性抗氧化剂可以延缓油脂氧化。亚麻籽含有几种已知的生物活性化合物，包括木脂素、酚酸、花青素、黄酮醇、黄酮和植酸，所有这些都可能有助于亚麻籽的抗氧化能力。环肽是存在于亚麻籽油中的疏水化合物，经实验对比，将环肽加入已经除去环肽的亚麻籽油中，加入环肽的无肽油氧化速率明显低于未加入环肽的无肽油，而对于环肽抗氧化活性的原理，目前的研究表明是由其自由基清除能力和金属螯合能力体现的。

1. 主要抗氧化活性（自由基清除）

新鲜压榨的亚麻籽油含有溶解的环肽，有助于抗氧化活性的提高。前期研究结果表明，在不含环肽的油脂中添加环肽可以提高油脂氧化稳定性。环肽可能通过其清除自由基的特性发挥作用。用电子顺磁共振波谱（EPR）研究了含有甲硫氨酸、色氨酸或不含这两种氨基酸的环肽，结果显示环肽对清除 DPPH 自由基具有显著的清除活性。从 EPR 测量中观察到，清除自由基的活性依赖于环肽的浓度以及组成环肽的氨基酸种类。含色氨酸的环肽比不含色氨酸的环肽具有更强的清除自由基活性。此外，紫外线照射可以激活 DPPH 自由基的淬灭，特别是对色氨酸游离肽的淬灭。可用 HPLC-MS 分析检测到含有甲硫氨酸环肽与 DPPH 产生的新反应产物，并用 HPLC-MS/MS 对其进行表征。

2. 次要抗氧化活性（金属离子螯合）

亚麻籽环肽的抗氧化活性主要通过环肽清除自由基的活性来实现，除此之外，还有一种是通过亚麻籽环肽对金属离子螯合性来实现。由于亚麻籽环肽特殊的环形结构所形成的空腔结构，导致其能与金属离子发生络合。

二、免疫调节

亚麻籽环肽是一类疏水性的均环肽，已有的研究表明亚麻籽环肽与大分子物质结合而使其具有抗癌、抗疟疾、免疫抑制等多种生物活性作用。多肽的环化作用消除了氨基酸残基的极性带电端，有助于多肽分子穿透生物膜。另外，环肽特有的闭合结构，使其具有较强的抗酶解能力和代谢稳定性，是其被活体细胞或组织吸收后发挥药效和确保药效的关键。同时，环化作用减少了环肽与目的物结合的构象熵损耗。基于这些结构特性，大量文献表明不同植物来源的环肽具有广泛的生物活性功能，如抗疟疾、心脏保护、免疫调节和抗癌作用。而不同的环肽单体根据其各自的结构特点具有不同的生理活性，其应用范围十分广阔。如亚麻籽环肽 A、B、C、E 均具有免疫调节活性，且亚麻籽环肽 B 的免疫抑制活性最强，其中环肽 B、D、F 可以使人体肺上皮癌细胞系细胞死亡，表明这类环肽化合物具有作为药品或药品替代物的可能。研究发现亚麻籽环肽 A 通过抑制白细胞介素 1α 和 2（IL-1α 和 IL-2）的活性发挥免疫抑制作用，不仅可抑制淋巴细胞增殖，引起小鼠免疫应答反应、延迟超敏反应，还可以减缓皮肤移植引起的排斥反应和溶血性贫血，与临床常用免疫抑制剂环孢霉素 A 具有类似的作用效果。基于前人研究发现，具有-Pro-Xxx-Phe-（Xxx 可为疏水性氨基酸和芳香族氨基酸）三联体氨基酸序列的环肽类似物均可表现出不同程度的免疫抑制作用。以上结果表明，-Pro-Xxx-Phe-的存在是表征亚麻籽环肽是否具有生物活性功能的重要官能团，而其他基团的差异可能是导致不同结构亚麻籽环肽及类似物产生差异生物活性功能的原因。近年来，也有报道发现两种新型有效的免疫抑制多肽——环肽 J 和环肽 K，关于它们后续的机理仍需进一步研究证实。

三、抗骨质疏松

骨质疏松症（Osteoporosis）是一种主要表现为骨量下降、骨强度降低、骨微细结构破坏、骨脆性增加等症状的全身代谢性疾病。其在老年人和绝经后妇女中发病较为常见，已被公认为严重的全球性公共健康问题之一。

近年来，研究人员发现亚麻籽环肽具有一定的抗骨质疏松作用。研究人员对从亚麻籽中分离得到的 14 种环肽进行了体外抑制破骨细胞分化的实验，发现多种环肽具有较明显的抑制破骨细胞分化作用，其中环肽 F、环肽 H 和环肽 I 的 IC_{50} 分别为 0.58、0.83 和 0.47μM，均表现出较好的抑制作用。有人在研究中发现，甲硫氨酸的氧化性对于 CL-F 系列环肽抑制破骨细胞转化的活性影响不大，而对于环肽 G 和环肽 E 系列环肽的活性影响较大。随后，进一步对环肽 F 抑制核转录因子-κB 受体（RANKL）诱导的小鼠骨髓细胞体外破骨细胞形成的作用机制进行研究，发现 CL-F 是通过抑制细胞中 *c-fos* 基因表达，减少 M-CSF 诱导的小鼠骨髓单核巨噬细胞，即通过抑制破骨细胞前体细胞中 RANKL 受体 RANK 表达来抑制破骨细胞的转化。天然来源的亚麻籽环肽在骨质疏松症治疗领域的研究有待进一步深入，其作为天然健康食品具有非常大的应用潜力。

四、抗癌

相较于水溶性环肽，疏水性环肽因其良好的跨膜特性更容易被吸收，从而发挥抗癌作用。环肽 B 不仅具有免疫调节的功能，同时也具有抗肿瘤功效，美国的国家肿瘤研究院已将亚麻籽列为 6 种植物抗癌药物之一。亚麻粗环肽对胃癌 SGC-7901 细胞的抗肿瘤作用结果表明，200μg/mL 亚麻粗环肽可显著性诱导 SGC-7901 细胞凋亡，最终引起细胞核皱缩和 DNA 断裂而引起细胞死亡。在 Calu-3 细胞模型的研究中，比较了 3 种亚麻环肽（环肽 A、环肽 C 和环肽 E）对人体肺癌的抗肿瘤作用效果，抗肿瘤效果由强到弱为环肽 A>环肽 C>环肽 E，可提高 *Fas*、*FasL*、*TNF*、*CDEB* 基因表达水平。研究者从血蛤肌肉蛋白水解物分离得到一种含有-Pro-Pro-结构的多肽，此种多肽对于癌细胞（PC-3 癌细胞、HT-29 细胞）具有毒性作用，据此推测同样含有-Pro-Pro-氨基酸残基的亚麻籽环肽（如 A、B、C、K、S）抗癌作用可能与-Pro-Pro-结构有关。

五、抗炎

炎症是活体组织细胞受到损伤后作出的一系列复杂的自我保护应激反应。过度的炎症反应对机体是有害的，可引起各种疾病的产生。一般来讲，多肽的抗炎效果与其疏水特性、环形结构和 Pro 氨基酸残基的存在密切相关。研究表明，亚麻籽环肽可抑制炎症反应，且不同结构环肽作用效果不同。对比牛乳酪蛋白来源的疏水多肽 VPP（Val-Pro-Pro）和 IPP（Ile-Pro-Pro），以及番荔枝环状多肽 cyclo（Pro-Pro-Tyr-Leu-Pro-Gly-Val）和 cyclo（Pro-Ile-Tyr-Ala-Gly），通过抑制小鼠脂肪细胞信号通路和下调脂肪因子发挥抗炎作用。因此，与亚麻籽环肽的抗癌结构机制一样，疏水特性、环形结构和 Pro 氨基酸残基的存在均是导致亚麻籽环肽具有抗炎活性的主要原因。

第五节 亚麻籽环肽制备及检测

一、亚麻籽环肽的制备

亚麻籽环肽的制备方法有硅胶法、溶剂法、制备液相色谱法和化学合成法。

1. 硅胶法

硅胶层析法的分离原理是根据物质在硅胶上的吸附力不同而得以分离，一般情况下极性较大的物质易被硅胶吸附，极性较弱的物质不易被硅胶吸附，整个层析即吸附、解吸、再吸附、再解吸的过程。硅胶柱层析可以从亚麻籽油中分离出亚麻籽环肽，以 1∶2（硅胶与油质量体积比）的比例从溶剂提取的亚麻籽油中分离。极性较小的溶剂洗涤（如己烷，使用含 20%乙酸乙酯的己烷溶液和含 50%乙酸乙酯的己烷溶液）洗脱亚麻籽油的低极性中性化合物（如三酰基甘油、蜡和色素），然后使用含 100%乙酸乙酯和 10%甲醇的二氯甲烷溶液从硅胶中洗脱出亚麻籽环肽。现已有报道 6 种环肽单体（A、B、C、D、E、I）可通过传统硅胶法进行分离，使用 5 种极性不同的溶剂（丙酮、己烷、乙酸乙酯、二氯甲烷、甲醇）将环肽从硅胶柱（60 目）上洗脱分离制备。硅胶法可分离纯化得到较纯的环肽，但其操作复杂，溶剂用量大，效率不高，纯度监控难。

2. 溶剂法

有机溶剂提取法是目前较为常见的环肽提取制备方法。一般是从亚麻籽油中提取环肽，加入适宜的溶剂后，充分搅拌放置一段时间后过滤，滤出提取液，原料再加溶剂同样操作多次重复萃取，合并提取液并浓缩即得环肽提取物。研究人员采用 95%乙醇提取亚麻籽油中的环肽并对其进行富集。利用甲醇与亚麻籽油互溶并进一步采取超声法（或加热）使其完全溶解进行环肽的富集。现阶段以正己烷与甲醇水双相溶剂对亚麻籽环肽进行提取，具有操作简便、纯度高等优点。弊端在于溶剂用量大、产量低，且产物为多种环肽混合物，后续仍需解决制备各种单体纯化等问题。

3. 制备液相色谱法

萃取等传统方法自动化程度不高，无法满足高通量制备。能够满足大量化合物自动化、方便纯化需求的唯一方法就是制备液相。尽管分析型液相色谱已经成为制药行业的标准工具，但制备型液相色谱领域仍有许多新的需求和进展。例如，开发纯化多种化合物的高通量纯化系统。使用 C_{18} 柱和制备型液相色谱获得，纯度较高，但是存在制备种类少、产量低（毫克级）以及部分环肽出峰重叠的问题；而对于高通量生产（克级制备），现报道有一种模拟流动床技术，用于环肽 C 和环肽 E 的高通量分离，使用 8 根制备柱串联后制备，该法可以同时制备 4 种环肽（环肽 C、E、J 和 K），但是弊端在于设备投资大，操作要求高等。

4. 化学合成法

近年对环肽的研究热点已转移到环肽的化学合成与生物评价上，然而需要解决环肽纯化得率低等问题。也有厂家利用化学合成法来制备环肽单体，根据环肽的环合方式又分为首尾相连环肽、侧链和侧链相连环肽、侧链和端基相连环肽、含二硫桥的环肽以及含有其他桥连结构的环肽。其中一种获得环肽单体的方法是合成 15 种单体包括线性肽的制备和环化过程，导致操作流程冗长且收率低。因此从合成方法来讲，首尾相连的环肽合成难度最大。而且化学合成法路线复杂，副产物多，纯化困难，得率低。

二、亚麻籽环肽的检测

环肽在亚麻籽油中是多种类混合物，因此在检测前首先要将其分离，分离环肽的方法有传统硅胶柱分离、有机溶剂（95%乙醇）提取环肽、甲醇与亚麻籽油互溶富集环肽、利用正己烷和甲醇水双向溶剂萃取，还可以利用制备 HPLC 将富集在有机溶剂中的环肽进行分离。

现阶段环肽的提取方法基本是溶剂法或使用柱层析与溶剂萃取结合的方法，从亚麻籽油中提取环肽后，对其进行分析测定。

对于环肽总含量的测定，可以采用考马斯亮蓝法测定环肽含量，选用595nm紫外检测波长，环肽在0~20μg/mL以及20~200μg/mL均显示出良好的线性关系。考马斯亮蓝法的优点是操作简便，稳定性较高，可以用于快速测定环肽含量，缺点是仅能对环肽的总含量进行测定，无法针对不同环肽的具体含量进行测定。

核磁共振法可以用于环肽单体的结构解析。首先选用^{1}H-NMR、^{13}C-NMR测定，因为这一测定方法对用量没有损耗，可以提供氨基酸质子和碳的化学位移大致归属；其次进行HR-FAB-MS和FAB-MS测定，此方法仅损失微克级的样品量，可以提供环肽化合物的分子量和分子式组成，同时还能提供环肽化合物中某些重要的碎片结构以及氨基酸排列顺序等信息；再次可以应用HMQC、HMBC、^{1}H-^{1}HCOSY、TOSCY、HMQC-TOCSY等二维核磁技术，结合质谱FAB-MS提供的信息，对环肽化合物分子化学位移进行全指定，并确定氨基酸的连接顺序；最后在酸水解后应用氨基酸自动分析仪进行氨基酸组成分析。在实际操作过程中还有可能应用到L型或D型氨基酸氧化酶解测定氨基酸绝对构型以及应用NOESY和ROESY核磁技术结合CD和X-ray等方法分析环肽的构象等。该方法对于结构的解析精准，属于无损检测，弊端在于仅能用于环肽化合物单体的结构解析。由于环肽种类多，含量差距大，信号重叠部分多，核磁共振法并不适用于环肽混合物的含量测定。

高效液相色谱法是目前亚麻籽环肽测定的主要方法，分析测定一般采用C_{18}反相色谱柱。当环肽含量在0.5~8.0mg/mL，标准曲线呈良好线性（$R^2=0.99$），该方法重现性好，准确度高，可以对亚麻籽环肽进行有效的定性和定量分析。现阶段已报道的亚麻籽环肽分析测定，一般选用的是Diamonsil C_{18}，ZORBAX Eclipse XDB-C_{18}等色谱柱，以乙腈/水为洗脱体系，可以实现在30~60min内所有环肽的洗脱，但存在的问题是分析时间长（还原环肽HPLC分析时间可达60min），分析效率低，部分重要环肽未能实现有效分离（如环肽E的前体，环肽P与环肽A色谱峰重叠），柱效差。对于色谱柱的选择，并未针对亚麻籽个别环肽峰进行优化（如部分氧化环肽H、K、D、J、N及未氧化环肽L、M等），无法对样品中环肽进行定量；某些环肽含量低，导致新亚麻籽环肽的测定受限。由于环肽中含有Pro、Phe等氨基酸基团，选用Phenyl-hexyl（苯基-己基）固定相色谱柱可进一步增加固定相与环肽在洗脱过程的相互作用，进而提高亚麻籽不同环肽的分离度。同时，对液相参数进一步的优化，可以实现对亚麻籽环肽的快速、高效的分析测定。

思考题

1. 亚麻籽环肽与常见的多肽主要区别是什么？
2. 一般认为哪个环肽是亚麻籽苦味的来源？
3. 亚麻籽环肽的氧化不稳定性原因是什么？
4. 阐述开发油料中功能活性物质的重要性。

第十四章 油料蛋白

CHAPTER 14

本章学习目标

1. 掌握油料蛋白的功能特性和制备工艺流程。
2. 了解油料蛋白在食品工业中的应用及提取方式。

第一节 概述

蛋白质是生命最重要的物质基础，是构成人体细胞和组织的重要成分。粮油作物副产物尤其是油料加工副产物中含有大量蛋白质，它们的充分利用也已成为人们关注的焦点。我国是食用植物油生产和消费大国，但食用油的自给率仅为30.1%左右，2018—2019年我国食用油市场的总供给量为3913.8万t，其中利用国产油料（扣除大豆、花生、芝麻、葵花籽等4种油料部分直接食用外）榨得的食用植物油（含棉籽油、玉米油、稻米油及其他小宗油脂）为1202.8万t，进口各类食用植物油合计为1152.7万t。进口油料主要以大豆和油菜籽为主，其中大豆8851.1万t，油菜籽273.7万t。油料在提取油脂后，其饼粕中蛋白质含量较高，是丰富的食用或饲用蛋白质资源，其中大豆、花生、葵花籽等饼粕是比较容易开发的优质食用蛋白质资源，棉籽、油菜籽等饼粕虽然含有一定的毒素，但经过适当处理后也可以作为饲用或食用。

蛋白质主要来源食品种类及其提供蛋白质资源所占比例如表14-1所示。

表14-1 蛋白质主要来源食品种类及其提供蛋白质资源所占比例

蛋白质来源	占比/%	蛋白质来源	占比/%
谷类	49	肉与家禽	13
豆类、油籽、核	13	乳制品	11
根茎	5	鱼	3
水果	4	蛋	3

从表 14-1 中可知，植物蛋白占蛋白质来源的 70%以上，其中谷物、豆类与油料之和占总量的 60%以上。主要油料在提取油脂后所得饼粕的粗蛋白质含量较高，2018 年我国国产主要油料饼粕蛋白质资源如表 14-2 所示。

表 14-2　　2018 年我国主要油料饼粕蛋白资源

油料	产量/万 t	压榨量/万 t	饼粕产量/万 t	粗蛋白质含量/%
菜籽	1328.1	1200	705.4	35.0~45.0
花生	1733.2	800	373.3	29.0~43.0
大豆	1596.7	450	356.6	41.0~50.0
棉籽	1098.5	900	410.8	39.2~49.6
葵花籽	324.0	80	34.7	29.0~43.0

另外，2018 年我国进口大豆约 8803.1 万 t，油菜籽约 273.7 万 t，都是用于榨油，其副产物饼粕都是重要的蛋白质资源。

第二节　油料蛋白功能特性

蛋白质的功能特性是指蛋白质制品在配制、加工、制取和贮藏过程中，对食品质量能产生影响的某些物理、化学性质。不同的蛋白质产品具有不同的功能特性，决定蛋白质功能特性的物理、化学性质包括蛋白质的结构、大小、形状、氨基酸组成、净电荷分布、疏水基团与亲水基团的比例、蛋白质分子间的作用力等。蛋白质在食品的感官特性方面起了一定的作用，不同食品体系和应用中要求蛋白质发挥不同的功能特性，通过一定的改性方法提升天然植物蛋白质的理化性质和功能特性，以满足食品加工和食品营养更加多样化的需要，从而充分利用来源广泛、价格低廉的植物蛋白，已引起越来越多的关注。

油料蛋白的功能特性和作用机制以及在食品中的应用如表 14-3 所示。

表 14-3　　油料蛋白的功能特性及在食品中的应用

功能特性	作用机制	应用
乳化性	乳化体系	奶油、蛋糕
持油性	疏水键、亲脂性	肉制品
持水性	氢键、离子基团水合作用	肉制品、焙烤食品
溶解性	疏水基团与亲水基团的比例	饮料
胶凝作用	蛋白质凝固、网状结构	肉制品
起泡性	界面膜的形成	冰淇淋
黏度	流体力学的大小和形状	汤类、肉汁

目前油料蛋白资源的开发途径主要是通过高新技术对蛋白质结构、功能特性进行研究，并对蛋白质进行物理化学等方法改性。一些植物蛋白质缺乏特定的必需氨基酸，特别是谷类蛋白质缺少赖氨酸等，所以需要摄入多种不同来源的植物蛋白质实现补充。由于大豆蛋白质较为完善的氨基酸组成及良好的功能性质，开发利用以大豆为主的油料蛋白，是世界各国研究的热点，也是现阶段我国解决蛋白质供应不足问题的主要途径。油料蛋白主要有以下功能特性。

（1）乳化性　蛋白的乳化性起两种作用，一是促进油-水型乳状液的形成；二是促进乳化液的稳定。油和水的混合液体，由于界面的张力产生自由能而不易稳定，植物蛋白是表面活性剂，能使水和油的表面张力降低，使之易于发生乳化，可以使食品中的油和水分散形成稳定的乳化液。

（2）溶解性　油料蛋白用于食品生产加工，首先要溶解并分散在食品体系中，才能充分发挥出植物蛋白的作用，因而其溶解特性成为食品加工中的首要问题。加水量、pH 和共存盐类对溶解度有重要影响。

（3）持水性　蛋白质与水相互作用可分为吸水和持水两种性能，吸水性能是指植物蛋白与水之间的一种化学结合，而持水性能是指植物蛋白与水之间的物理截留作用。将干燥蛋白质与液态水直接作用，吸收的水分称为持水性，是一种宏观现象。持水性主要由 pH 决定而不是浓度。

（4）起泡性　蛋白在食品气液表面吸附，这一起泡特性用于改善食品的组织、质地和外观。蛋白的起泡能力主要与蛋白溶液-空气的表面张力降低表面活性有关。

（5）胶凝性　变性的蛋白质分子聚集最终形成三维网络结构，可以用来保持水、油和风味物质。胶凝性可通过添加金属离子、尿素和加热等方法增强。

（6）吸油性　蛋白质在肉制品中能形成乳状液和凝胶基质，防止脂肪向表面移动，促进脂肪吸收，减少肉制品加工中的脂肪和汁液损失，有助于维持外形的稳定。

（7）黏度　蛋白溶液一般是非牛顿流体的假塑性液体，即液体的表观黏度不随时间而变化。大豆分离蛋白溶液黏度的影响因素主要有浓度、pH、温度和离子浓度，如黏度随着蛋白浓度的增加而增加等。

（8）组织化　植物蛋白的组织化包括黏度变化、凝胶化、粒状化和纤维化。在高温强力作用下，大豆蛋白定向凝聚，形成纤维状的结构和类似肉类的组织，称为组织化作用，可以制成各种人造肉食品。

第三节　油料蛋白在食品工业中的应用

（一）大豆蛋白

大豆是一种优质的蛋白油料，含蛋白质 30%~45%，是世界植物蛋白（食用和饲用）的主要供应来源，大豆饼粕经不同提取方法，可获得不同蛋白含量的大豆浓缩蛋白和大豆分离蛋白，可作为食用植物蛋白或食品工业和酿造工业的原料，也是畜禽饲料配方中的油脂蛋白来源。大豆蛋白氨基酸组成与牛乳蛋白相近，其所含氨基酸组成与人体必需氨基酸组成相似，同时还含有丰富的钙、磷、铁、低聚糖及各种维生素，除甲硫氨酸略低外，其余必需氨基酸含量均较丰富，是最具营养的植物蛋白质，用于多种保健与营养强化食品。它特有的生理活性物质——异黄酮具有降胆固醇的作用。大豆蛋白口味温和，具有多种功能特性，可添加于食品中作为面包、饼干、糕点、腊肠、火腿、午餐肉、肉馅、人造肉、蛋黄酱、调味品等的功能性添加剂，改善面制品、肉制品等的组织特性、质构和风味。大豆蛋白还可用于生产植物蛋白食用膜，使其更加柔韧、光滑、透明和具有很强的氧气阻隔性。组织化大豆蛋白是以粉状大豆蛋白产品为原料经挤压蒸煮工艺得到的具有类似肉的组织结构的产品，可用于素食产品的开发。水解之后的大豆蛋白肽更加易于消化吸收，具有低过敏原性，具有抗氧化、降低血压和胆固醇等多种生理功能，目前以大豆肽为原料，已开发出粉类、含片、冲剂、饮料、口服液等多种营养强化食品。

（二）花生蛋白

花生蛋白具有较高的营养价值，与动物蛋白质差异较小。与大豆蛋白相比，花生蛋白有着较高的可消化率，达到90%，极易被人体吸收，所含的胰蛋白酶抑制因子的量仅为大豆的20%左右，同时也无豆腥味，是一种理想的食品工业基础原料。花生蛋白作为病人食品，对帮助糖尿病、高血压、动脉粥样硬化症和肠胃病患者恢复健康均有一定的效果。在食物中适量地添加一些花生蛋白，不仅可以提高食品的营养价值，也可以通过花生蛋白的功能性质改善食品品质。花生蛋白粉是肉类制品的良好黏合剂、填充剂，将其添加到香肠、鱼肉肠、火腿中，可有效保持肉汁水分不流失，使加工中风味物质不损失，促进脂肪吸收，其制品不产生走油现象。通过添加花生蛋白粉，使制品组织细腻、质地良好。在面粉中添加3%的花生蛋白粉可增加面筋筋力。添加花生蛋白粉的饮料，因其不含胆固醇，含有丰富蛋白质、人体必需氨基酸、维生素和不饱和脂肪酸，易被人体吸收，是一种具有保健功能的饮料。将低温脱脂后的花生蛋白通过超微粉碎处理并配以豆粉、奶粉等优质蛋白，可以制得花生蛋白奶粉冲调性能好的固体饮料，并且改善了制品的营养价值。牛乳中添加花生蛋白粉制作酸奶，可以有效改善产品的质构特性和感官品质，花生蛋白酸奶组织结构细腻，质地均匀，酸甜适口，具有花生蛋白和牛乳的双重风味和营养作用，提高了生物利用率和食品营养价值。

（三）菜籽蛋白

菜籽蛋白因油菜籽含有硫苷、植酸等抗营养因子，大大制约菜籽蛋白开发利用，所以菜籽蛋白必须先解决脱毒、去除抗营养因子等问题。经过脱毒处理后制取的菜籽蛋白在食品工业中也有着广泛的应用。菜籽分离蛋白可作为脂肪替代物、增味剂、乳化剂、组织改良剂，用于火腿肠或传统香肠、午餐肉和肉脯生产，利用菜籽蛋白乳化稳定性和持水功能，减少制品在加工过程中水分损失和脂肪溢出，使口味、品质和得率提高。将菜籽分离蛋白与花生蛋白液混合，加入糖、牛乳、复合乳化剂、矿物质、维生素和香料等物质，经高压均质后可制成具有优良乳化稳定性的营养饮料。为提高乳化稳定性，可进行二次均质，这样得到蛋白乳不仅营养丰富，且具有人们喜欢的花生风味。磷酸化菜籽分离蛋白是优良的乳化剂，可提高花生乳、椰奶等饮品稳定性，防止蛋白沉淀及脂肪上浮。在蛋糕中添加磷酸化改性菜籽分离蛋白，可使蛋糕膨松香软，延长保质期。将菜籽蛋白添加到小麦面粉中，可提高蛋白质质量，使氨基酸平衡互补，提高面粉营养价值；添加到快餐食品、面包中，提高面食质量。利用菜籽浓缩蛋白具有油与水结合特性，添加5%~15%浓缩蛋白于糕点、饼干等食品，能起到很好稳定效果，且增强营养性，风味独特。

（四）棉籽蛋白

棉籽蛋白的主要成分是球蛋白，约占90%，其次是谷蛋白。棉籽蛋白在质量上近似豆类蛋白，营养价值比谷类蛋白高，其蛋白质功效比值（2.0）、消化率（61%）、生物价（62%）及蛋白质净利用率（41%~47%）等营养评价指标均较高，与大豆蛋白相近。另外棉籽粕中维生素E、维生素 B_1、维生素 B_2、维生素 B_3、维生素 B_6 和叶酸等含量比整粒大豆高，接近绿色主食糙米和全麦粉中的含量。棉籽粕中氨基酸组成与花生粕中氨基酸组成近似，赖氨酸和甲硫氨酸含量比花生粕的高，仅次于大豆粕。因此，棉籽蛋白是一种很好的饲用蛋白或食用蛋白资源。

棉籽中含有棉酚，棉酚及其衍生物对人和动物有毒害作用，主要是棉酚与某些酶及蛋白质结合，破坏了酶的活性及蛋白质的可消化性，阻碍了正常代谢。在一定水分和温度下蒸炒棉仁生坯时，棉酚的醛基可与赖氨酸上的 ε-氨基酸形成席夫碱，使游离棉酚的毒性得以脱除，但同时也会使赖氨酸的营养价值降低。

棉籽蛋白具有较好的持油性，将脱酚棉籽蛋白加入粗碎肉制品中（肉丸、肉馅、馅饼等），可以控制制品中的水和油脂含量，有助于维持制品外形的稳定；棉籽蛋白较好的起泡性及泡沫稳定性，在蛋糕、冰淇淋等食品加工过程中起非常重要的作用；棉籽蛋白代替谷朊蛋白用于生产高蛋白饮料、冰淇淋、冰棍等，这些制品含有较高的蛋白质、多种维生素等，其成本只有牛乳的1/3；棉籽蛋白更多应用在饲料工业中，用棉籽蛋白资源代替或与鱼粉、豆粕搭配，可以缓解我国蛋白饲料的供需矛盾，促进畜牧业和养殖业的发展。

（五）葵花籽蛋白

葵花籽蛋白中球蛋白占55%~60%，清蛋白占17%~23%，谷蛋白占11%~17%，醇溶蛋白占1%~4%，是植物蛋白的重要来源之一。葵花籽蛋白中氨基酸的组成除赖氨酸含量较低外，其余必需氨基酸含量达到或高于联合国粮农组织推荐的标准，是人体必需氨基酸含量较高的优质蛋白质。但葵花籽仁中含有绿原酸、咖啡酸等酚酸化合物，它们被氧化形成醌后，极易与蛋白质分子中极性基团、氨基等形成共价键，使其成为非反刍动物和家禽无法消化的非营养成分。另外由于绿原酸等酚酸化合物的氧化作用，使葵花籽蛋白产品呈现棕褐色，影响了葵花籽蛋白产品的营养价值和外观质量，因此在葵花籽蛋白的制取过程中首先应有效地除去绿原酸等成分，以满足食品工业的需要。一般可以将低温浸出葵花籽粕用50%乙醇（体积比）浸出20min后再干燥，产品中绿原酸含量可降至0.5%以下。

近年来，葵花籽蛋白已成为食品加工中重要原料，可用于制备高质量的葵花籽蛋白饮料以及功能性多肽；葵花籽蛋白具有良好的乳化稳定性，可作为天然的乳化剂应用于饮品加工中；由于其良好的起泡性和起泡稳定性，葵花籽蛋白可应用于面包和蛋糕加工业中，也能够作为很好的风味保持剂用于风味食品中。

第四节 油料蛋白制备

从油料中提取蛋白质，首先要将油料中富含纤维素的皮（壳）除去，然后再提取油脂，提油后的饼粕作为提取蛋白质的原料。为提高蛋白质的得率和蛋白质产品的质量，在油料的脱皮（壳）和制油工艺过程中需尽量减少蛋白质变性程度。

一、油料预处理工艺

1. 生产低温大豆粕和高蛋白大豆粕的大豆预处理工艺

（1）大豆冷脱皮工艺　大豆冷脱皮工艺即对初清后的大豆先在干燥塔中烘干，使大豆水分降至10%左右，然后在储仓中停留24~72h，使大豆冷却至环境温度再进行脱皮。

（2）大豆热脱皮工艺　大豆热脱皮工艺即对初清后的大豆进行加热干燥，使大豆含水分降至10%左右，然后直接对热大豆进行破碎脱皮。在这种脱皮工艺中，为减少豆皮在破碎豆仁上的附着，提高脱皮效率，常将破碎豆进行撞击作用以促使豆皮与豆仁的分离。

2. 花生仁预处理低温压榨工艺

花生仁含油率在38%~53%，是一种高含油油料，花生制油宜采用预榨-浸出工艺。另外花生仁表皮有一层红衣，虽然含量不高，但是对产品质量会有影响，如不脱除，会影响花生蛋白产品的开发利用。花生仁预处理低温压榨工艺流程如图14-1所示。

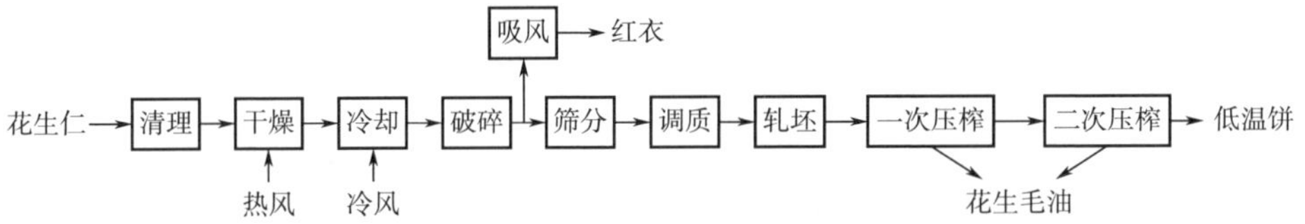

图14-1　花生仁预处理低温压榨工艺流程

原料先进行清理，除去其中的大杂、小杂和可能混入的金属杂质。然后用热风在低温下（68~72℃）使表皮快速干燥，花生仁水分平均由7%~8%降到6%~7%，在流化床上进行气流冷却，冷却后用对辊砻谷机破碎成2~4瓣，经振动用吸风机将红衣吸除，破碎后的花生仁经调质、轧坯后采用二次压榨将大部分油脂提取，得到的低温花生饼或经粗粉碎、超微粉碎得到拓展花生蛋白粉，或经低温浸出得到低变性花生粕，以便进一步开发花生蛋白产品。

3. 油菜籽脱皮低温压榨工艺

油菜籽的含油量为34%~48%，种皮含量为16.0%~18.8%。在菜籽种皮中，有约16%的油脂和10%~20%的粗蛋白质，含有的粗纤维高达30%~35%，另外油菜籽中90%以上的植酸、色素、单宁、皂素、芥子碱等都存在种皮中，因此油菜籽种皮会影响菜籽粕质量、外观和菜籽粕的进一步利用。如果要开发利用菜籽蛋白，首先必须考虑菜籽的脱皮，油菜籽脱皮低温压榨工艺流程如图14-2所示。

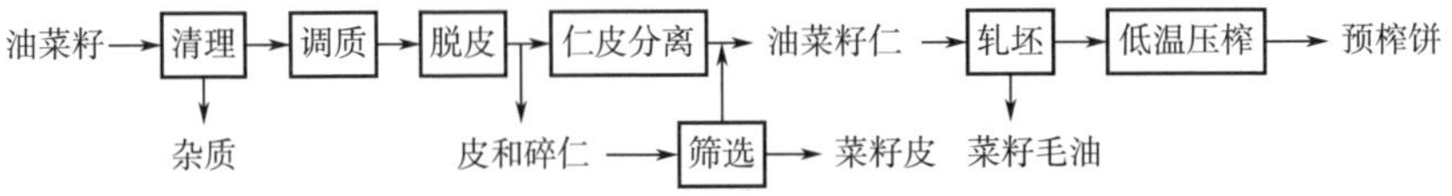

图14-2　油菜籽脱皮低温压榨工艺流程

原料先进行清理，除去其中的机械杂质和并肩泥，然后进行调质，用菜籽脱皮机脱皮后进行仁皮分离，并通过筛选将皮中所含碎仁进一步分离出来，菜籽仁经过二次压榨大部分油脂被提取，得到的低温菜籽饼经低温浸出得到低变性菜籽粕，经过脱毒处理后进一步开发菜籽蛋白产品。

4. 棉籽剥壳预处理双溶剂萃取工艺

棉籽含仁 50%~55%，棉仁中含油 30%~35%，含蛋白质 35%~45%。棉籽不仅是很好的油料资源，也是一种亟待开发利用的蛋白质资源。棉籽蛋白的氨基酸组成平衡，接近理想模式。但是由于棉酚的存在，棉籽蛋白的开发利用受到限制。

传统工艺制油后的棉饼（粕）中结合棉酚的含量很高，且其游离棉酚含量也较高。采用双溶剂萃取法即先用正己烷萃取棉籽油后再用甲醇萃取棉酚分步萃取的方法，既能够充分提取油脂又能使甲醇萃取棉酚的效果达到最佳。棉籽剥壳预处理双溶剂萃取工艺流程如图 14-3 所示。

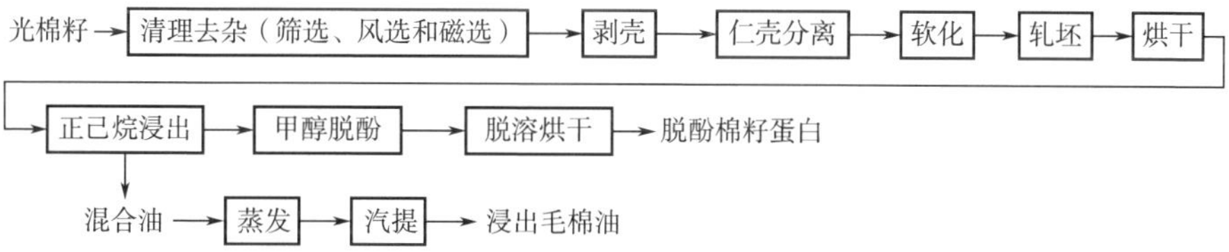

图 14-3 棉籽剥壳预处理双溶剂萃取工艺流程

5. 葵花籽剥壳色选低温压榨工艺

葵花籽先进行清理，除去其中的杂质，然后进行剥壳及仁壳分离，仁中没完全去除的葵花籽粒采用 PCI 线形扫描技术以及选择特殊光源透视等光电色选技术将异色葵花籽仁和未完全破碎的籽粒分离，将仁中含壳量降到最低，葵花仁进行轧坯、低温压榨得到冷榨葵花仁油和低温葵花仁饼。葵花籽剥壳色选低温压榨工艺流程如图 14-4 所示。

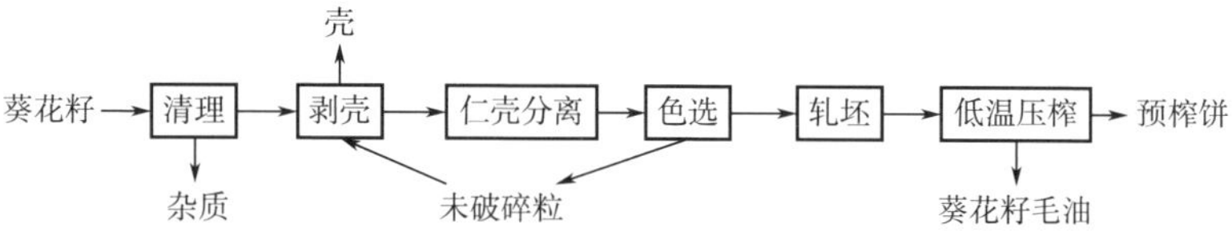

图 14-4 葵花籽剥壳色选低温压榨工艺流程

二、油脂浸出低温脱溶制备低变性粕工艺

油料经过压榨取油，虽然可以提取大部分油脂，但压榨后得到的饼中还含有较多的残油（一般在 4%以上，有的高达 12%以上），不利于油料蛋白产品的开发，须采用浸出方法进一步提取油脂，使粕中残油在 1%以下甚至更低。

目前普遍使用的浸出溶剂是正己烷，浸出后高温脱溶制取脱脂粕，由于所含蛋白质发生了热变性，只能作为饲料。只有低变性的脱脂粕才能用来加工食用蛋白产品。因此在油料制油过程中防止脱脂粕的蛋白质变性，就成为油料蛋白食品工业的关键工艺。目前采用的低温脱溶工艺主要有闪蒸脱溶和溶剂过热蒸汽脱溶两种形式。也可以采用低沸点的溶剂和亚临界、超临界萃取工艺等。

1. 闪蒸脱溶工艺

利用溶剂过热蒸汽的气流在输送管中以极快的速度输送湿粕，在极短的时间内对湿粕高温加热，溶剂过热蒸汽与湿粕之间进行激烈的热量交换，使湿粕中所含溶剂脱除。由于是瞬间高温，粕中蛋白质的热变性较小。

2. 溶剂过热蒸汽脱溶工艺

溶剂过热蒸汽脱溶采用上下两节带夹套的长筒组成，筒体内中心转轴上装有螺旋刮板，可以翻动和推进物料，上节脱溶机内物料用被加热至140~150℃的溶剂过热蒸汽直接进行加热和干燥，在较短时间内脱除溶剂。下节脱溶机内物料在微负压下被进一步加热脱溶，粕中蛋白质发生的热变性也很小。

三、植物蛋白产品

以低变性的饼粕为原料可以生产植物蛋白产品或进一步加工成各种蛋白制品。

1. 低变性脱脂大豆粉

低变性脱脂大豆粕经涡轮式粉碎机粉碎，再经过超微粉碎机微粉后得到脱脂大豆粉，其蛋白含量50%，氮溶解度指数≥55%，溶解性良好。低变性大豆蛋白粉不仅具有良好的功能性，而且具有很高脂肪氧化酶的活性，可以起到漂白作用。在面包中加入蛋白质分散指数（PDI）高的低变性脱脂大豆蛋白粉，可以使谷蛋白稀释，从而改善醒发性能。另外由于低变性脱脂大豆蛋白粉中脂肪氧化酶的作用，可以使面包增白，同时由于它具有较强的吸水能力，可以延长面包的贮存时间，增加体积和改善口感。脱脂大豆蛋白粉中含有较高的赖氨酸和糖类，加入烘焙产品中，可增加蛋白质含量，同时由于还原糖的存在，使食品松软、表面呈现比较好的金黄色。

2. 豆奶和豆奶粉

豆奶和豆奶粉等植物蛋白产品是牛奶及奶粉的良好替代品，不仅可以满足人体的营养需要，而且具有抑制胆固醇作用和防止高血压及心血管疾病的辅助功效。典型的豆奶生产工艺如图14-5所示，以低变性脱脂大豆粕生产豆奶粉工艺如图14-6所示。

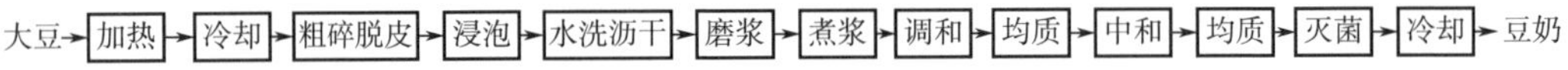

图14-5 干热脱腥豆奶生产工艺流程

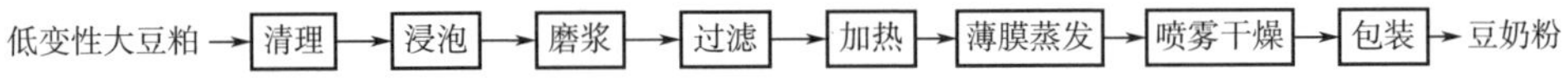

图14-6 低变性豆奶粉生产工艺流程

3. 大豆浓缩蛋白

大豆浓缩蛋白是以低变性脱脂大豆粕为原料，将其所含的可溶性糖、灰分及其他微量组成成分去除，将脱脂大豆粕的蛋白质含量由42%~50%提高到65%以上。大豆浓缩蛋白的生产方法主要有稀酸沉淀法、乙醇洗涤沉淀法、湿热水洗法、酸浸醇析法和膜分离法等。这些方法共同的特点是：首先用一定的方法（如加热、加乙醇）将低变性脱脂大豆粕中的蛋白质沉淀出来，然后离心将体系中的可溶性成分分离出去，从而达到提高蛋白质含量的目的。大豆浓缩蛋白具有高凝胶性、乳化性或高分散性，广泛应用在肉加工食品、烘焙食品、冰激凌、糖果和饮料的生产中。乙醇洗涤法是利用大豆蛋白中的低聚糖、皂苷、异黄酮、脂类、多酚等易溶解于70%~90%乙醇溶液中，而大豆蛋白在其中溶解度低的原理来提取，之后过滤使蛋白质与醇分离，干燥获得大豆浓缩蛋白粉，工艺流程如图 14-7 所示。

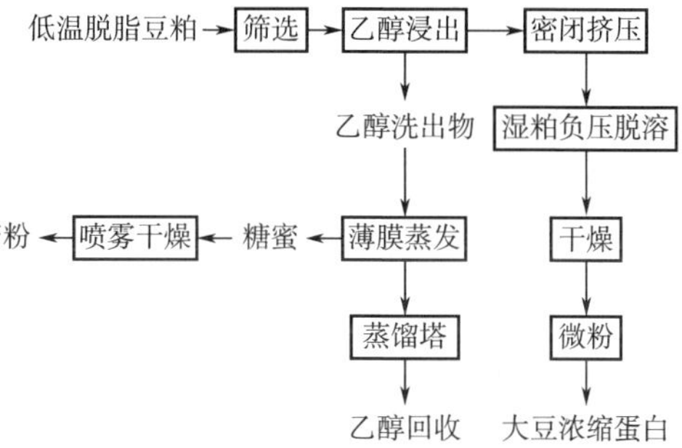

图 14-7 乙醇洗涤法生产大豆浓缩蛋白工艺流程

4. 大豆分离蛋白

大豆分离蛋白是以低变性脱脂大豆粕为原料，尽量除去所含非蛋白质成分，得到蛋白质含量（干基）在 90%以上的精制大豆蛋白产品，它具有良好的乳化性、凝胶性、吸油性、吸水性、分散性等功能特性，在食品工业中有着广泛的用途。

大豆分离蛋白生产主要利用蛋白质具有碱溶酸沉的性质，即先采用弱碱性水溶液（NaOH 或 Na_2CO_3）浸泡低变性大豆粕，将可溶性蛋白质及碳水化合物（低分子糖）萃取出来，用离心分离除去不溶性纤维及其他固体残渣物，得到的蛋白液加入一定量的酸（如盐酸），调节其 pH 到大豆蛋白的等电点（4.2~4.6），使大部分蛋白质沉淀，再用离心方法将沉淀的蛋白质凝乳与乳清水分开，进一步用酸调节乳清 pH 使蛋白质尽可能沉淀出来。将得到的蛋白质凝乳溶解，加入 NaOH 溶液中和，在高温下快速灭菌，最后进行喷雾干燥得到大豆分离蛋白。

5. 大豆组织化蛋白

大豆组织化蛋白是以浓缩大豆蛋白、低温脱脂豆粕粉、大豆分离蛋白等为原料，加入一定量的水及添加剂混合均匀，经加温、加压、成型等机械或化学的方法改变蛋白质组织结构，使蛋白质分子之间整齐排列且具有同方向的组织结构，同时膨化、凝固，形成纤维状蛋白，使之具有与肉类相似的咀嚼感，为一种营养价值高的新型食品，具有食用方便，价格低廉等优点。以这类产品为原料，通过加入适量的调味料，经干燥、冻结，可用于快餐食品的辅助原料或添加到香肠等食品中，作为肉类的替代品，用途极其广泛。

大豆组织化蛋白使用的原料一般要求含油量低、蛋白质变性程度低、氮溶解指数高的低变性脱脂大豆粉、大豆浓缩蛋白、大豆分离蛋白等。

生产大豆组织化蛋白的方法很多，如表 14-4 所示。其中应用最广泛的主要有两种，即挤压膨化法和纺丝黏结法（也称纤维化法）。

表 14-4 大豆组织化蛋白生产方法

方法	组织化			产品结构
	分子重排	配向、组织化	固定	
挤压膨化法	加热、加水	挤压膨化	加热	粒状
纺丝黏结法	碱液拌和	酸溶延伸	加热	纤维状
冻结法	加热、加水	冷冻浓缩	冻结	海绵状
凝胶化法	加热、加水	高浓度加热	加热	凝胶
湿式加热法	碱液拌和	高温剪切	加热	凝胶
分散法	加还原剂	剪切	加热	纤维状
混掐法	剪切	剪切	加热	粒状

（1）挤压膨化法生产大豆组织化蛋白工艺　挤压膨化法生产大豆组织化蛋白工艺流程如图 14-8 所示。工艺中最主要的设备是挤压膨化机。挤压膨化机有多种，按其热力学性质可分为自热式、恒温式和变温式；按其机膛结构形式又可分为单螺杆式和双螺杆式，其应用范围各有不同。生产大豆组织化蛋白多用单螺杆变温型挤压膨化机。

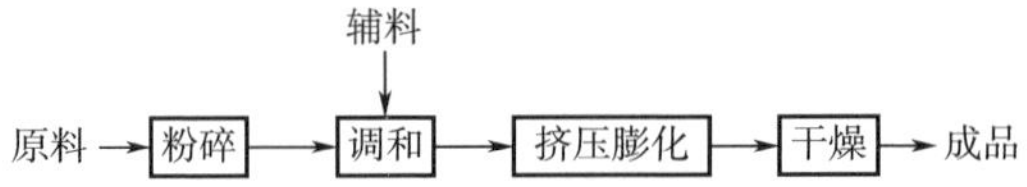

图 14-8　挤压膨化法生产大豆组织化蛋白工艺流程

（2）纺丝黏结法生产大豆组织化蛋白工艺　纺丝黏结法生产大豆组织化蛋白工艺如图 14-9 所示。将高纯度的大豆分离蛋白溶解在碱溶液中，大豆蛋白分子发生变性，许多次级键断裂，大部分以伸展的次级单位存在形成具有一定黏度的纺丝液。将这种纺丝液通过有数千个小孔的隔膜，挤入含有食盐的乙酸溶液中，蛋白质凝固，在形成丝状的同时，使其延伸，并使蛋白质分子发生一定程度的定向排列，从而形成纤维，可以根据制造不同食品调节纤维的粗细、软硬，将蛋白纤维用黏合剂黏结压制，得到似肉状的大豆组织化蛋白。

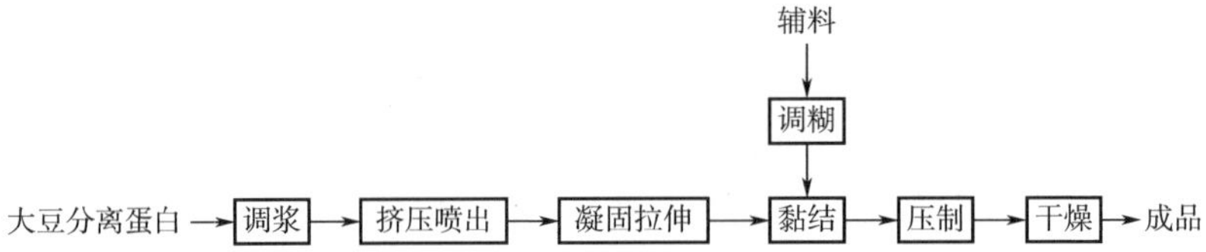

图 14-9　纺丝黏结法生产大豆组织化蛋白工艺流程

6. 植物蛋白肽

生物活性肽是指能够调节生物机体生命活动或具有某些生理活性作用的一类肽。按其来源可分为内源性的生物活性肽（即人机体内存在的天然生物活性肽）和外源性的生物活性肽（包括存在于动、植物和微生物体内的天然生物活性肽和蛋白质降解后产生的生物活性肽成分）两类。

生物活性肽具有多种多样的生物学功能，如激素作用、免疫调节、抗血栓、抗高血压、降胆固醇、抑制细菌、抑制病毒和抗癌、抗氧化作用、改善元素吸收和矿物质运输、促进生长、调节食品风味、口味和硬度等。因此，生物活性肽是筛选药物、制备疫苗和食品添加剂的天然资源宝库。

随着对生物活性肽各种生理功能认识的进一步深入，国内对油料蛋白资源的生物活性肽进行研究应该逐步深入和扩大。具有抗氧化性质的多肽类物质一般称为抗氧化（活性）肽，目前，抗氧化（活性）肽制备途径主要有 3 种：第一种方法是从天然植物体中提取天然活性肽，这种方法提取成本高；第二种方法是通过消化过程产生或水解蛋白而产生，一般采用酸法水解蛋白，其工艺简单、成本低，但因氨基酸受损严重，水解难控制而较少应用；第三种方法是通过化学方法、酶法、重组 DNA 技术合成，如采用液相或固相化学合成法可制取人们需要的各种活性肽，但因其成本高、副反应物及残留化合物多等因素而制约了发展。

酶法生产的产品安全性高，生产条件温和，可定位生产特定的肽，且成本低，已成为活性肽最主要的生产方法。目前已采用酶法生产多种植物性多肽，其具有不同功效，如大豆肽、玉米肽、花生肽、核桃肽等。

大豆蛋白肽是开发最早且应用最广泛的植物蛋白肽产品。它是以大豆分离蛋白为原料，经酶水解或经微生物发酵得到的由 3~6 个氨基酸残基组成的短肽混合物，平均相对分子质量为 1000~2000Da，外观呈白色或浅黄色粉状物或浅黄色透明液体。大豆蛋白多肽有着优良的生理活性和功能性，在体内的消化吸收性要明显优于游离氨基酸，是一种非常有效的功能因子。大豆蛋白肽具有营养丰富、吸收速度快和吸收率高、较低的抗原性、调节血糖浓度、降低血压和抑制胆固醇、促进脂肪代谢和矿物质吸收、抗血栓、抗氧化以及调节免疫系统等多种生物活性功能，在保健食品、运动食品、特殊医学用途配方食品、特殊人群食品中有着广泛的应用。生产大豆多肽工艺如图 14-10 所示，所用的蛋白酶主要有碱性蛋白酶、中性蛋白酶、酸性蛋白酶等。

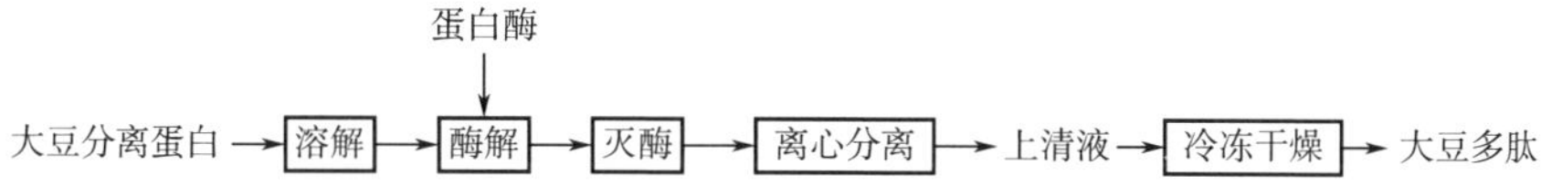

图 14-10 大豆多肽生产工艺流程

思考题

1. 油料蛋白的功能特性有哪些？
2. 分别简述大豆浓缩蛋白和分离蛋白生产工艺过程。
3. 什么是组织化大豆蛋白？举例说明组织化大豆蛋白的生产方法。
4. 探讨“大食物观”下的植物蛋白肉开发前景，如何助力国家“碳达峰”“碳中和”目标的达成？

参考文献

［1］胡铮瑢，刘玉环，阮榕生，等．阿魏酸、对香豆酸碱法制备及应用研究进展［J］．食品科学，2009，30（21）：438-442.

［2］胡益用，徐晓玉．阿魏酸的化学和药理研究进展［J］．中成药，2006（2）：253-255.

［3］王宏伟，石二霞．阿魏酸及其衍生物的药理学研究进展［J］．内蒙古医学院学报，2007，84（S1）：601-603.

［4］蔡力创，骆成尧，罗晓燕，等．不同产地马铃薯果肉与皮中总酚和单体酚类物质的测定与比较［J］．食品科学，2012，33（12）：233-237.

［5］兰小艳，张学俊，龚桂珍．杜仲叶中绿原酸研究进展［J］．中国农学通报，2009，25（21）：86-89.

［6］骆成尧，印遇龙，阮征，等．反相高效液相色谱法同时测定马铃薯块茎中酚酸类物质［J］．食品科学，2011，32（18）：300-303.

［7］吴卫华，康桢，欧阳冬生，等．绿原酸的药理学研究进展［J］．天然产物研究与开发，2006（4）：691-694.

［8］贾娟，宋安琪，王婷婷．植物源天然产物中绿原酸提取方法的研究进展［J］．农产品加工，2022（22）：68-71，76.

［9］吕铁信，王文亮，孙宏春，等．我国膳食纤维的应用现状及其生理功能研究［J］．中国食物与营养，2007（9）：52-54.

［10］陈燕卉，陈敏，张绍英，等．膳食纤维在食品加工中的应用与研究进展［J］．食品科学，2004（S1）：253-257.

［11］冯妹元，杨月欣．膳食纤维的定义［J］．营养健康新观察，2005（2）：57-60.

［12］黄凯丰，杜明凤．膳食纤维研究进展［J］．河北农业科学，2009，13（5）：53-55.

［13］刘奇奇，徐婷，梁舒婷，等．膳食纤维制备方法和应用研究进展［J］．粮食与食品工业，2023，30（2）：27-29.

［14］吴洪斌，王永刚，郑刚，等．膳食纤维生理功能研究进展［J］．中国酿造，2012，31（3）：13-16.

［15］刘成梅，李资玲，梁瑞红，等．膳食纤维的生理功能与应用现状［J］．食品研究与开发，2006（1）：122-125.

［16］王彦玲，等．膳食纤维的国内外研究进展［J］．中国酿造，2008（5）：1-4.

［17］刘秋艳，连欣悦，容格清，等．膳食纤维生理功能研究进展［J］．粮食与食品工业，2021，28（4）：25-28.

［18］张静雯．膳食纤维的功能及在食品中的应用［J］．食品工程，2011（4）：17-18，37.

［19］徐冬，韩玉洁．低聚木糖的综合开发利用［J］．食品研究与开发，2005（2）：81-83.

［20］石国良，周玉恒．木聚糖酶 Shearzyme 500L 酶解蔗渣木聚糖的特性研究［J］．食品科学，2010，31（24）：102-106.

［21］石波，李里特．低聚木糖的制备与分离［J］．食品工业科技，2004（7）：113-114.

［22］韩玉洁，等．低聚木糖分离纯化的研究［J］．食品工业科技，2006（7）：155-158.

［23］解春艳，吴智艳，杜鸣，等．阿魏酰低聚糖研究进展［J］．食品科学，2012，33（7）：336-340.

［24］李艳丽，许少春，柳永，等．低聚木糖的制备及其对益生菌体外增殖的作用［J］．浙江大学学报（农业与生命科学版），2011，37（3）：245-251.

［25］王萍，葛丽花．阿魏酸低聚糖的体外抗氧化性质的研究［J］．食品研究与开发，2007（3）：8-11.

［26］赵冰，张可，王静，等．阿魏酸糖酯体外抗氧化性质的研究［J］．食品科学，2010，31（21）：94-97.

［27］齐希光，张晖，王立，等．麦麸阿魏酰低聚糖抗氧化性的研究［J］．食品工业科技，2011，32（8）：71-73，76.

［28］王萍，葛丽花，夏德安．酶解麦麸制备阿魏酸低聚糖的研究［J］．中国粮油学报，2008（1）：152-156.

［29］潘海晓，刘海顺，王静，等．玉米麸皮中阿魏酰低聚糖的制备［J］．北京工商大学学报（自然科学版），2011，29（3）：33-37.

［30］张雨青．诱导物对出芽短梗霉木聚糖酶活力和阿魏酰低聚糖合成的调控影响［J］．食品科学，2012，33（1）：209-214.

［31］王萍，葛丽花，吕姗姗．高温蒸煮麦麸提取阿魏酸低聚糖的研究［J］．粮油加工，2007（3）：81-82，85.

［32］姚惠源，胡敏，袁小平，等．小麦麸皮阿魏酰低聚糖的分离与结构分析［J］．食品工业科技，2009，30（3）：79-83.

［33］黄绪昆，杨安娜，周妮妮．谷维素治疗消化性溃疡 48 例［J］．中国当代医药，2010，17（31）：53-54.

［34］李爱峰．星状神经节阻滞复合谷维素口服治疗更年期综合征临床观察［J］．吉林医学，2009，30（12）：1163-1164.

［35］杨文海．倍他洛克联合谷维素治疗功能性室性早搏临床疗效观察［J］．中国现代药物应用，2008（20）：39-40.

［36］王福军，周晓英．谷维素治疗心律失常的现状［J］．心血管康复医学杂志，2005（1）：95-96.

［37］吴素萍．谷维素的生理功能及提取方法的研究现状［J］．食品工业科技，2009，30（8）：365-368.

［38］张云霞，刘敦华．谷维素在功能性食品中的开发应用［J］．粮油加工，2008（5）：

106-109.

[39] 杨慧萍，曹玉华，万忠民，等．小麦胚芽 VE 营养油制备方法的比较研究 [J]．食品科学，2003（12）：74-78.

[40] 袁明雪，黄象男，韩绍印．天然维生素 E 的研究进展 [J]．生物学杂志，2008（3）：13-15.

[41] 李桂娟，徐雪丽，宋伟．天然维生素 E 的提取 [J]．长春工业大学学报，2006（3）：196-200.

[42] 刘玉兰，彭团儿，马宇翔．米糠油及其脱臭馏出物中生育酚和生育三烯酚的分析检测 [J]．中国油脂，2010，35（3）：70-74.

[43] 刘玉兰，彭团儿，汪学德，等．米糠油脱臭馏出物中维生素 E 浓缩精制工艺研究 [J]．粮油加工，2010（1）：9-15.

[44] 肖斌，朱雪莲．菜籽油馏出物中维生素 E 的分子蒸馏工艺研究 [J]．广州化工，2010，38（6）：133-135.

[45] 赵妍嫣，姜绍通，唐文婷，等．菜籽油脱臭馏出物中维生素 E 萃取分离的研究 [J]．食品科学，2004（12）：132-135.

[46] 崔凤杰，王宏媛，顾志蔚，等．从脱臭馏出物提取天然生育酚研究进展 [J]．粮食与油脂，2012，25（7）：9-11.

[47] 宋志华，王兴国，金青哲．分子蒸馏从大豆脱臭馏出物中提取维生素 E 的研究 [J]．粮油加工，2009（1）：79-81.

[48] 赵一凡，谷克仁．天然维生素 E 提取工艺研究进展 [J]．中国油脂，2007（10）：50-54.

[49] 余剑，段正康，杨运泉，等．吸附法精制天然维生素 E [J]．中国油脂，2006（10）：47-49.

[50] 杨俊娟，李西营，刘勇，等．2,3,5-三甲基氢醌制备工艺研究进展 [J]．化学研究，2011，22（4）：94-99.

[51] 王新颖，孙尚德，吕亚萍，等．米糠加工副产物生产阿魏酸的高值化利用研究进展 [J]．中国油脂，2020，45（5）：117-122，127.

[52] 刘成梅，冯妹元，刘伟，等．天然维生素 E 及其抗氧化机理 [J]．食品研究与开发，2005（6）：205-208.

[53] 周筱丹，董晓芳，佟建明．维生素 E 的生物学功能和安全性评价研究进展 [J]．动物营养学报，2010，22（4）：817-822.

[54] 陈小威，孙尚德，毕艳兰．无溶剂体系超声协同脂肪酶催化合成阿魏酸酰基甘油的初步探讨 [J]．食品科技，2013，38（4）：281-285.

[55] 周文雅，孙尚德，毕艳兰．响应面优化溶剂体系酶催化阿魏酸乙酯与甘二酯酯交换合成阿魏酰基脂肪酰基结构脂 [J]．粮食与油脂，2013，26（12）：48-51.

[56] 汪多仁．维生素 E 的开发与应用进展 [J]．饮料工业，2012，15（2）：20-24.

[57] 王月，王晶，郭思瑞，等．天然维生素 E 化合物研究进展 [J]．中国药业，2023，32（2）：128-135.

[58] 左春山，刘大勇，徐启杰，等．植物甾醇的结构与功能的研究进展 [J]．河南科

技：生命科学与农业科学，2013（17）：211-213.

［59］宋文生，王宏雁，夏萍，等．植物甾醇应用技术研究进展［J］．粮食与油脂，2013，26（10）：1-5.

［60］韩军花，冯妹元，王国栋，等．常见谷类、豆类食物中植物甾醇含量分析［J］．营养学报，2006（5）：375-378.

［61］李劲松，李昌利，于晓丽．大豆植物甾醇及其生理功能［J］．大豆通报，2004（5）：19-20.

［62］章宇，吴晓琴，张英．植物甾醇及甾烷醇的生理代谢调节功能及其机制研究进展．中草药，2005（5）：776-779.

［63］陈茂彬，黄琴，吴谋成．植物甾醇酯对饮食性高脂血症治疗作用研究［J］．食品研究与开发，2005（2）：44-45，48.

［64］孙显锋，赵锁奇，李雪梅．高纯卵磷脂的分离方法［J］．天津化工，2004（1）：30-33.

［65］王永平，谭永霞，肖飞．卵磷脂保健食品中磷脂酰胆碱的含量测定［J］．食品科学，2005（6）：208-209.

［66］池莉平，谭剑斌，陈瑞仪．大豆卵磷脂辅助降血脂功能实验研究［J］．热带医学杂志，2007（1）：28-29，18.

［67］杨浩，蔡力创，向洋，等．活性物质二十八烷醇的研究与应用进展［J］．精细化工中间体，2011，41（5）：7-9，12.

［68］朱进，苏军，尹英遂．以虫白蜡为原料制备及纯化二十八烷醇［J］．西南民族大学学报，2008（1）：144-148.

［69］王晓红，刘进丰，徐涛，等．二十八烷醇的生理功能与应用进展［J］．中国食物与营养，2018，24（9）：14-20.

［70］关杏英．从蜂蜡中提取二十八烷醇及分离［J］．中国中医药，2011，9（16）：141-142.

［71］李琴梅．二十八烷醇的提取及检测方法研究进展［J］．食品安全质量检测学报2013，4（1）：279-282.

［72］周坚，肖安红．功能性膳食纤维食品［M］．北京：化学工业出版社，2005.

［73］马莺，陈历俊．改善胃肠道功能食品［M］．北京：化学工业出版社，2006.

［74］李来好．海藻膳食纤维［M］．北京：海洋出版社，2007.

［75］阚建全．食品化学［M］．北京：中国农业大学出版社，2008.

［76］刘景圣，孟宪军．功能性食品［M］．北京：中国农业出版社，2005.

［77］尤新．功能性低聚糖生产与应用［M］．北京：中国轻工业出版社，2004.

［78］李里特，王海．功能性大豆食品［M］．北京：中国轻工业出版社，2002.

［79］李晓东．功能性大豆食品［M］．北京：化学工业出版社，2005.

［80］卢行芳，卢荣．天然磷脂产品的加工及应用［M］．北京：化学工业出版社，2004.

［81］安红，宋伟明，张宏波．磷脂化学及应用技术［M］．北京：中国计量出版社，2006.

［82］汪东风．食品化学［M］．北京：化学工业出版社，2019.

［83］范志红．食物营养与配餐［M］．北京：中国农业大学出版社，2010.

［84］黄诒森，张光毅．生物化学与分子生物学［M］．北京：科学出版社，2003.

［85］彭郁，李荣，刘冰，等．亚麻籽木酚素提取技术及其检测方法的研究进展［J］．食品工业，2016（5）：242-245.

［86］何泽明，朱俊玲．木脂素的生理功能研究进展［J］．安徽农业科学，2011，39（5）：2541-2542.

［87］王尉，贺天雨，赵新颖，等．高纯度亚麻木酚素的分离纯化和分析［J］．食品科学，2019，40（8）：149-154.

［88］翟晓娜，师建芳，赵慧凝，等．菜籽饼粕蛋白的提取、功能特性及其在食品中应用的研究进展［J］．食品工业科技，2021，42（12）：389-397.

［89］许趁心，蔡子哲，杜木香，等．高效液相色谱快速分析亚麻籽环肽条件研究［J］．中国油脂，2020，45（1）：126-131.